“十二五”国家重点图书出版规划项目

中国叠合盆地油气成藏研究丛书

A Series of
Study on Hydrocarbon Accumulation
in Chinese Superimposed Basins

丛书主编 / 庞雄奇

库车坳陷致密砂岩气成因机制与分布预测

Genetic Mechanism and Distribution Prediction of Tight Sandstone Gas in the Kuqa Depression

姜振学 庞雄奇 杨海军 肖中尧 刘洛夫 等 著

科 学 出 版 社
北 京

内 容 简 介

本书是塔里木盆地库车坳陷致密砂岩气地质研究的第一部专著，系统介绍库车坳陷致密砂岩气藏成因机制、成因分类、发育模式和分布预测等方面的研究成果。

本书共分五章。第一章介绍库车坳陷天然气勘探概况与科学难题、研究思路与技术路线、研究创新成果与勘探成效。第二章介绍库车坳陷致密砂岩气藏形成条件与发育特征，包括生储盖组合特征、致密储层分布特征、烃源岩特征与油气资源潜力。第三章介绍库车坳陷致密砂岩气藏分布特征与主控因素、地质特征与成因机制、成因分类与判别标准。第四章介绍库车坳陷致密砂岩气藏发育模式、分布预测和资源储量评价。第五章介绍库车坳陷致密砂岩气富气“甜点”的基本概念、分布预测、钻探成效与评价。

本书理论与实践相结合，既可以供油田等生产单位使用，也可以作为石油大专院校的教学参考书。

图书在版编目(CIP)数据

库车坳陷致密砂岩气成因机制与分布预测＝Genetic Mechanism and Distribution Prediction of Tight Sandstone Gas in the Kuqa Depression/姜振学等著. —北京：科学出版社，2015.8

（中国叠合盆地油气成藏研究丛书）

“十二五”国家重点图书出版规划项目

ISBN 978-7-03-044817-0

Ⅰ. ①库…　Ⅱ. ①姜…　Ⅲ. ①致密砂岩-砂岩油气藏-油气成因-研究②致密砂岩-砂岩油气藏-分布-预测　Ⅳ. ①P618.13

中国版本图书馆 CIP 数据核字(2015)第 124411 号

责任编辑：吴凡洁　李　静 / 责任校对：张怡君

责任印制：张　倩 / 封面设计：王　浩

科学出版社 出版

北京东黄城根北街16号

邮政编码：100717

http://www.sciencep.com

北京利丰雅高长城印刷有限公司 印刷

科学出版社发行　各地新华书店经销

*

2015 年 8 月第　一　版　　开本：787×1092　1/16

2015 年 8 月第一次印刷　　印张：11 3/4

字数：250 000

定价：98.00 元

（如有印装质量问题，我社负责调换）

《中国叠合盆地油气成藏研究丛书》
学术指导委员会

《中国叠合盆地油气成藏研究丛书》
编委会

丛书序一

油气藏是油气地质研究的对象，也是油气勘探寻找的最终目标。开展油气成藏研究对于认识油气分布规律和提高油气探明率，揭示油气富集机制和提高油气采收率，都具有十分重要的理论意义和现实价值。《中国叠合盆地油气成藏研究丛书》是“九五”以来在国家973项目、中国三大石油公司研究项目及其相关油田研究项目等的联合资助下，经过近20年的努力取得的重大科技成果。

《中国叠合盆地油气成藏研究丛书》阐述了我国叠合盆地油气成藏研究相关领域的重要进展，其中包括：叠合盆地构造特征及其形成演化、地层分布发育与储层形成演化、古隆起变迁与隐蔽圈闭分布研究、油气生成及其演化、油气藏形成演化与分布预测、油气藏调整改造与剩余资源潜力、油气藏地球物理检测与含油气性评价、油气藏分布规律与勘探实践等。这些成果既涉及叠合盆地中浅部油气成藏，也涉及深部油气成藏，既涉及常规油气藏形成演化，也涉及非常规油气藏分布预测，它是由教育系统、科研院所、油田公司等相关单位近百位中青年学者和研究生联合完成的。研究过程得到了相关领导的大力支持和老一代专家学者的悉心指导，体现了产、学、研结合和老、中、青三代人的联合奋斗。

《中国叠合盆地油气成藏研究丛书》中一个具有代表性的成果是建立了油气门限控藏理论模型，突出了勘探关键问题，抓住了成藏主要矛盾，实现了油气分布定量预测。油气门限控藏研究，提出用运聚门限判别有效资源领域和测算资源量，避免了人为主观因素对资源量评价结果的影响，使半个多世纪以来国内外学者（如苏联学者维索茨基等）追求的用物质平衡原理评价资源量的科学思想得以实现；提出用分布门限定量评价有利成藏区带，用多要素控藏组合模拟油气成藏替代单要素分析油气成藏，用定量方法确定成藏“边界＋范围＋概率”替代用传统定性方法“分析成藏条件、研究成藏可能性、讨论成藏范围”；提出依富集门限定量评价有利目标含油气性，实现有利目标钻前地质评价，定量回答圈闭中有无油气以及油气多少等方面的问题，降低了决策风险，提高了成果质量，填补了国内外空白。

“十五”以来，中国三大石油公司应用油气门限控藏理论模型在国内外20多个盆地和地区应用，为这一期间我国油气储量快速增长提供了理论和技术支撑。仅在渤海海域盆地、辽河西部凹陷、济阳拗陷、柴达木盆地、南堡凹陷五个重点测试区系统应用，即预测出26个潜在资源领域、300多个成藏区带、500多个有利目标，指导油田公司共计部署探井776口，发现三级储量46.8亿t油当量，取得了巨大的经济效益。教育部相关机构在2010年8月28日，组织了相关领域的院士和知名专家对相关理论成果进行了评审鉴定。大家一致认为，油气门限控藏研究创造性地从油气成藏临界地质条件控油气作用出发，揭示和阐明了油气藏形成和富集规律，为复杂地质条件下的油气勘探提供了新的理论、方法和技术。

作为“中国叠合盆地油气成藏研究”的倡导者、见证者和某种意义上的参与者，我十分高兴地看到以庞雄奇教授为首席科学家的团队在近20多年来的快速成长和取得的一项又一项的创新成果。我们有充分的理由相信，随着973项目的研究深入和该套丛书的相继出版，“中国叠合盆地油气成藏研究”系列成果将为我国，乃至世界油气勘探事业的发展做出更大贡献。

中国科学院院士

2013年8月18日

丛书序二

《中国叠合盆地油气成藏研究丛书》集中展示了中国学者近20年来在国家三轮973项目连续资助下取得的创新成果，这些成果完善和发展了中国叠合盆地油气地质与勘探理论，为复杂地质条件下的油气勘探提供了新的理论指导和方法技术支撑。相信出版这些成果将有力地推动我国叠合盆地的油气勘探。

“油气门限控藏”是“中国叠合盆地油气成藏研究”系列创新成果中的核心内容，它从油气运聚、分布和富集的临界地质条件出发，揭示和阐明了油气藏分布规律。在这一学术思想引导下，获得了一系列相关的创新成果，突出表现在以下四个方面。

一是提出了油气运聚门限联合控藏模式，建立了油气生排聚散平衡模型，研发了资源评价与预测新方法和新技术。基于大量的样品测试和物理模拟、数值模拟实验研究，发现油气在成藏过程中存在排运、聚集和工业规模三个临界地质条件，研究揭示了每一个油气门限及其联合控油气作用机制与损耗烃量变化特征；提出了三个油气门限的判别标准和四类损耗烃量计算模型，创建了新的油气生排聚散平衡模型和油气运聚地质门限控藏模式，已在全国新一轮油气资源评价中发挥了重要作用。

二是提出了油气分布门限组合控藏模式，研发了有利成藏区预测与评价新方法和新技术。基于两千多个油气藏剖析和上万个油气藏资料统计，研究发现油气分布的边界、范围和概率受六个既能客观描述又能定量表征的功能要素控制；揭示了每一功能要素的控藏临界条件与变化特征；阐明了源、储、盖、势四大类控藏临界条件的时空组合决定着油气藏分布的边界、范围和概率；建立了不同类型油气藏要素组合控藏模式并研发了应用技术，实现了成藏过程研究与评价的模式化和定量化，提高了成藏目标预测的科学性和可靠性。

三是提出了油气富集临界条件复合控藏模式，研发了有利目标含油气性评价技术。基于上万个油气藏含油气性资料的统计分析和近千次物理模拟和数值模拟实验研究，发现近源-优相-低势复合区控制着圈闭内储层的含油气性。圈闭内外界面能势差越大，圈闭内储层的含油气性越好。研究成果揭示了储层内外界面势差控油气富集的临界条件与变化特征；阐明了圈闭内部储层含油气性随内外界面势差增大而增加的基本规律；建立了相-势-源复合指数(FPSI)与储层含油气性定量关系模式并研发了应用技术，实现了钻前目标含油气性地质预测与定量评价，降低了勘探风险。

四是提出了构造过程叠加与油气藏调整改造模式，研发了多期构造变动下油气藏破坏烃量评价方法和技术。研究成果阐明了构造变动对油气藏形成和分布的破坏作用；揭示了构造变动破坏和改造油气藏的机制，其中包括位置迁移、规模改造、组分分异、相态转换、生物降解和高温裂解；建立了构造变动破坏烃量与构造变动强度、次数、顺序及盖层封油气性等四大主控因素之间的定量关系模型，应用相关技术能够评价叠合盆地每一次构造变动的相对破坏烃量和绝对破坏烃量，为有利成藏区域内当今最有利勘探区带的预测与资源潜力评价提供了科学的地质依据。

油气门限控藏理论成果已通过产、学、研相结合等多种形式与油田公司合作在辽河西部凹陷、渤海海域盆地、济阳坳陷、南堡凹陷、柴达木盆地五个测试区进行了全面系统的应用。"十五"以来，中国三大石油公司将新成果推广应用于20个盆地和地区，为大量工业性油气发现提供了理论和技术支撑。

作为中国油气工业战线的一位老兵和油气地质与勘探领域的科技工作者，我有幸担任了"中国叠合盆地油气成藏研究"的973项目专家组组长的工作，见证了年轻一代科技工作者好学求进、不畏艰难、勇攀高峰的科学精神，看到一代又一代的年轻学者在我们共同的事业中快速成长起来，心中感受到的不仅是欣慰，更有自豪和光荣。鉴于"中国叠合盆地油气成藏研究"取得的重要进展和在油气勘探过程中取得的重大效益，我十分高兴向同行学者推荐这方面成果并期盼该套丛书中的成果能在我国乃至世界叠合盆地的油气勘探中发挥出越来越大的作用。

邱中建

中国工程院院士

2013年2月28日

丛书序三

中国含油气盆地的最大特征是在不同地区叠加和复合了不同时期形成的不同类型的含油气盆地，它们被称为叠合盆地。叠合盆地内部出现多个不整合面、存在多套生储盖组合、发生多旋回成藏作用、经历多期调整改造。四多的地质特征决定了中国叠合盆地油气成藏与分布的复杂性。目前，在中国叠合盆地，尤其是西部复杂叠合盆地发现的油气藏普遍表现出位置迁移、组分变异、规模改造、相态转换、生物降解和高温裂解等现象，油气勘探十分困难。应用国内外已有的成藏理论指导油气勘探遇到了前所未有的挑战，其中包括：烃源灶内有时找不到大量的油气聚集，构造高部位有时出现更多的失利井，预测的最有利目标有时发现有大量干沥青，斜坡带输导层内有时能够富集大量油气……所有这些说明，开展“中国叠合盆地油气成藏研究”对于解决油气勘探问题并提高勘探成效具有十分重要的理论意义和现实价值。

经过近二十年的努力探索，尤其是在国家几轮973项目的连续资助下，中国学者在叠合盆地油气成藏研究领域取得了重要进展。为了解决中国叠合盆地油气勘探困难，科技部自一开始就在资源和能源两个领域设立了973项目，《中国叠合盆地油气成藏研究丛书》就是这方面多个973项目创新成果的集中展示。在这一系列成果中，不仅有对叠合盆地形成机制和演化历史的剖析，也有对叠合盆地油气成藏条件的分析和评价，还有对叠合盆地油气成藏特征、成藏机制和成藏规律的揭示和总结，更有对叠合盆地油气分布预测方法和技术的研发以及应用成效的介绍。《油气运聚门限与资源潜力评价》《油气分布门限与成藏区带预测》《油气富集门限与勘探目标优选》和《油气藏调整改造与构造破坏烃量模拟》都是丛书中的代表性专著。出版这些创新成果对于推动我国，乃至世界叠合盆地的油气勘探都具有十分重要的理论意义和现实意义。

“中国叠合盆地油气成藏研究”系列成果的出版标志着我国因“文化大革命”造成的人才断层的完全弥合。这项成果主要是我国招生制度改革后培养出来的年轻一代学者负责承担项目并努力奋斗取得的，它们的出版标志着“文化大革命”后新一代科学家已全面成长起来并在我国科技战线中发挥着关键作用，也从另一侧面反映了我国招生制度改革的成功和油气地质与勘探事业后继有人，是较之科研成果自身更让我们感到欣慰和振奋的成果。

“中国叠合盆地油气成藏研究”系列成果的出版标志着叠合盆地油气成藏理论研究取得重要进展。这项成果是针对国内外已有理论在指导我国叠合盆地油气勘探过程中遇到挑战后展开探索研究取得的，它们既有对经典理论的完善和发展，也有对复杂地质条件下油气成藏理论的新探索和油气勘探技术的新研发。“油气门限控藏”理论模式的提出以及“油气藏调整改造与构造变动破坏烃量评价技术”的研发都是这方面的代表性成果，它们有力地推动了叠合盆地油气勘探事业的向前发展。

“中国叠合盆地油气成藏研究”系列成果的出版标志着我国叠合盆地油气勘探事业取得重大成效。它是针对我国叠合盆地油气勘探遇到的生产实际问题展开研究所取得的创新成果，对于指导我国叠合盆地，尤其是西部复杂叠合盆地的油气深化勘探具有重大的现实意义。近十年来中国西部叠合盆地油气勘探的不断突破和储产量快速增长，真实地反映了相关理论和技术在油气勘探实践中的指导作用。

“中国叠合盆地油气成藏研究”系列成果的出版标志着能源领域国家重点基础研究(973)项目的成功实践。这项成果是在获得国家连续三届973项目资助下取得的，其中包括“中国典型叠合盆地油气形成富集与分布预测(G1999043300)”“中国西部典型叠合盆地油气成藏机制与分布规律(2006CB202300)”“中国西部叠合盆地深部油气复合成藏机制与富集规律(2011CB201100)”。这些项目与成果集中体现了科学研究的国家目标和技术目标的统一，反映了973项目的成功实践和取得的丰硕成果。

“中国叠合盆地油气成藏研究”系列成果的出版将进一步凝聚力量并持续推动中国叠合盆地油气勘探事业向前发展。这一系列成果是在我国油气地质与勘探领域老一代科学家的关怀和指导下，中国年轻一代的科学家带领硕士生、博士生、博士后和年轻科技工作者努力奋斗取得的，它凝聚了老、中、青三代人的心血和智慧。《中国叠合盆地油气成藏研究丛书》的出版既集中展示了中国叠合盆地油气成藏研究的最新成果，也反映了老、中、青三代科研人的团结奋斗和共同期待，必将引导和鼓励越来越多年轻学者加入到叠合盆地油气成藏深化研究和油气勘探持续发展的事业中来。

中国叠合盆地剩余资源潜力十分巨大，近十年来中国西部叠合盆地油气储量和产量的快速增长证明了这一点。随着油气勘探的深入和大规模非常规油气资源的发现，叠合盆地深部油气成藏研究和非常规油气藏研究正在吸引着越来越多学者的关注。我们期盼，《中国叠合盆地油气成藏研究丛书》的出版不仅能够引导中国叠合盆地常规油气资源的勘探和开发，也能为推动中国，乃至世界叠合盆地深部油气资源和非常规油气资源的勘探和开发做出积极贡献。

中国科学院院士

2013年2月28日

丛书前言

中国油气地质的显著特点是广泛发育叠合盆地。叠合盆地发生过多期构造变动，发育了多套生储盖组合，出现过多旋回的油气成藏和多期次的调整改造，目前显现出“位置迁移、组分变异、多源混合、规模改造、相态转换”等复杂地质特征，已有勘探理论和技术在实用中遇到了前所未有的挑战。中国含油气盆地具有从东到西，由单型盆地向简单叠合盆地再向复杂叠合盆地过渡的特点，相比之下西部复杂叠合盆地的油气勘探难度更大。揭示中国叠合盆地油气成藏机制和分布规律，是20世纪末中国油气勘探实施稳定东部、发展西部战略过程中面临的最为迫切的科研任务。

《中国叠合盆地油气成藏研究丛书》汇集了我国油气地质与勘探工作者在油气成藏研究的相关领域取得的创新成果，它们主要涉及“中国西部典型叠合盆地油气成藏机制与分布规律(2006CB202300)”和“中国西部叠合盆地深部油气复合成藏机制与富集规律(2011CB201100)”两个国家重点基础研究发展计划(973)项目。在这之前，金之钧教授和王清晨研究员已带领我们及相关的研究团队完成了中国叠合盆地第一个973项目“中国典型叠合盆地油气形成富集与分布预测(G1999043300)”。这一期间积累的资料、获得的成果和发现的问题，为后期两个973项目的展开奠定了基础、确立了方向、开辟了道路，后两个973项目可以说是前期973项目研究工作的持续和深化。

“中国叠合盆地油气成藏研究”能够持续展开，得益于科学技术部重点基础研究计划项目的资助，更得力于老一代科学家的悉心指导和大力帮助。许多前辈导师作为科学技术部跟踪专家和项目组聘请专家长期参与和指导了项目工作，为中国叠合盆地油气成藏研究奉献了智慧、热情和心血。中国石油大学张一伟教授，就是众多导师中持续关心我们、指导我们、帮助我们和鼓励我们的一位突出代表。他既将973项目看作年轻专家学者攀登科学高峰的战场，也将它当做培养高层次研究人才的平台，还将它视为发展新型交叉学科的沃土。他不仅指导我们凝练科学问题，还亲自带领我们研发物理模拟实验装置，甚至亲自开展科学实验。在他最后即将离开人世的时候还在念念不忘我们承担的项目和正在培养的研究生。老一代科学家的关心指导、各领域专家的大力帮助以及社会的殷切期盼是我们团队努力做好项目的强大动力。

“中国叠合盆地油气成藏研究”能够顺利进行，得力于相关部门，尤其是依托单位的强力组织和研究基地的大力帮助。中国石油天然气集团公司，既组织我们申报立项、答辩验收，还协助我们组织课题和给予配套经费支持；中石油塔里木油田公司和中石油新疆油田公司组织专门的队伍参与项目研究，协助各课题研究人员到现场收集资料，每年派专家向全体研究人员报告生产进展和问题，轮流主持学术成果交流会，积极组织力量将创新成果用于油气勘探实践。依托单位的帮助和研究基地人员的参与，一方面保障了项目研究的顺利进行、加快了项目研究进程，另一方面缩短了创新成果用于勘探生产实践的测试时间，促进了科技成果向生产力转化。在相关部门的支持和帮助下，本项目成果已通过多种方法和途径被推广应用到国内外二十多个盆地和地区，并取得重大勘探成效。

“中国叠合盆地油气成藏研究”能够获得创新成果，得益于产、学、研结合和老、中、青三代人的联合奋斗。近二十年来，我们以973项目为纽带，汇聚了中国石油大学、中国地质大学、中国科学院地质与地球物理研究所、中国科学院广州地球化学研究所、中石油勘探开发研究院、中石油塔里木油田公司、中石油新疆油田公司等单位的相关力量，做到了产学研强强联合和优势互补，加速了科学问题的解决；每一期973项目研究，除了有科技部指派的跟踪专家、项目组聘请的指导专家和承担各课题的科学家外，还有一批研究助手、研究生以及油田公司配套的研究人员和年轻科技人员参加。这种产、学、研结合和老、中、青联合的科研形式，既保障了科研工作的质量、科学问题的快速解决以及创新成果的及时应用，又为油气勘探事业的不断发展创造了条件，增加了新的动力。

《中国叠合盆地油气成藏研究丛书》的创新成果，已通过油田公司的配套项目、项目组或课题组与油田公司联合承担项目等形式，广泛应用于油气勘探生产，该丛书的出版必将更有力地推动相关创新成果的广泛应用并为更加复杂问题的解决提供技术思路和工作参考。《中国叠合盆地油气成藏研究丛书》凝聚了以各种形式参与这一研究工作的全体同仁的心血、汗水和智慧，它的出版获得了973项目承担单位和主管部门的大力支持，也得到了依托部门的资助和科学出版社的帮助，在此我们深表谢意。

庞雄奇

2014年3月18日

前　言

致密砂岩气自1927年在美国圣·胡安盆地发现以来，其勘探与开发在国内外均取得了较大的进展。致密砂岩气藏属于非常规气藏，主要分布在北美、亚太、欧洲和中东等地区，资源量达$209\times10^{12}m^3$，已成为全球天然气储量和产量增长的主体。目前致密砂岩气在美国、加拿大、中国等已实现了大规模的商业开采。美国是致密砂岩气发展最早、开发利用最成功的国家，2013年美国致密砂岩气产量已占天然气总产量的近1/3。我国致密砂岩气勘探和研究始于1971年发现的川西中坝气田，近年来在鄂尔多斯、四川、塔里木、准噶尔、松辽等盆地都获得了新发现，已成为我国油气勘探开发的重要突破点。2013年，致密气产量为$340\times10^8m^3$，约占天然气总产量的28%，成为中国目前最现实的非常规天然气资源。

Masters和Gies最早于1979年提出了“深盆气藏”的概念，Walls在20世纪80年代提出“致密砂岩气藏”概念，之后国内外学者又分别提出了“倒装型向斜气藏”“盆地中心气藏”“连续型气藏”“根缘气”等概念。致密砂岩气的界定没有统一的标准，长期以来其划分标准因不同国家、不同时期的资源状况和技术经济条件而定，目前将致密砂岩气定义为储集在孔隙度小于10%、原地渗透率小于$0.1\times10^{-3}\mu m^2$或空气渗透率小于$1\times10^{-3}\mu m^2$、孔喉半径小于$1\mu m$、含气饱和度小于60%的砂岩中的天然气。

国内外诸多学者对致密砂岩气藏的形成条件、成藏机制和类型划分开展了研究。根据致密砂岩气藏的动力特征，并结合储层致密演化史与油气充注史之间的匹配关系，将致密砂岩气藏分为致密常规气藏、致密深盆气藏和致密复合气藏。致密常规气藏主要分布于构造高部位，其基本特征是“先成藏后致密”，分布发育受浮力控制。致密深盆气藏主要分布于深拗区或向斜带，其基本特征是“先致密后成藏”，分布发育不受浮力控制。致密复合型气藏广泛分布于深拗区、斜坡区和背斜带，其基本特征是“先成藏后致密再成藏”，是致密常规气藏与致密深盆气藏叠加复合而成。不同阶段、不同动力机制形成的致密常规气藏、致密深盆气藏和致密复合气藏在时空上叠加复合形成叠复连续型致密砂岩气藏。叠复连续型致密砂岩气藏发育于含油气盆地浮力成藏下限和油气成藏底限之间的局限流体动力场内，纵向上紧邻有效烃源岩层系分布，资源潜力大。

库车拗陷油气勘探历史悠久，早在1954年就开始投入大规模的勘探工作，1958年发现了塔里木盆地的第一个油田——依奇克里克油田，但由于构造变形复杂、地层高陡和地层异常高压等因素，油气勘探仅限于浅层，始终未能取得大的进展。1998年，库车拗陷发现了中国当时最大的整装天然气田——克拉2大气田，随后又相继发现了迪那2、大北1、吐孜洛克和依南2等大中型气田，进一步夯实了“西气东输”的资源基础。近年来库车拗陷在克拉苏构造带的大北3、克深2、克深5、克深9等深层相继获得高产工业气流，同时依奇克里克构造带的迪北地区也取得了较大突破，带动了库车坳陷新一轮油气资源大发现，证实了克拉苏-依奇克里克构造带整体富气特征。但是，库车坳陷探明程度仍明显偏低，具有巨大的勘探潜力。

库车坳陷发育多种类型致密砂岩气藏，有的致密砂岩气藏分布在构造的高部位，并具有明显的气水边界，如迪那2气藏；有些致密砂岩气藏分布在构造高部位，没有明显的气水边界，如大北3气藏；有些致密砂岩气藏分布在构造斜坡区，分布模式和范围不明，如迪北气藏。因此，本书从目前库车坳陷叠复连续型致密砂岩气藏勘探中存在的分布规律不清、成因机制不清、主控因素不清和预测困难等实际问题出发，从库车坳陷迪那2、迪北和大北3等典型致密砂岩气藏特征剖析入手，由点及面，采用正演和反演相结合的方法，系统阐述不同成因类型致密砂岩气藏的形成条件、成藏特征及成藏过程，明确不同类型致密砂岩气藏的成藏机制并建立成藏模式，总结致密砂岩气藏成藏的主控因素，建立不同类型致密砂岩气藏的预测方法，预测研究区有利的勘探目标。在明确库车坳陷致密储层背景下的高孔渗"甜点"发育特征及其含气性的基础上，提出探索致密砂岩气勘探潜力的迪西1井，取得了巨大的成功，并在随后发现了迪北气藏、迪西1井，开创了库车东部致密气勘探的新局面。

在库车坳陷叠复连续型致密砂岩气藏理论研究和勘探取得重大突破之后，为了系统总结叠复连续型致密砂岩气藏在勘探中规律性的认识和成功的勘探经验，有效指导未来的勘探工作，特著此书，以供国内同行参考，同时也为进一步推动叠复连续型致密砂岩气藏的理论研究和勘探进展作出贡献。

本书共分五章，第一章为绪论，由姜振学、庞雄奇、刘洛夫、李卓和王鹏威等完成。第二章为库车坳陷致密砂岩气藏形成条件与发育特征，由姜振学、杨海军、庞雄奇、肖中尧、刘洛夫、李峰和戴琦雯等完成。第三章为库车坳陷致密砂岩气藏成因机制与成因分类，由姜振学、庞雄奇、李卓、李峰和王鹏威完成。第四章为库车坳陷致密砂岩气藏发育模式与分布预测，由庞雄奇、姜振学、刘洛夫、李卓、李峰和王鹏威等完成。第五章为库车坳陷致密砂岩气有利目标优选与钻探成效，由庞雄奇、姜振学、杨海军、肖中尧和黄悍东等完成。全书由姜振学统稿、审定。

作　者

2015年3月

目　录

第一章 绪　　论

第一节　库车拗陷天然气勘探概况与科学难题

一、区域和石油地质特征

库车拗陷位于塔里木盆地北部，北依南天山褶皱带，南抵塔北隆起轮台断裂带，东起库鲁塔格山，西至柯平断隆，整体呈北东东向线状展布，东西长 450km，南北宽 50～80km，勘探面积 $2.7\times10^4 km^2$(贾承造，1997)。库车拗陷经历多期构造演化，形成“四带三凹”的构造格局，分别为北部单斜带、克拉苏-依奇克里克构造带、秋里塔克背斜带、前缘隆起带及拜城凹陷、阳霞凹陷和乌什凹陷(图 1-1)。目前，库车拗陷发现的油气田(藏)主要分布在克拉苏-依奇克里克构造带及秋里塔格构造带。近年来，随着克深、博孜等勘探区带取得重大突破，库车拗陷展现出巨大的天然气勘探潜力(王招明，2014)。

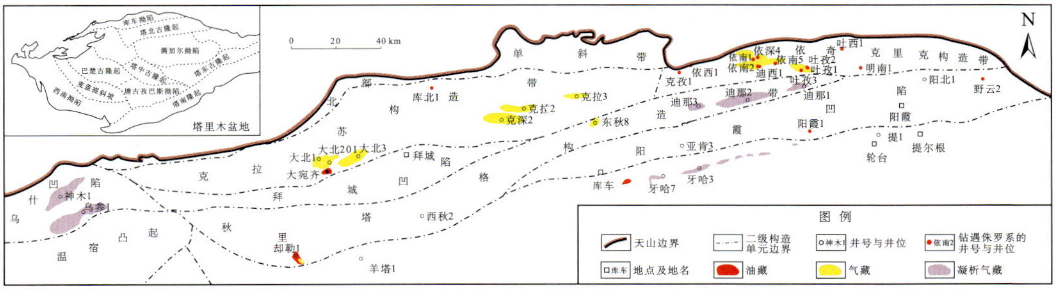

图 1-1　库车拗陷勘探成果图(据杜金虎等，2012，修改)

库车拗陷北部单斜带形成较早，受断裂控制，发育叠瓦逆冲断层，在燕山期形成，出露地层为古生界、三叠系和侏罗系；克拉苏-依奇克里克构造带构造变形强烈，断裂、褶皱十分发育，地下构造样式为背斜、断背斜和断鼻构造，形成时间为燕山晚期—喜马拉雅期，整体呈近东西向展布，是库车拗陷最重要的二级构造单元，从西往东分别由吐孜玛扎、库姆格列木、喀桑托开、巴什基奇克、依奇克里克、吐格尔明等多个构造带组成；拜城-阳霞凹陷为新生代箕状凹陷，北陡南缓，沉积厚度大，是新生代的沉积-沉降中心；秋里塔格背斜带在膏盐层下多发育双重构造和被动顶板双重构造，地面构造变形特征不同，形成东秋里塔格背斜构造带；南部缓坡带主要发育羊塔克断裂、英买 7 号断裂、牙哈断裂等近东西走向的正断层，形成成带分布的与断裂相关的断背斜和断鼻构造(何登发和李德生，1996；贾承造，1997；魏国齐和贾承造，1998；贾承造等，2000)。

库车坳陷形成于晚二叠世前的古生代褶皱基底之上，历经晚二叠世—三叠纪的前陆盆地阶段、侏罗纪—古近纪的伸展坳陷盆地阶段和新近纪—第四纪再生前陆盆地阶段等多期叠合构造演化(何登发等，2009)，最终形成现今构造样式(图 1-2)。

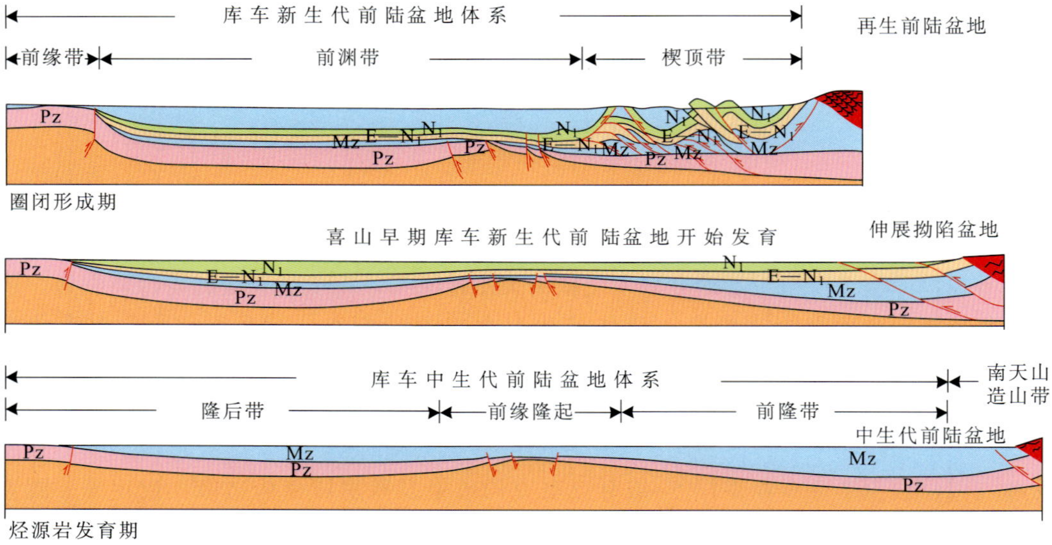

图 1-2　库车坳陷构造演化图(据何登发等，2009，修改)

库车坳陷中-新生界发育较齐全，仅缺失上白垩统。自下而上发育三叠系、侏罗系、下白垩统、古近系、新近系和第四系，最大沉积厚度 12000m。

受海西末期运动影响，南天山向南逆冲，山前岩石圈挠曲下沉，沉积了冲积扇-河流-三角洲-湖泊相碎屑沉积体系。三叠系为湖泊相沉积，侏罗系为湖泊-沼泽相沉积，白垩系为河流-滨浅湖-三角洲相沉积，古近系受海侵影响主要发育扇三角洲、辫状河三角洲、湖泊三角洲、河流、湖泊及潟湖潮坪相沉积，新近系—第四系受到印度板块的碰撞和南天山造山运动影响，沉积一套干旱环境的冲积扇-曲流河-氧化浅湖巨厚磨拉石建造。

库车坳陷烃源岩包括湖相泥岩、页岩、油页岩、沼泽相高碳泥岩和煤岩，生油、生气能力兼备，以生气为主。泥质烃源岩主要分布在三叠系黄山街组、克拉玛依组及侏罗系恰克马克组，煤系烃源岩主要分布在三叠系塔里奇克组及侏罗系阳霞组、克孜勒努尔组。黄山街组主要为半深湖-深湖相沉积，塔里奇克组、阳霞组及克孜勒努尔组均主要为湖沼交替沉积，恰克马克组主要为半深湖-深湖相沉积。库车坳陷烃源岩厚度为132～1053m，总体上具有“西厚东薄、北厚南薄”的特点(梁狄刚等，2004；李梅等，2004)。

库车坳陷储层发育，岩性上分为碎屑岩和碳酸盐岩两大类。有利储集层段包括侏罗系阿合组和阳霞组砂岩，白垩系巴什基奇克组砂岩，古近系苏维依组砂岩和库姆格列木组底砾岩，新近系吉迪克组底砂岩、砂泥岩和库车组砂岩。库车坳陷发育巨厚的古近系膏盐泥岩，主要分布在古近系库姆格列木组及新近系的吉迪克组，形成良好的区域性盖层(图 1-3)。

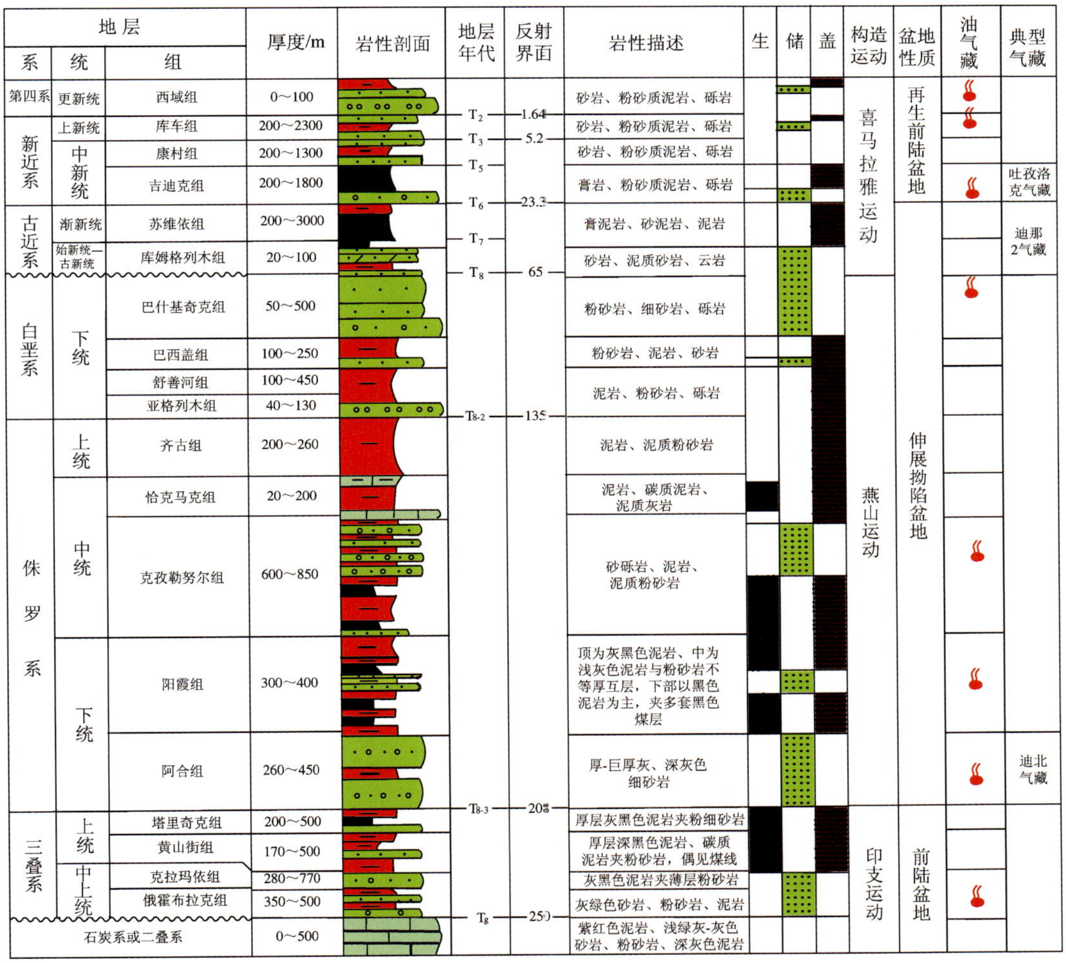

图 1-3　库车拗陷综合柱状图

库车拗陷发育四套储盖组合：第一套为新近系膏泥岩盖层与新近系吉迪克组、古近系及白垩系砂岩储层组成的储盖组合；第二套为古近系膏泥岩盖层与古近系底砂岩及白垩系砂岩储层组成的储盖组合；第三套为侏罗系煤系地层盖层与侏罗系阳霞组及阿合组砂岩储层组成的储盖组合；第四套为古近系泥岩盖层与古近系及白垩系砂岩储层组成的储盖组合。其中，第四套是形成库车拗陷大、中型油气田最为重要的储盖组合。

库车拗陷目前发现的油气田(藏)主要分布在库车组砂泥岩段、康村组砂泥岩互层段、吉迪克组盐上砂泥岩互层段、吉迪克组盐下底砂岩段、古近系白云岩及底砂岩段、白垩系砂岩段、克孜勒努尔组砂岩段、阳霞组砂砾岩段、阿合组下砂砾岩段及上砂砾岩段等。

二、天然气勘探概况

（一）致密砂岩气藏的概念

在前人研究过程中，间接地认识到新墨西哥州和科罗拉多州的圣·胡安(San Juan)盆地白垩系低渗透储层中普遍含气(Silver，1950)，石油地质学家经过多年不懈的研究，最终认识到这种特殊的新型致密砂岩气藏。致密砂岩气藏的定义，最早可追溯到1978年美国国会制定的天然气政策法规，将渗透率小于$0.1\times10^{-3}\mu m^2$的砂岩储层定义为致密砂岩储层(FERC，1978)。Spencer(1985)将致密天然气储层定义为天然气原地渗透率小于$0.1\times10^{-3}\mu m^2$的含气储层。Holditch(2006)将致密砂岩气藏定义为需经大型水力压裂改造措施，或采用水平井、多分支井，才能产出工业气流的气藏。

致密砂岩气藏具有明显的时代特点，随着认知程度的不同而出现称谓的不同，这些称谓主要是针对致密砂岩气藏的不同地质特征提出的。Masters 和 Gies 最早于 1979 年提出了“深盆气藏(deep basin gas)”的概念(Masters，1979；姜振学等，2000，2006a，2006b；金之钧和张金川，2002；金之钧等，2003)。20 世纪 80 年代以后 Walls(1982)提出了“致密砂岩气藏(tight gas sand 或 tight-sand gas)”概念，之后国内外学者又分别提出了“盆地中心气藏(basin center gas)”(Rose et al.，1984；Law，2002；成先海，2004)、“气水倒置型气藏”(戴金星，1983；陈刚，1988；吴河勇等，2007；马中振，2008)、“根缘气藏”(张金川等，2000；张金川，2003，2006)、“连续型气藏(continuous gas 或 continuous-type gas)”(Schmoker，1995，2002，2005；邹才能等，2009a，2011，2012)等概念。

总体上，致密砂岩气藏的概念可概括为：赋存于孔隙度≤10%、有效渗透率≤$0.1\times10^{-3}\mu m^2$(绝对渗透率≤$1\times10^{-3}\mu m^2$)的砂岩储层中的天然气藏，属于非常规天然气藏。

（二）致密砂岩气藏的判别标准

关于致密砂岩气藏的判别标准，国内外尚不统一，在不同国家、不同时期的资源状况和技术经济条件下，划分标准不尽相同。对致密砂岩气藏的最早界定属美国联邦能源管理委员会(FERC)于 1978 年根据美国天然气政策法案的规定，将致密砂岩气藏的标准确定为原地储集层渗透率小于$0.1\times10^{-3}\mu m^2$。国内对于致密砂岩气藏地质评价标准的研究也有较长的历史，并逐步达到统一。关德师(1995)把致密砂岩气藏定义为孔隙度低(小于 12%)、渗透率比较低(小于$1\times10^{-3}\mu m^2$)、含气饱和度低(小于 60%)、含水饱和度高(大于 40%)、天然气在其中流动速度较为缓慢的砂岩层中的非常规天然气藏。王允诚等(2004)根据储层物性将低渗透性储层的孔隙度划分为 8%～15%、渗透率划分为$(0.1\sim10)\times10^{-3}\mu m^2$，致密储层的孔隙度划分为 2%～8%、渗透率划分为$0.001\times10^{-3}\sim0.1\times10^{-3}\mu m^2$。杨晓宁(2005)认为致密砂岩的划分标准为：孔隙度一般分布在 7%～12%，空气渗透率一般小于$0.1\times10^{-3}\mu m^2$，孔喉半径一般小于$0.5\mu m$。2010 年中石油提出致密砂岩储层地质评价标准：孔隙度<10%、原地渗透率<$0.1\times10^{-3}\mu m^2$、孔喉半径<$1\mu m$、含气饱和度<60%，此标准是中国第一个关于致密砂岩气的行业标准，对中国致密砂岩气地质评价和勘探部署具有重要指导作用(表 1-1)。

表 1-1 致密砂岩气藏判别标准统计表

研究者	划分标准
FERC，1978	原始储层渗透率≤$0.1\times10^{-3}\mu m^2$
Elikins，1978	渗透率≤$0.1\times10^{-3}\mu m^2$
Wyman，1985	孔隙度<10%，渗透率≤$0.1\times10^{-3}\mu m^2$
Spencer，1985，1989	原地渗透率≤$0.1\times10^{-3}\mu m^2$
Surdam，1997	渗透率≤$1\times10^{-3}\mu m^2$
关德师，1995	孔隙度≤12%、渗透率≤$1\times10^{-3}\mu m^2$、含气饱和度≤60%、含水饱和度>40%
戴金星和张厚福，1996	孔隙度<10%、渗透率≤$0.5\times10^{-3}\mu m^2$
袁政文等，1996	孔隙度<12%、地面渗透率≤$1\times10^{-3}\mu m^2$、地层渗透率<$1\times10^{-3}\mu m^2$
王允诚等，2004	孔隙度：2%～8%、渗透率：0.1×10^{-3}～$0.001\times10^{-3}\mu m^2$
杨晓宁，2005	孔隙度：7%～12%、空气渗透率≤$1.0\times10^{-3}\mu m^2$、孔喉半径<$0.5\mu m$
Holditch，2006	渗透率≤$0.1\times10^{-3}\mu m^2$
IEA，2009	渗透率≤$0.1\times10^{-3}\mu m^2$
中石油，2010	覆压基质渗透率<$0.1\times10^{-3}\mu m^2$、孔喉半径<$1\mu m$、孔隙度<10%、含气饱和度<60%
国家能源局，2011	覆压基质渗透率<$0.1\times10^{-3}\mu m^2$
邹才能等，2011	孔隙度<10%、渗透率≤$1\times10^{-3}\mu m^2$
庞雄奇等，2013	孔隙度≤12%、有效渗透率≤$0.1\times10^{-3}\mu m^2$(绝对渗透率≤$1\times10^{-3}\mu m^2$)

(三) 致密砂岩气藏分布特征

目前，全球已发现致密砂岩气的盆地约有 70 个，主要分布在北美、欧洲和亚太地区(Law，2002)。这些盆地中主要的含气层段普遍致密，孔隙度小于 10%，渗透率<$1\times10^{-3}\mu m^2$(图 1-4、图 1-5)，其中，北美地区的致密砂岩气藏分布广泛，特征典型。

美国的致密砂岩气藏分布广泛(图 1-6)，主要分布在圣·胡安盆地、大绿河盆地、丹佛盆地、尤因塔盆地、皮申思盆地、拉顿盆地和粉河盆地等(Law，2002；雷群等，2010)。其中，圣·胡安盆地深盆型致密砂岩气藏含气面积约为 $9325km^2$，地质储量约为 $0.91\times10^{12}m^3$，天然气藏主要分布在盆地深凹区。圣·胡安盆地布兰科气田产层 Dakota 段，埋深为 2167m，地层厚度为 1200～1600m，孔隙度为 5.8%～7.6%，渗透率为 0.01×10^{-3}～$0.15\times10^{-3}\mu m^2$，预测储量为 $427.7\times10^8m^3$(图 1-7(a))。此外，怀俄明州的红色沙漠盆地面积约为 $2400km^2$，储层孔隙度分布在 3.0%～7.0%，渗透率基本小于 $1.0\times10^{-3}\mu m^2$，致密砂岩气藏地质储量可达 $1.4\times10^{12}m^3$(图 1-7(b))。大绿河盆地

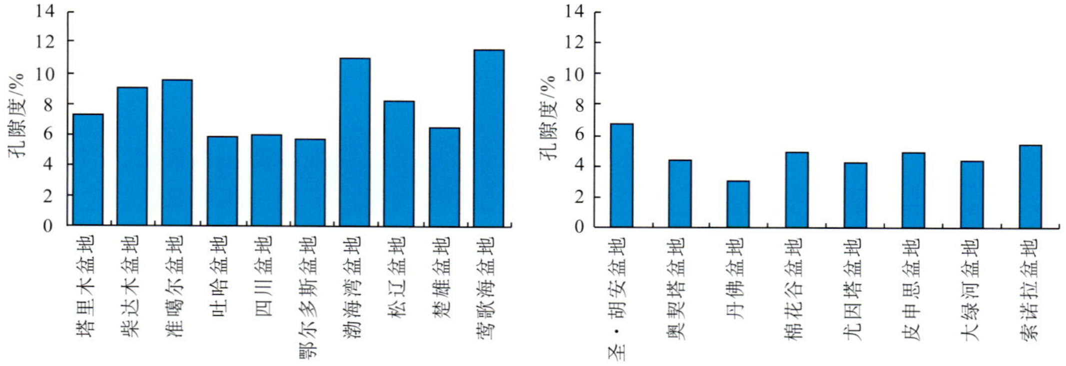

(a) 中国盆地　　(b) 国外盆地

图 1-4　国内外典型盆地致密砂岩气藏平均孔隙度分布图

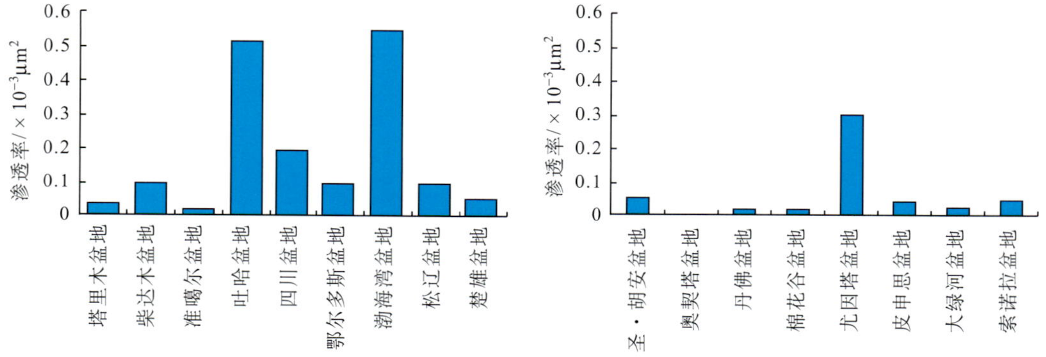

(a) 中国盆地　　(b) 国外盆地

图 1-5　国内外典型盆地致密砂岩气藏平均渗透率分布图

面积约为 51022km^2，白垩系、古近系与新近系储层孔隙度分布在 8.0%～12.0%，渗透率为 0.1×10^{-3}～$0.9\times10^{-3}\mu m^2$，致密砂岩气藏地质储量可达 $2562.6\times10^8 m^3$(图 1-7(c))。

加拿大的致密砂岩气藏主要分布在阿尔伯达盆地(图 1-8)，其西部深坳陷区的艾尔姆华士深盆气藏即为致密砂岩气藏的典型代表(袁政文等，1996)。该气藏是北美目前发现的最大天然气藏，含气面积为 12950km^2，目的层白垩系储层最大厚度可达 3000m，孔隙度平均为 8.0%，渗透率一般小于 $1.0\times10^{-3}\mu m^2$，天然气地质储量可达 $4.8\times10^{12} m^3$(张金亮和常象春，1995)。

我国致密砂岩气藏广泛发育，但资源分布不均衡，多数分布在中西部地区(图 1-9)(王涛，2002)。鄂尔多斯盆地和四川盆地是我国致密砂岩气资源最丰富、勘探潜力最大的盆地。鄂尔多斯盆地上古生界中有 5 套含气储盖组合，储层平均孔隙度为 4%～8%，平均渗透率为 0.5×10^{-3}～$1\times10^{-3}\mu m^2$，其中致密砂岩气藏含气面积约为 $10\times10^4 km^2$，资源量为 $50\times10^{12} m^3$，占盆地总资源量的 90%以上。四川盆地致密砂岩气藏主要分布

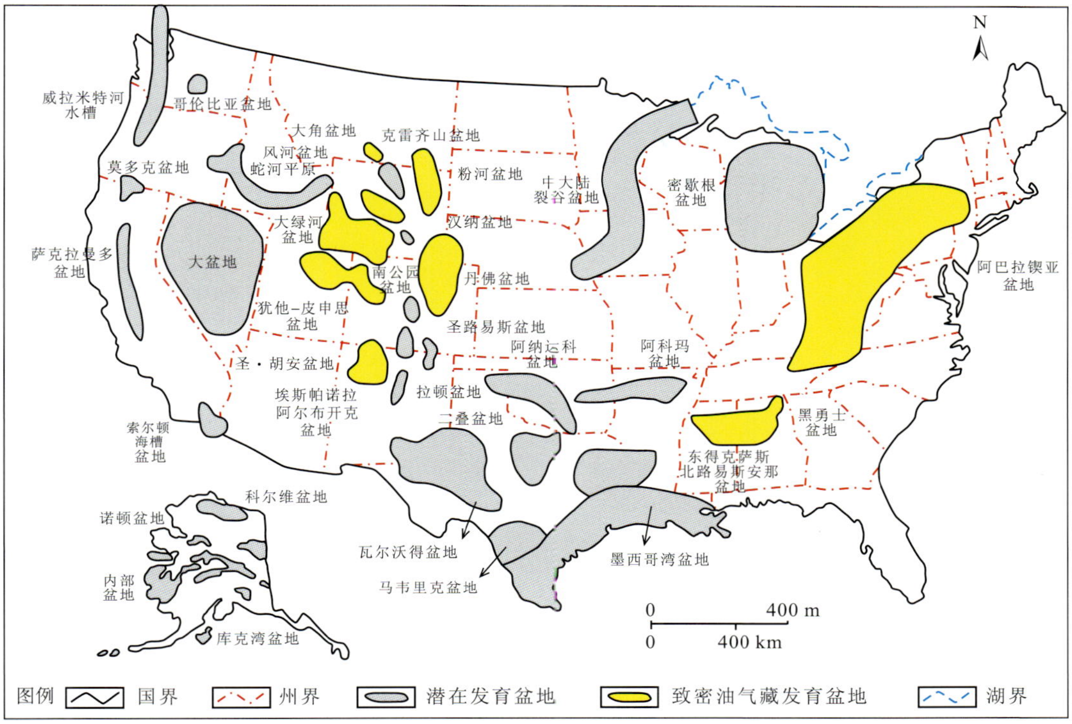

图 1-6　美国致密砂岩气藏发育盆地分布图(据 Law，2002，修改)

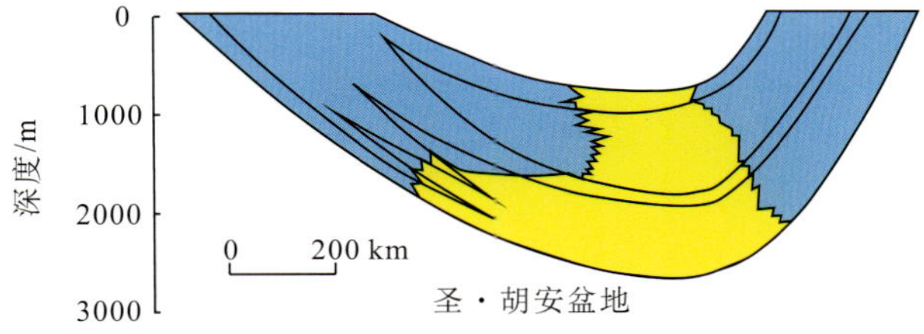

(a) 圣・胡安盆地白垩系气藏剖面

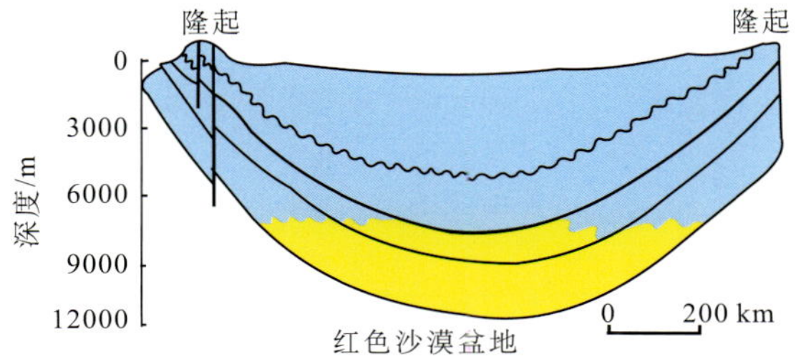

(b) 红色沙漠盆地古近系气藏剖面

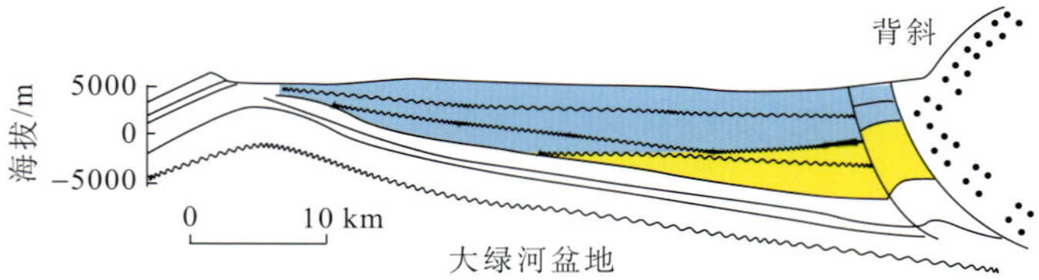

(c) 大绿河盆地白垩系气藏剖面

图 1-7 美国典型致密砂岩气藏剖面图(据 Law, 2002, 修改)

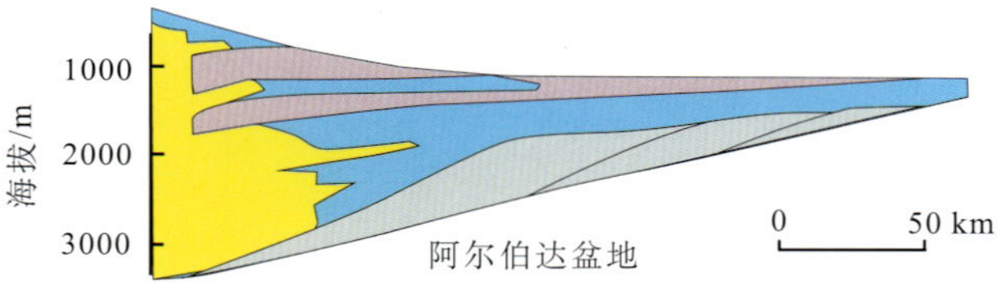

图 1-8 阿尔伯达盆地埃尔姆沃斯白垩系深盆气藏剖面图(据 Masters, 1979, 修改)

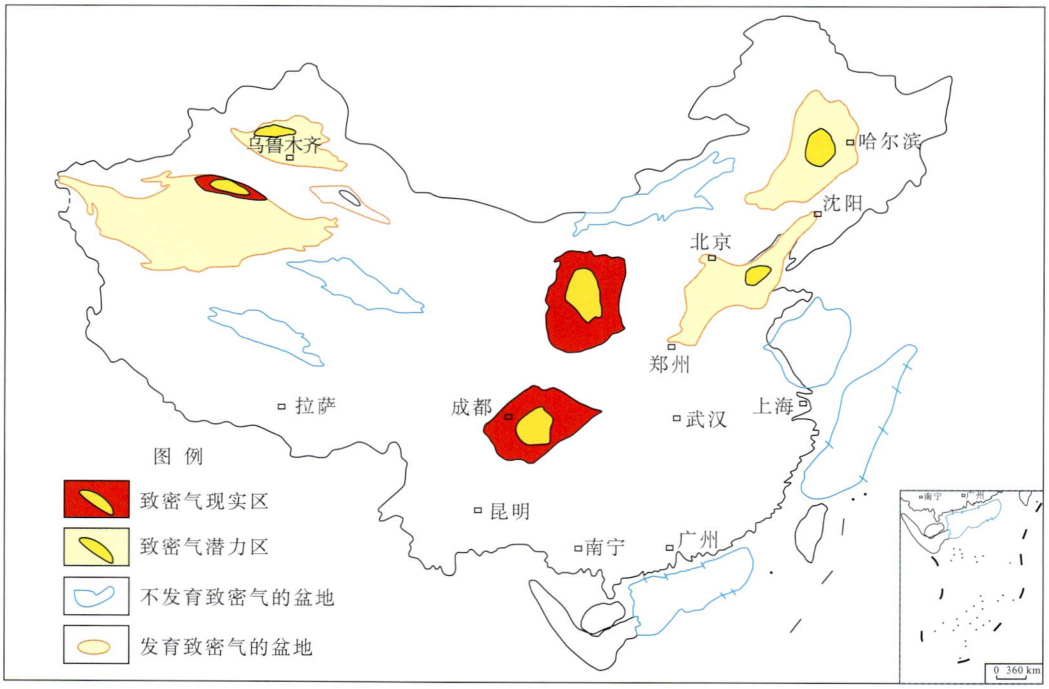

图 1-9 中国致密砂岩气藏分布图(王涛, 2002, 修改)

在川西拗陷,上三叠统须家河组致密砂岩储层平均孔隙度分布在 1.2%~13.2%,渗透率为 $0.01\times10^{-3}\sim0.82\times10^{-3}\mu m^2$,致密砂岩气资源量可达 $26\times10^{12}m^3$。

库车拗陷致密砂岩气藏分布广泛,统计库车拗陷已发现的 11 个气藏的孔隙度、渗透率结果表明(表 1-2)，除克拉 2 气藏的孔隙度基本大于 10%、空气渗透率基本大于 $1\times10^{-3}\mu m^2$ 以外，其他气藏的孔隙度都小于 10%、空气渗透率都小于 $1\times10^{-3}\mu m^2$，即除克拉 2 气藏属外，其他气藏均属于致密砂岩气藏。

表 1-2 库车坳陷各气藏储层物性统计表

气藏	层位	孔隙度小于 10% 的比例/%	渗透率小于 $1\times10^{-3}\mu m^2$ 的比例/%	是否为致密砂岩气藏
乌参 1 气藏	K	98.1	57.9	是
大北 1 气藏	K—E	96.8	84	是
却勒 1 油藏	E	76.7	35.6	是
克拉 3 气藏	E	96.8	40.7	是
迪那 2 气藏	E	91.4	89.9	是
迪那 3 气藏	E	98.2	92.9	是
依南 2 气藏	J	93.8	77.5	是
迪那 11 气藏	E	97.3	92.3	是
吐孜洛克气藏	N	94.3	77.3	是
克拉 2 气藏	K—E	42.2	38.1	否
克深 2 气藏	K—E	测井解释孔隙度为 0.1%～14.1%		是
大北 3 气藏	K—E	测井解释孔隙度为 2.2%～6.5%		是

三、致密气勘探存在问题和科学难题

(一) 致密砂岩气藏比例高，表现高压异常，成因机制不清

北美地区的致密砂岩气藏压力总是低于或高于静水压力，表现为异常压力特征，常压气藏很少(图 1-10)。阿尔伯达盆地、圣・胡安盆地和丹佛盆地的白垩系致密砂岩气藏多具异常低压特征，大绿河盆地、皮申思盆地和尤因塔盆地的白垩系—古近系致密砂岩气藏则多具有异常高压特征。我国四川盆地川西坳陷和松辽盆地扶余油层连续型致密砂岩气藏具有异常高压特征，而鄂尔多斯盆地上古生界和吐哈盆地小草湖地区广泛连续型致密砂岩气藏则表现为异常低压特征。

库车坳陷致密砂岩气藏普遍具有异常高压特征，克拉苏构造带上致密砂岩气藏压力系数均高于 1.2，多为 1.4～2.2，且呈现出东北高、西南低的特点，表现为整体超压发育。其中，克拉地区的压力系数为 1.8～2.2，大北地区压力系数为 1.5～1.7，迪那 2 地区压力系数为 2.14～2.29，野云 2 地区压力系数可达 1.99，迪北地区压力系数多大于 1.76，都具有异常高压特征。

但是，针对不同类型、不同成藏机制和演化过程的致密砂岩气藏中异常高压的形成机制问题，国内外尚未得出清晰的认识，有待进一步研究。

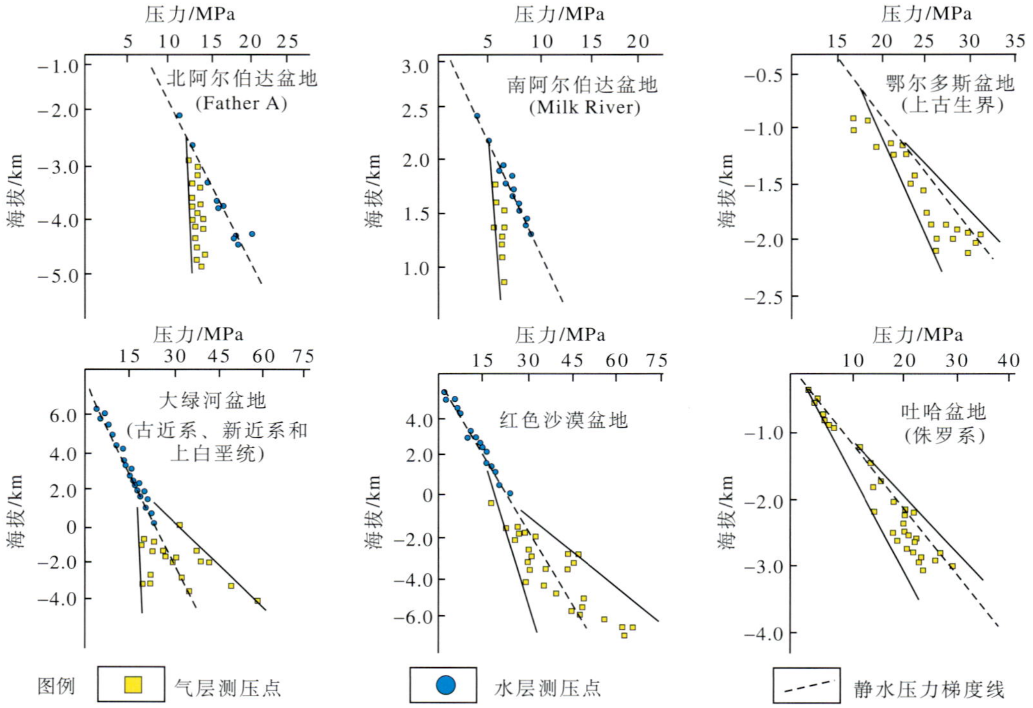

图 1-10 国内外典型连续型致密砂岩气藏压力分布特征(王涛，2002)

（二）致密砂岩气藏分布广，有些不受构造控制，分布规律不清

库车坳陷致密砂岩气藏广泛分布，在克拉苏构造带、依奇克里克构造带、秋里塔格构造带都发现了致密砂岩气藏。其中，克拉苏-依奇克里克构造带发现的油气藏最多，石油与天然气探明储量分别占库车坳陷油气探明储量的50%和65%以上。

目前发现的致密砂岩气藏多分布于构造高部位，如大北3气藏(图1-11(a))、迪那2气藏、克深2气藏等。但是，斜坡和凹陷部位也有致密砂岩气藏分布，如迪北气藏(图1-11(b))。这些致密砂岩气藏分布较为复杂，有的气藏目前没有发现明显的气藏边界，无边水或底水，气藏边界也不受构造等高线控制，平面上含气范围不规则，气藏分布规律不清。

（三）致密砂岩气藏层段多，不受埋深控制，主控因素不清

目前世界范围内发现的致密砂岩气藏埋深变化范围大，从浅层的900m到深层的8000m范围内均有发现。在勘探早期，受技术水平限制，只在埋深较浅的部位取得突破，如加拿大阿尔伯达盆地埃尔姆沃斯深盆气藏埋深只有914～3000m，美国圣·胡安盆地布兰科气田埋深也只有1600～2100m。随着天然气成藏理论的不断完善和技术水平的不断进步，在盆地4000m以下同样发现了大量的致密砂岩气藏，如我国松辽盆地的徐深气田最深的致密砂岩气藏可达4000m以上；鄂尔多斯盆地苏里格致密砂岩气藏

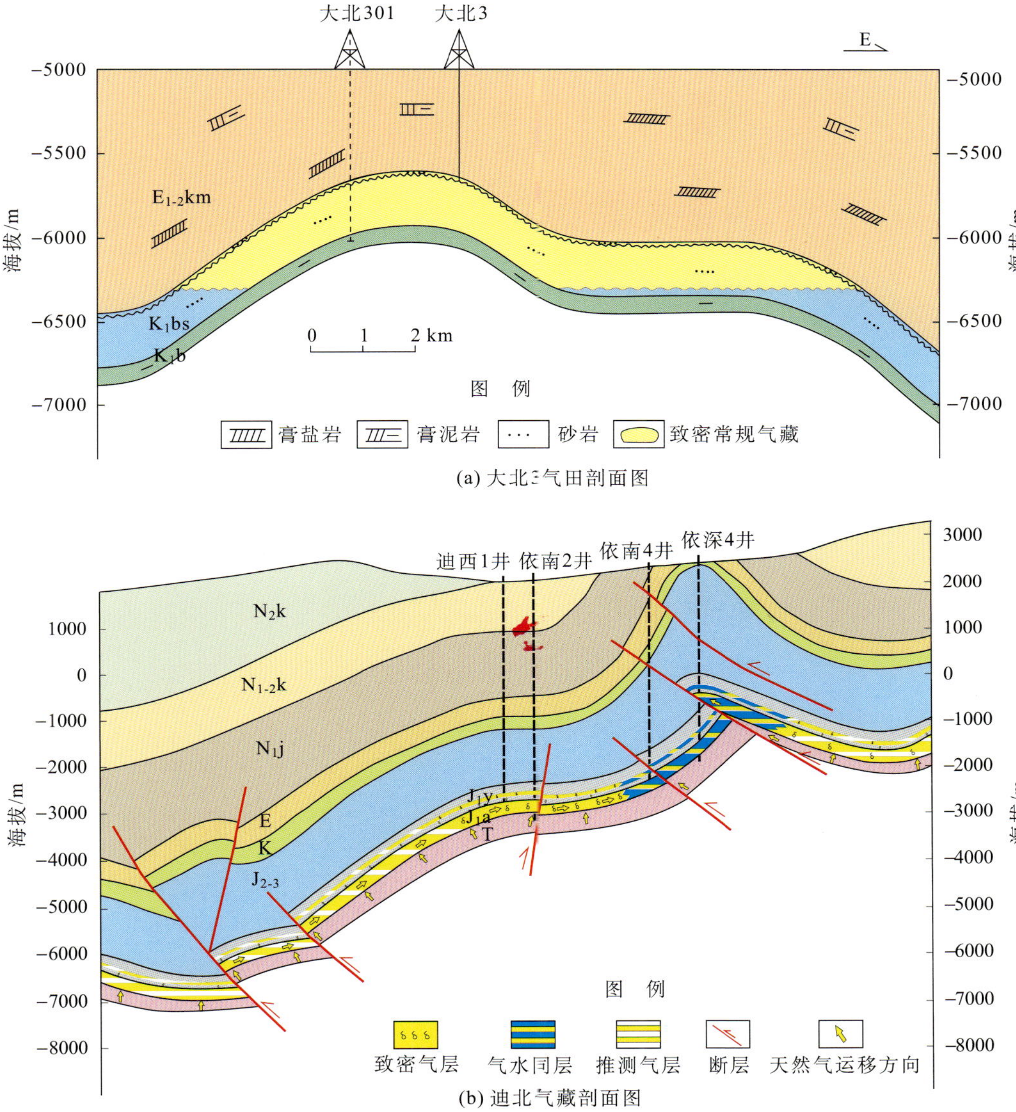

(a) 大北3气田剖面图

(b) 迪北气藏剖面图

图 1-11 库车拗陷典型致密砂岩气藏剖面图

埋深为 3200～3500m，最大埋深超过 4000m；四川盆地川西白马庙深拗区的致密砂岩气藏埋深都超过 4000m。

库车拗陷致密储层段较多，气藏分布不受埋深的控制，致密砂岩气藏埋深为2700～8000m(图 1-12)。大北 1 井白垩系含气层段埋深为 5568.08～5620m，大北 101 井白垩系气水界面位于 5790m，大北 2 井白垩系气水界面位于 5669.5m，大北 3 井古近系底砂岩气层深度为 7058.0～7090.9m，迪西 1 井侏罗系阿合组主力产气层埋深为 4708.0～4811.38m，依南 2 井侏罗系阿合组主力产气层埋深为 4732.0～4996.0m。不同构造带不同层位的致密砂岩气藏，埋深差异较大，而不受埋深控制的致密性含气层发育的主控

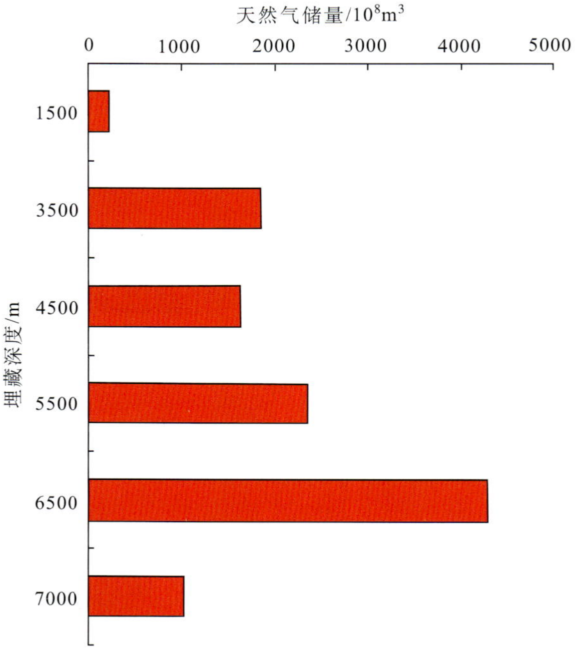

图 1-12 库车坳陷天然气地质储量分布图

因素尚不明确。

（四）致密砂岩气藏产能变化大，受裂缝和流体压力控制，预测非常困难

致密砂岩气藏在压裂施工前基本无自然产能或者自然产能极低。国外致密砂岩气藏单井产能为 566～2830m^3/d，储层改造后才可达到 1.4×10^4～2.8×10^4 m^3/d。我国川西坳陷川 39 等井在压裂前，须四段测试结果为无产能，但压裂改造后，均获得气层；鄂尔多斯盆地苏里格气田致密砂岩气藏也是在压裂后才能达到日产 1×10^4 m^3 天然气以上的单井产能(邹才能等，2011)。

库车坳陷大北气田的大北 3 井在 7000m 以下的盐下构造获得高产气流，该井完钻井深达到 7090.88m，7058.0～7090.88m 井段经过压裂之后用 6.0mm 油嘴求产，折日产气 41.6862×10^4 m^3。迪北气藏的依南 2 井在侏罗系阳霞组、阿合组 4578.8～4783m 井段压裂后，获得日产天然气 10.9×10^4 m^3。迪那 2 气藏的迪那 2 井在 4597.44～4875.59m 井段进行压裂后用 32.77mm 油嘴求产，折日产气 2.18×10^6 m^3，日产油 145.2m^3。野云地区的野云 2 井在 5966.0～6087.5m 经酸化压裂后用 4mm 油嘴求产，折日产油 0.76m^3、折日产气 3895.2m^3。

综合分析认为，库车坳陷致密砂岩气藏由于储层致密、渗透性差，储层敏感性强。受裂缝分布和流体压力的影响，单井自然产能差异性较大。

第二节 研究思路与技术路线

一、研究思路与方法原理

库车拗陷致密砂岩气研究采用由点及面的研究思路，在研究区资料收集与整理的基础上，通过典型致密砂岩气藏剖析，阐明不同成因类型致密砂岩气藏特征及成藏机制，建立成藏模式，完善预测方法，并预测有利勘探目标(图 1-13)。具体研究方法是，以库车拗陷迪北气藏、迪那 2 气藏和大北 3 气藏等典型致密砂岩气藏为目标，采用正演和反演相结合的方法，研究致密砂岩气藏的特征、成藏机制和分布规律。其中，正演是恢复致密砂岩气藏的构造演化史、生排烃史和孔隙演化史，分析其匹配关系，确定致密砂岩气藏的成因类型；反演是通过剖析已发现的致密砂岩气藏的地质和地球化学特征，搞清其气源、储层特征、成因类型和成藏机制；在正演和反演研究的基础上，预测最有利的分布范围、含气区域和富集“甜点”。

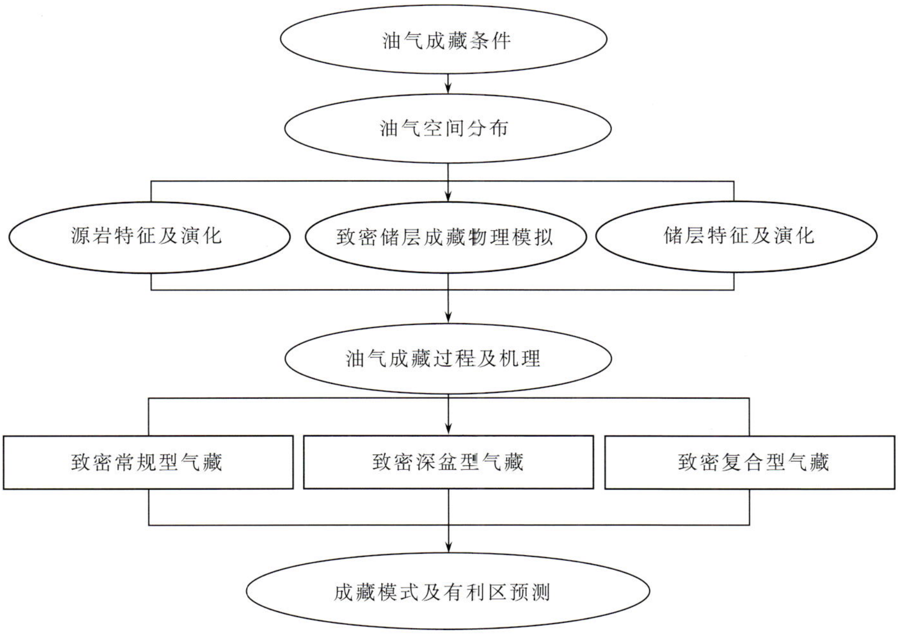

图 1-13 库车拗陷致密砂岩气研究技术路线图

二、技术路线与工作流程

（一）致密砂岩气藏的地质特征分析

在油气地质、地球化学、地球物理和测试分析资料的基础上，对典型致密砂岩气藏的静态特征和形成条件进行详细剖析。气藏的静态特征描述主要从气藏类型及几何特征、储层岩性及物性特征、流体性质及分布、气藏温压特征等方面开展研究；气藏形成条件分析主要从烃源岩条件、储层条件、封盖条件、生储盖组合条件和圈闭条件等方面研究，最后在气藏静态特征描述及形成条件分析的基础上明确气藏特征。

（二）致密砂岩气藏成藏机制研究

在致密砂岩气藏地质特征剖析的基础上，分析致密砂岩气藏的成藏过程和成藏机制，讨论不同地质条件下不同动力机制的成藏效应，明确致密砂岩气藏的成因类型，并建立不同成因类型致密砂岩气藏的成藏模式。

（三）不同成因类型致密砂岩气藏主控因素与分布预测方法

在上述研究的基础上，利用成因分析法、统计归纳法对不同成因类型的致密砂岩气藏的影响因素进行分析，优选主控因素，阐述其与各要素之间的相互关系及其控藏原理。依据不同成因类型致密砂岩气藏的主控因素开展多因素叠加预测，预测不同类型致密砂岩气藏在不同地质时期的有利区带，将不同致密砂岩气藏发育过程中有利区带进行叠加，评选出最有利的勘探区带。

第三节　研究创新成果与勘探成效

一、剖析了研究区主要气藏地质特征并提出了六大主控因素

通过剖析库车坳陷迪那 2 气藏、迪北气藏和大北 3 气藏 3 个典型致密砂岩气藏的地质特征，总结了库车坳陷致密砂岩气藏的六大主控因素。

迪那 2 气藏分布在构造的高部位，具有完整的背斜圈闭，高点富集，具有统一的气水边界。迪那 2 气藏储层主要为古近系苏维依组，其次为库姆格列木组，古近系储层在西域期沉积初（约 2Ma）致密化，而排气高峰期在 5Ma 左右，即储层致密期晚于天然气充注期，成藏过程主要受浮力作用控制，因此，其成因分类属于致密常规气藏。综合分析认为，烃源灶（S）、古隆起（M）、沉积相（D）和区域盖层（C）四大要素在时间上和空间上的匹配控制着迪那 2 气藏的成藏过程和分布。

迪北气藏分布在构造斜坡区，圈闭幅度仅为 100m，而气柱高度为 256m，气藏底界在背斜圈闭的溢出点之外，气藏明显不受低幅度构造控制，且构造高部位的依深 4 井、依南 4 井产水，构造低部位的依南 2 井、迪西 1 井产气，阿合组连续砂体中出现气水倒置现象，以上特征有别于常规气藏的一般特征。迪北气藏储层主要为侏罗系阿合组，其次为侏罗系阳霞组。下侏罗统储层在前康村期（约 8Ma）致密化，排气高峰期在 5Ma 左右，即储层致密期早于天然气充注期，浮力不起主要作用，气体生烃膨胀力作为主要的运移动力，天然气以整体排驱致密储层中孔隙水的方式向上倾方向运移。因此，其成因类型属于致密深盆气藏，但晚期强烈的构造运动导致其遭受调整改造。综合分析认为，烃源灶（S）、沉积相（D）、力平衡边界（L）和构造平稳带（P）四大要素在时间

上和空间上的匹配控制着迪北气藏的成藏过程与分布。

大北 3 气藏分布在构造的高部位，构造表现为近北东向短轴背斜，但没有明显的气水界面，推测斜坡区砂体中具有致密砂岩气分布。大北 3 气藏储层主要分布在古近系库姆格列木组和白垩系巴什基奇克组，储层在库车期沉积之初(约 5Ma)致密化，排气高峰在 5Ma 左右，即储层致密期与天然气充注期同步，成藏过程受到浮力作用和生烃膨胀力作用的控制。因此，其成因类型属于早期致密常规气藏与致密深盆气藏叠合形成的致密复合气藏，同时晚期在构造作用下遭受调整改造。因此，烃源灶(S)、区域性盖层(C)、力平衡边界(L)、有利的沉积相带(D)、古隆起(M)与平稳的构造区带(P)六大因素在时间上和空间上的匹配控制着大北 3 气藏的成藏过程与分布。

二、识别出三种不同类型的致密砂岩气藏并揭示了成因机制

通过对迪那 2、迪北和大北 3 等气藏(田)的解剖，确定了库车坳陷主要存在 3 种类型致密砂岩气藏，并分别建立了其成藏模式。这 3 种类型致密砂岩气藏分别是："先成藏后致密型"致密常规气藏(迪那 2 气藏)、"先致密后成藏型"致密深盆气藏(迪北气藏)、致密复合气藏(大北 3 气藏)。

(一) 致密常规气藏的成因机制

致密常规气藏具有统一底水或边水的气水分布特征，成藏动力主要为浮力(姜振学等，2006a)。因此，该类气藏形成时储层尚未致密，在储层致密化之前发生天然气的充注，常规天然气藏形成后，储层致密化。储层主要的减孔因素包括压实作用(构造挤压)和胶结作用。压实作用是由于地层的埋深增大，上覆地层压力增大，使储层颗粒排列方式发生变化，颗粒间空间变小，压实作用减孔最高可达约 30%，是储层致密化的主要原因。构造挤压作用也可视为压实作用，即通过挤压改变储层矿物颗粒的排列方式来减小砂岩孔隙空间，导致储层致密化(寿建峰等，2003；刘国勇等，2006)。胶结作用通常发生在地层水可以自由流动的地下环境中，流体循环往复维持岩石胶结所需的物质元素，但天然气充注到储层之后，地层水循环停止，化学平衡被打破，胶结作用减缓或停止。上述两类减孔成岩作用中，压实作用的发生不受天然气充注的影响，随着地层的埋深和地层沉积时间的增长而发生，因此压实作用是导致储层致密的根本原因。因此，致密常规气藏的形成发生在储层致密之前(图 1-14)。

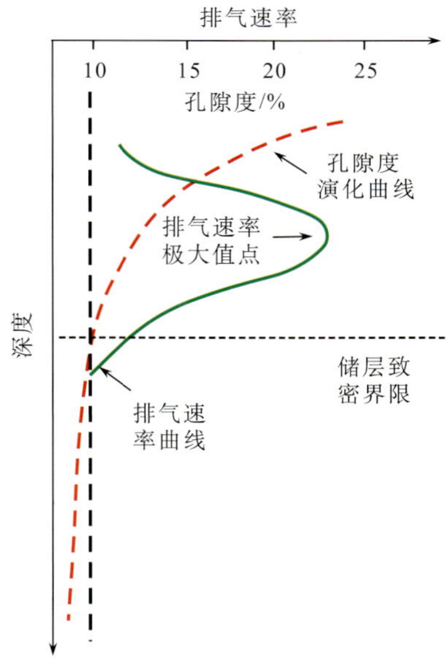

图 1-14 致密常规气藏成藏机制图

致密常规气藏的成藏模式有两大类，即构造相关的成藏模式和地层岩性相关的成藏

模式，如图 1-15 所示(庞雄奇等，2014b)。

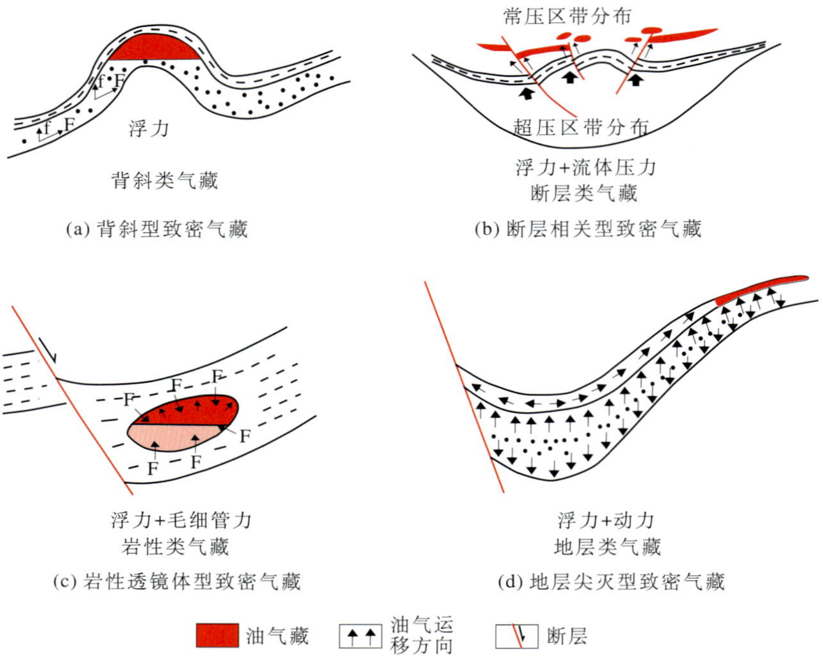

图 1-15　致密常规气藏分布类型图(据庞雄奇等，2007，修改)

(二) 致密深盆气藏的成因机制

致密深盆气藏中天然气充注发生在储层致密之后，气体分子膨胀力在储层致密界限下成为天然气充注的主要动力(姜振学等，2000，2006a)，该界限以上浮力主导油气运聚(图 1-16)。

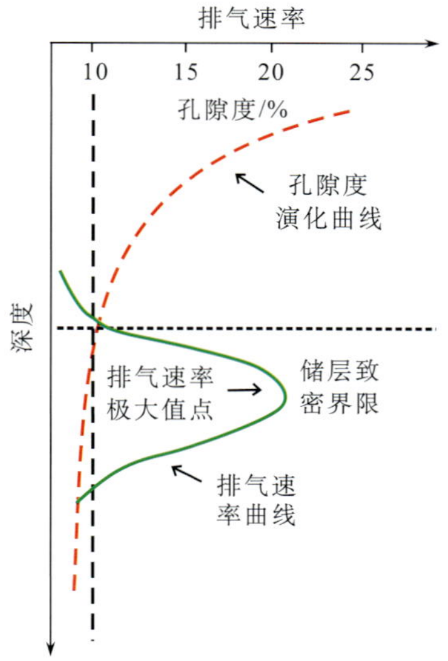

图 1-16　致密深盆气藏成藏机制图

力平衡方程决定着致密深盆气圈闭的分布范围(图 1-17)。致密深盆气圈闭溢出点处的力平衡条件为：致密深盆气膨胀力(P_e)等于边界点上的致密储层孔喉产生的毛细管力(P_c)与上覆静水柱压力(P_w)之和(庞雄奇等，2003a；解国军等，2004)。致密深盆气成藏分布的最大范围与其储集条件等各种地质要素的关系模式可依据力平衡方程表达：

$$P_e = P_w + P_c \tag{1-1}$$

式中，P_e为气体膨胀力(Pa)；P_w为静水压力(Pa)；P_c为毛细管阻力(Pa)。

致密储层中浮力不起主要作用。力平衡方程控制了致密深盆气藏可能成藏的最大分布范围，即气藏的圈闭范围。

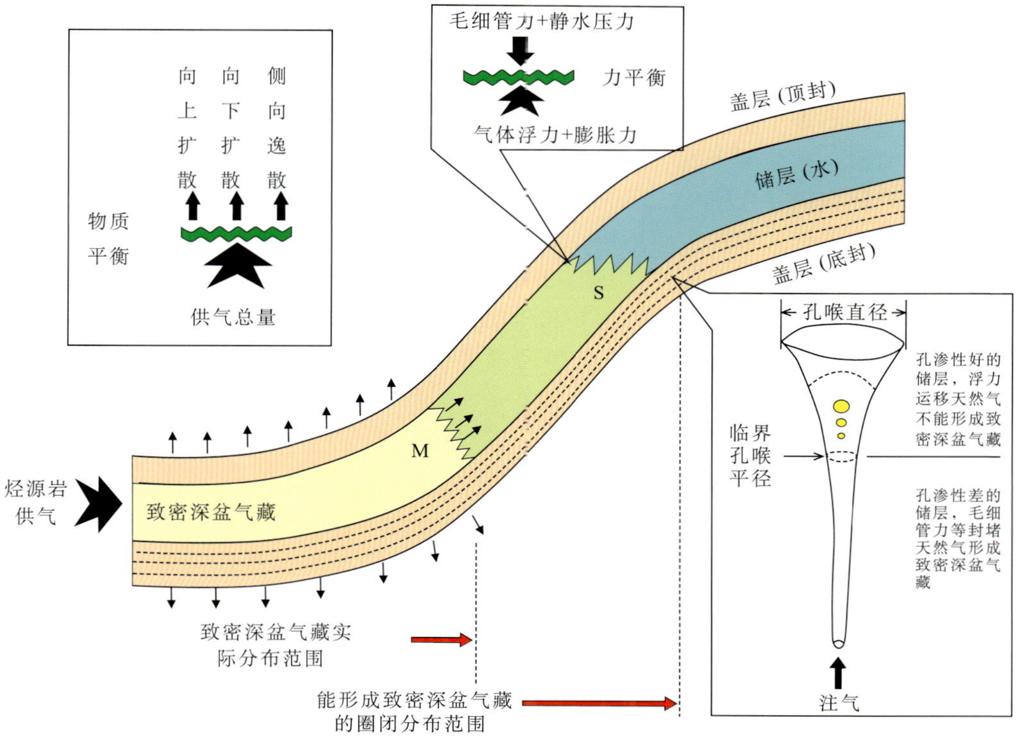

图 1-17 致密深盆气藏力平衡和物质平衡控藏机制图（庞雄奇等，2003a）

物质平衡方程控制着圈闭含气范围，进入储层中的天然气，在排驱储层中的孔隙水的过程中，有一部分天然气沿着气水界面和盖层向外逸散，如果烃源岩向储层中供排的天然气量（Q_e）少于逸散的气量（Q_l）时，就不能形成致密深盆气藏，或已经形成的致密深盆气藏的分布范围逐渐萎缩，直至消失，这样致密深盆气藏就会遭到破坏。当烃源岩供排的天然气量大于逸散的气量时，储层中的天然气就继续排驱储层中的孔隙水，使得致密深盆气藏形成或致密深盆气藏的范围扩大，但其最大边界不超过力平衡圈定的范围。即烃源岩总供气量（Q_e）一部分从上覆盖层处向上扩散（Q_{ed}^c），另一部分自气水过渡带的气水接触面（M）向上散失（Q_{ed}^r），还有一部分从圈闭溢出点（S）向外散失（Q_l^s），剩余的部分以致密深盆气藏的形式存在（Q_r）。它们之间的关系可以物质平衡方程来表示：

$$Q_e = Q_r + Q_{ed}^c + Q_{ed}^r + Q_l^s \tag{1-2}$$

式中，Q_{ed}^c 为盖层处散失烃量；Q_{ed}^r 为气水接触面处散失烃量；Q_l^s 为圈闭溢出点处散失烃量。

由以上关系式可以推导出计算致密深盆气藏实际含气范围的关系式：

$$L_0 = \frac{\cos\alpha}{H\phi}(Q_e - Q_{ed}^c - Q_{ed}^r) \tag{1-3}$$

式中，L_0 为致密深盆气藏实际分布范围（m）；H 为储层厚度（m）；α 为储层倾角（°）；ϕ 为储层孔隙度（%）。

（三）致密复合气藏成因机制

致密复合气藏是由浮力作用与气体分子膨胀力作用叠加复合形成的，具有两种成因机制，其一，浮力作用通常发生在致密常规气藏形成的过程中，其形成机制决定了此类气藏的形成时间是在储层未发生致密化之前，而相同层位位于凹陷或下倾部位的致密深盆气藏形成时间在储层致密化之后。因此，两种类型致密砂岩气藏在成藏时间上先后有别，形成的致密复合气藏是多期排烃、不同类型的气藏叠加成藏的结果。其二，晚期构造调整将局部致密深盆气藏抬升，并通过断裂、裂缝等因素改造储层的渗透性能使其物性接近常规储层(低孔高渗)。浮力重新起作用，调整局部的气水分布状态，并保持致密深盆气藏的大面积含气特征，形成晚期调整成因的致密复合气藏(庞雄奇等，2013，2014a，2014b)。

三、建立了致密砂岩气藏发育模式并提出了预测方法

库车拗陷致密砂岩气藏具有平面广覆连续性、纵向叠复多样性的特征，在此基础上，建立了平稳拗陷-斜坡构造环境成因的致密砂岩气藏发育模式，并提出了相关预测方法。

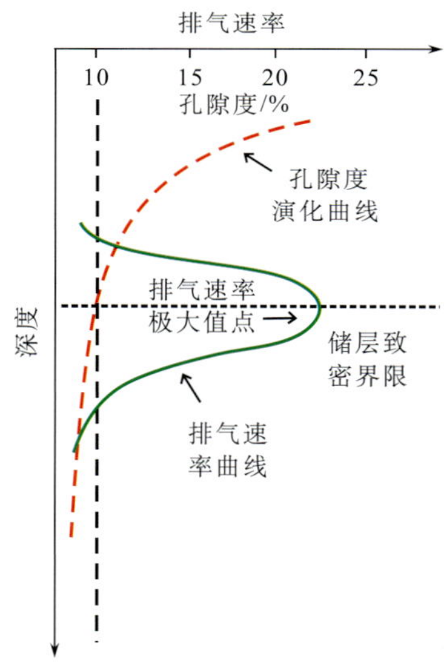

图 1-18　致密复合气藏成藏机制图

在早期排烃阶段，天然气在浮力作用下聚集在构造高点，形成常规气藏 A(图 1-18、图 1-19(a))；随埋深增大，压实或构造挤压作用增强，导致储层致密；之后在烃源岩晚期排烃阶段，天然气持续充注，形成致密深盆气藏 B_1(图 1-19(b))；随着储层埋深进一步增大，早期常规气藏储层致密化，转变为致密常规气藏 B_2，同时最初只分布于凹陷中心部位的致密深盆气藏 B_1 在气体分子膨胀力作用下逐渐扩展到构造隆起部位，与致密常规气藏 B_2 叠加在一起，形成致密复合气藏(气藏 C)(图 1-19(c))。因此，该气藏具有两种成藏动力机制，形成在平面上复合连续和纵向上叠加的致密砂岩气藏(庞雄奇等，2014a，2014b)。

致密砂岩气藏的预测，是建立在三类不同类型致密砂岩气藏预测基础之上的，提出平稳的构造区带(P)、区域性盖层(C)、力平衡边界(L)、有利的沉积相带(D)、古隆起(M)与烃源灶(S)六大功能要素在时间上和空间上的匹配，控制着沉积盆地的油气成藏及其时空分布。六大要素在纵向上的有序组合控制油气富集的层位；六大要素在平面上的叠加控制油气富集的范围；六大要素在时间上有效地联合控制油气富集的时期或大量成藏期(T)(图 1-20)，因此，此次研究提出了利用 T-PCLDMS 模式预测致密砂岩气藏的方法。

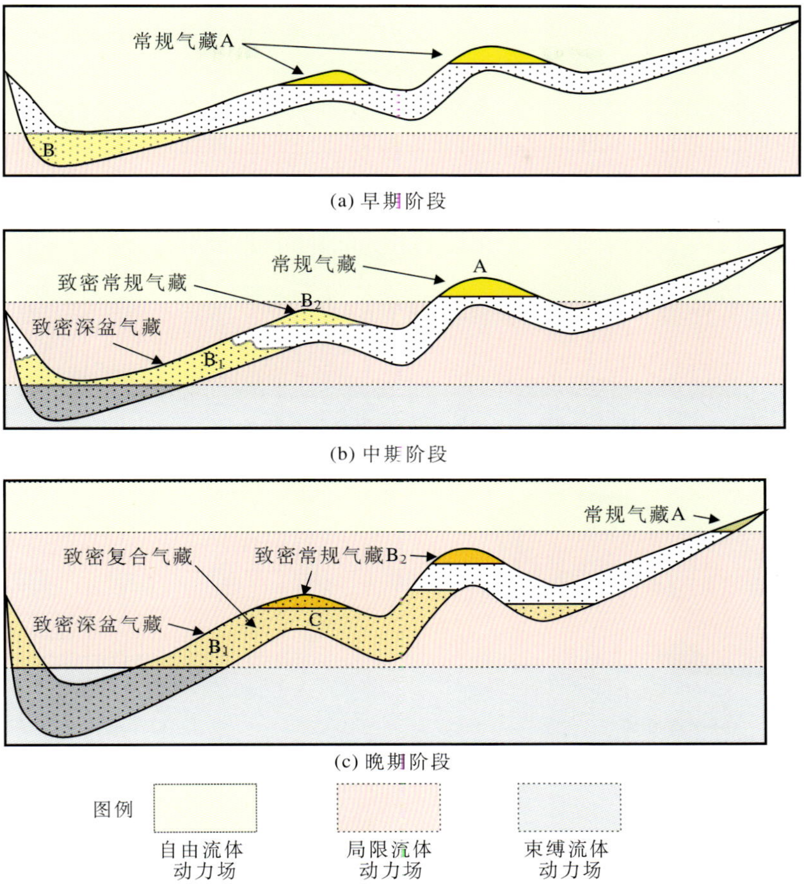

图 1-19 不同成因类型致密砂岩气藏演化模式图(庞雄奇等，2014b)

四、预测了库车坳陷东部富气“甜点”发育区，指导了东部致密砂岩气藏勘探获得重大发现并展示出巨大的勘探潜力

通过对储层沉积相类型、成岩作用、砂体厚度、孔隙度、裂缝发育特征的综合分析，确定库车坳陷致密储层背景下的高孔渗“甜点”发育特征及其含气性。

微观上，“甜点”具有高石英及长石含量、低岩屑含量、粒度粗、泥质含量低、胶结物少、溶蚀作用强、裂缝发育等特征；宏观上，库车坳陷东部地区侏罗系易发育孔隙型“甜点”，西部地区易发育裂缝型“甜点”，阿合组比阳霞组易发育“甜点”，J_1a^2 比其他层段易发育“甜点”，水动力较强的辫状河道沉积和水下分流河道沉积更易发育“甜点”。储层反演及流体检测结果显示，迪北斜坡带侏罗系阿合组、阳霞组储层发育，流体富集，发育有利于致密砂岩气聚集的“甜点”。

在典型气藏剖析、成藏机制研究的基础上，阐明不同类型的致密砂岩气藏主控因素，建立功能要素叠加预测模式，预测库车坳陷东部地区致密砂岩气藏有利成藏区域。总体而言，库车坳陷东部地区下侏罗统致密砂岩气藏主要分布在迪北斜坡以及阳霞凹陷

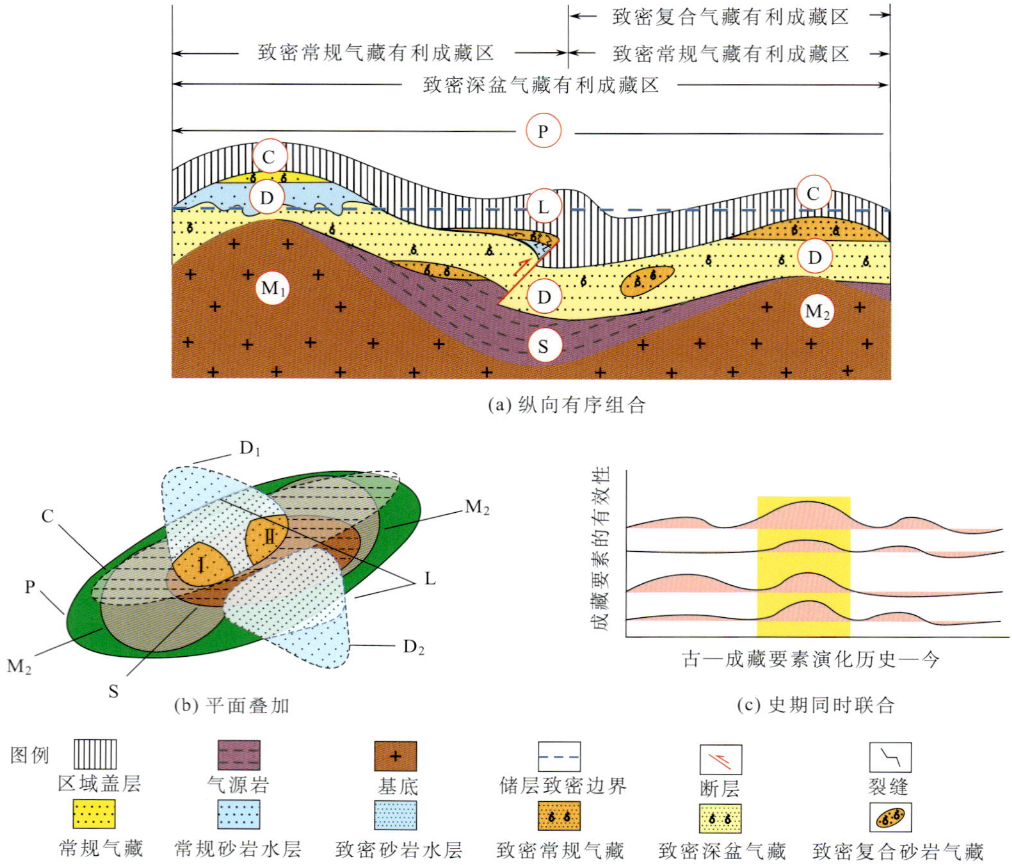

图 1-20 致密砂岩气藏预测模式图(庞雄奇等，2014b)

T. 成藏时间；P. 构造平稳带；C. 区域盖层；L. 力平衡边界；D. 有利沉积相带；M. 古隆起；S. 烃源灶

等地区，致密砂岩气藏勘探潜力巨大。模拟计算表明，库车坳陷东部地区远景资源量为 $3.62\times10^{12}m^3$，保守预测资源量为 $2.06\times10^{12}m^3$(95%可靠性)，最乐观估计可能达到 $5.58\times10^{12}m^3$(5%可靠性)。库车坳陷东部最重要的目的层系是侏罗系阿合组，资源量为 $2.2\times10^{12}m^3$，占总资源量的 60.8%；最重要的气藏类型是致密深盆气藏，资源量为 $2.48\times10^{12}m^3$，占总资源量的 68.5%。

通过此次研究，预测了库车坳陷东部地区“甜点”发育区，指导了库车坳陷东部地区致密砂岩气藏的勘探，提出探索致密砂岩气勘探潜力的迪西 1 井，该井位于依奇克里克冲断带断裂下盘，2011 年 5 月 21 日开钻，设计井深 5000m，目的层为侏罗系阿合组，预计钻遇厚度 260m。在井深 4706m 进入阿合组后，气测显示活跃，阿合组 4708～4811.38m 井段采用氮气钻井，获得气测显示 18.38m/12 层，全烃最高达 99.14%。在 4708～4811.38m 井段放喷测试，采用 10mm 油嘴，日产气 571898～626445m^3，日产油 62.16m^3，标志着塔里木盆地致密砂岩气勘探成功突破日产 $50\times10^4m^3$ 的高产关，迪西 1 井的突破开创了库车坳陷东部致密气勘探的新局面。

第二章　库车拗陷致密砂岩气藏形成条件与发育特征

第一节　库车拗陷纵向上发育良好的生储盖组合

一、地层发育特征

库车拗陷中、新生界发育较为齐全(贾承造，2001；周新源，2002)，自下而上依次为三叠系、侏罗系、下白垩统、古近系、新近系和第四系，仅缺失上白垩统。

(一)中生界

库车拗陷中生界发育三叠系、侏罗系和白垩系，其中，三叠系包括俄霍布拉克组、克拉玛依组、黄山街组和塔里奇克组，从北到南地层厚度逐渐减薄，并在部分地区超覆尖灭，北部最厚可达1900m，主要为一套滨浅湖和三角洲相沉积，化石丰富，与上覆侏罗系呈整合或假整合接触。下部地层为紫红色砂砾岩、灰绿色砂岩和泥岩等，中、上部地层为灰黑色厚层泥岩，碳质泥岩夹粉砂岩，含有煤层。

侏罗系包括阿合组、阳霞组、克孜勒努尔组、恰克马克组、齐古组和喀拉扎组，主要为一套河流-三角洲平原-沼泽-湖泊相沉积，含煤系地层，地层层序连续清楚，区域对比性强。与下伏三叠系不整合接触，局部为整合接触。从北向南地层厚度逐渐减薄，北部的依奇克里克地区最厚，向阳霞凹陷南部超覆，在轮台断裂带北部尖灭。

下白垩统包括亚格列木组、舒善河组、巴西盖组和巴什基奇克组，主要为扇三角洲、辫状河三角洲和滨浅湖相砂泥岩互层沉积，与下伏侏罗系呈假整合或低角度不整合接触，北部山前地区地层厚度明显增大，总体厚度范围为600～1600m，向南超覆减薄，在吐格尔明和依奇克里克局部地区缺失下白垩统。

(二)新生界

库车拗陷新生界发育古近系、新近系和第四系，其中，古近系包括库姆格列木群和苏维依组，主要为河流、滨浅湖和泻湖沉积的碎屑岩层和膏盐岩层，与下伏地层普遍呈平行不整合接触，局部为角度不整合接触。库姆格列木群主要为膏盐岩层，底部为灰褐色粉砂岩和砂砾岩段，下部为褐色膏泥岩、盐质泥岩夹褐色泥岩，上部为灰白色中-厚层盐岩夹灰褐色泥岩。苏维依组主要为褐色泥岩、粉砂质泥岩，夹膏质泥岩及细砂岩，厚度为200～400m。

新近系包括吉迪克组、康村组和库车组，主要为滨浅湖、河流-泛滥平原相沉积的碎屑岩层，与下伏古近系呈角度不整合或平行不整合接触。吉迪克组为一套泥岩、粉砂岩、泥质粉砂岩和膏盐岩，厚度为600～800m，是重要的区域性盖层。库车组-康村组主要为浅绿灰、黄红色含砾砂岩(砂岩)与黄红色砂质泥岩、泥岩互层，岩性变化较大，呈“北粗南细、北厚南薄”的特点。

第四系主要为河流、冲积-洪积扇相的砾岩、砂砾岩层、砾石层和黏土层等，与下伏新近系为角度不整合接触，厚度变化剧烈。

二、生储盖组合特征

(一) 烃源岩特征

库车坳陷烃源岩主要分布在三叠系和侏罗系，由湖相泥岩、页岩、油页岩与湖沼相高碳泥岩和煤系地层构成，既可生油，又可生气，以生气为主(梁狄刚等，2002；赵孟军等，2002；赵孟军和卢双舫，2003；王飞宇等，2005)。自下到上依次发育黄山街组泥质烃源岩，塔里奇克组、阳霞组、克孜勒努尔组煤系烃源岩和恰克马克组泥质烃源岩。平面上烃源岩总体上具有“西厚东薄、北厚南薄”的分布特征。

黄山街组为半深湖-深湖相沉积，以暗色厚层状富含有机质泥岩夹砂岩为主，在北部暗色泥岩厚度大，为200～300m，向东西两侧减薄。煤层仅分布在盆地北缘，厚度一般小于5m；碳质泥岩的分布范围更加局限，仅分布在库车河剖面附近，累计厚度约41m。

塔里奇克组为河流相和滨湖沼泽相煤系沉积，厚度为50～150m，岩性为黑灰色泥岩及碳质泥岩、页岩，其中，泥岩厚度在依南2井最大，约为32m，库车河剖面露头揭示该层泥岩厚10m。

阳霞组为辫状河三角洲、湖泊沼泽相交替沉积的黑色-深灰色泥页岩，沉积中心有东西两个，东侧位于克拉2井—库车河剖面—依南2井一带，西侧位于卡普沙良河剖面—老虎台一带。暗色泥岩的厚度分布相对稳定，并向东逐渐减薄，碳质泥岩主要分布于库车河附近，阳霞组的煤系地层仅分布在盆地北缘及东部地区，其中，依南2井煤层厚约25m，阳1井煤层厚约12.5m。

克孜勒努尔组在坳陷北缘主要为辫状河三角洲和滨湖沼泽相沉积，向南为狭长的东西向半深湖-深湖沉积，再向南过渡到的滨浅湖夹河道沉积。总体上地层岩性较粗且变化较快，厚度变化大，其中，暗色泥岩和煤层主要分布在依南2井附近，暗色泥岩厚达305m，向西到库车河剖面快速减薄为33m，煤层厚度的分布与暗色泥岩相似。

恰克马克组为半深湖-深湖相沉积的一套灰绿色、深灰色泥岩夹薄层粉砂岩和泥灰岩，具有东西两个沉积中心，分布在阿瓦特河剖面—大北1井—克拉2井以南一线。总体上呈中心厚、四周薄的分布特征，在阿瓦特河剖面和卡普沙良河剖面烃源岩厚度最大，向四周逐渐减薄尖灭。恰克马克组中未见煤及碳质泥岩，半深湖相暗色泥岩厚度分布十分稳定，总体上厚度为20～150m。

（二）储层特征

库车拗陷储层主要分布在侏罗系、白垩系、古近系及新近系，岩性以碎屑岩为主。致密砂岩气藏的储层主要包括：侏罗系阿合组和阳霞组、白垩系巴什基奇克组、古近系苏维依组砂岩和库姆格列木组、新近系吉迪克组和库车组。

库车拗陷侏罗系储层主要分布在中、下侏罗统的阿合组和阳霞组，由多个从灰白色(含砾)粗、中砂岩到灰白色、浅灰色中、细砂岩或粉、细砂岩的正韵律组成，砂体厚度大，泥质夹层少，区域分布稳定。白垩系储层主要发育在下白垩统巴什基奇克组，岩性主要为含砾细砂岩，总体具有北厚南薄的特点。古近系储层主要为苏维依组砂岩、库姆格列木组底砾岩段和白云岩段，具有东厚西薄、东粗西细的特点。新近系储层主要为吉迪克组底砾岩段、砂泥岩段及康村组砂岩，其中，吉迪克组底砾岩段在全盆地分布广泛，平面上具有北部厚、南部薄及两边厚、中间薄的规律。

（三）盖层特征

库车拗陷盖层主要发育在中、新生界，尤其新生界膏盐层、膏泥岩层形成极好的区域盖层，具有形成大中型油气田的盖层条件。中生界侏罗系和白垩系主要为泥岩盖层，单层厚一般数十米，在全盆地广泛分布，厚度从北向南逐渐减小；新生界盖层主要分布在古近系库姆格列木组及新近系吉迪克组，既有泥岩，也有膏盐、膏泥岩(图 2-1)。

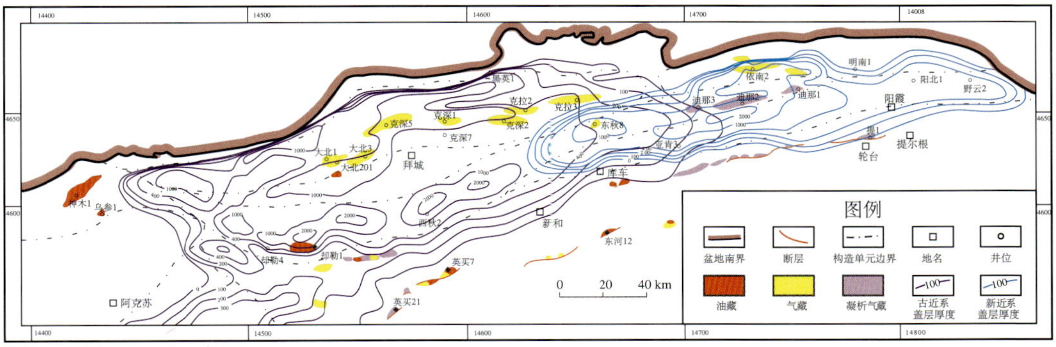

图 2-1 库车拗陷古近系和新近系盖层平面分布图

（四）储盖组合特征

根据各种地质资料，认为库车拗陷主要有四套储盖组合(图 1-3)。

(1) 新近系膏泥岩盖层与新近系吉迪克组、古近系及白垩系砂岩储层组成的储盖组合：主要分布在库车拗陷东部地区，目前发现的迪那 2 气田、吐孜洛克气田等均属此套储盖组合。

(2) 古近系膏泥岩盖层与古近系底砂岩及白垩系砂岩储层组成的储盖组合：主要分布在库车拗陷西部地区，目前发现的克拉 2 气田、大北 1 气藏等均属此套储盖组合。

(3) 侏罗系煤系地层盖层与侏罗系阳霞组及阿合组砂岩储层组成的储盖组合：主要

分布在依奇克里克及阳霞地区，目前发现的迪北气藏、依深气藏等均属此套储盖组合。

(4) 古近系泥岩盖层与古近系及白垩系砂岩储层组成的储盖组合：主要分布在乌什凹陷，目前发现的乌参1气藏和神木气藏均属于此套储盖组合。

第二节　库车坳陷有效烃源层分布广且长期持续大量供气

一、库车坳陷主要烃源岩地质地球化学特征

野外露头和钻井资料证实库车坳陷发育多套烃源岩，自下向上依次为：克拉玛依组($T_{2\text{-}3}k^3$)泥岩段、黄山街组(T_3h)泥岩、塔里奇克组(T_3t)煤层、阳霞组(J_1y)煤层、克孜勒努尔组(J_2kz)煤层、恰克马克组(J_2q)泥岩。其中，克拉玛依组($T_{2\text{-}3}k^3$)泥岩段、黄山街组(T_3h)泥岩、恰克马克组(J_2q)泥岩为三套湖相烃源岩；塔里奇克组(T_3t)煤层、阳霞组(J_2y)煤层、克孜勒努尔组(J_2kz)煤层为三套煤系烃源岩(赵孟军等，2002；赵孟军和卢双舫，2003；梁狄刚等，2004)。

库车坳陷三叠系、侏罗系烃源岩总体上有机质丰度(TOC)较高，生烃潜力大。侏罗系恰克马克组暗色泥岩烃源岩总有机碳含量为0.1%～0.8%，生烃潜力为0.5～2mg/g；克孜勒努尔组暗色泥岩的有机碳含量为0.2%～6%，生烃潜力为0.1～10mg/g；碳质泥岩的有机碳含量为12.1%～23.5%，生烃潜力为1～80mg/g；煤岩的有机碳含量为50%～62%，生烃潜力为15～120mg/g；阳霞组暗色泥岩的有机碳含量为0.2%～3.9%，生烃潜力为0.9～4.9mg/g；碳质泥岩的有机碳含量为8%～22.5%，生烃潜力为17.5～33mg/g；煤岩的有机碳含量为40%～69.3%，生烃潜力为19～110mg/g。三叠系塔里奇克组暗色泥岩的有机碳含量为1.2%～8%，生烃潜力为0.8～24mg/g；碳质泥岩的有机碳含量为10%～22.5%，生烃潜力为18～30mg/g；煤岩的有机碳含量为50%～60.5%，生烃潜力为40～90mg/g；黄山街组暗色泥岩的有机碳含量为0.2%～8%，生烃潜力为0.1～12mg/g(图2-2)。

库车坳陷三叠系—侏罗系泥质烃源岩有机显微组成总体特征是腐泥组和壳质组含量相对较低，镜质组和惰质组含量高(图2-3)。除少数恰克马克组烃源岩以Ⅱ和I_2型烃源岩为主外，三叠系—侏罗系烃源岩有机质多由陆生高等植物组成，有机质类型主要为III_1型和III_2型(图2-4)，决定了库车坳陷以生气为主的特点。

通过对库车坳陷典型单井及剖面烃源岩R_o和T_{max}统计表明：三叠系—侏罗系烃源岩R_o为0.56%～2.26%，目前基本处于成熟-高成熟阶段，大多发生了明显的生排烃过程。分析库车坳陷依南2、依南4、克孜1、依西1，以及吐格尔明剖面上的烃源岩镜质体反射率(R_o)和T_{max}值数据发现，平面上该区西部烃源岩的有机质成熟度高于东部，克孜1井和依西1井揭示J_1y烃源岩的R_o值大于1.00%，依南2井和依南4井揭示的J_1y烃源岩的成熟度相对较低，R_o值为0.80%～1.00%，而吐格尔明剖面的烃源岩成熟度基本小于0.80%(图2-5)。从阳霞凹陷附近阳1井(J_1y，6500m，R_o=0.90%)和依南2井(J_1y，4403m，R_o=0.86%)的埋深及成熟度推测克依构造带推覆体厚度为2000m左右。在抬升剥蚀之前烃源岩成熟度R_o已大于0.70%，克依构造带侏罗系R_o

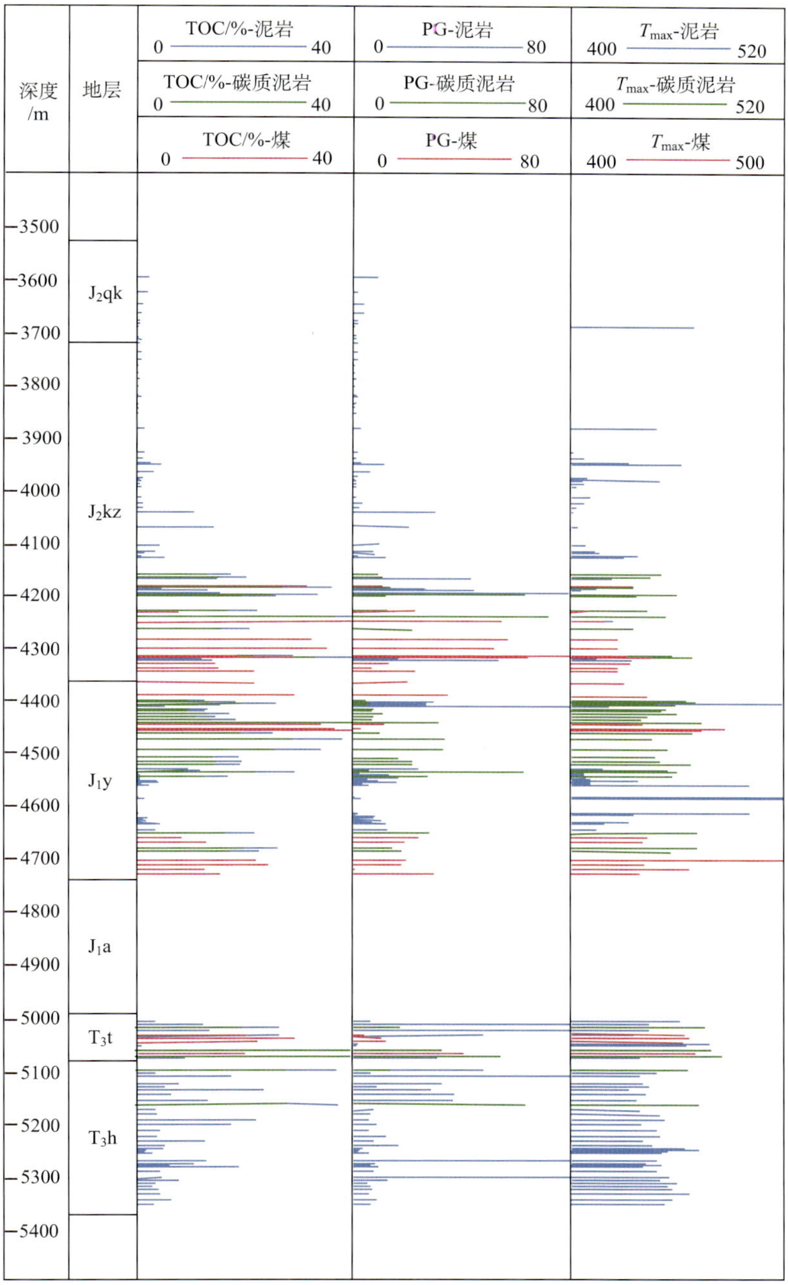

图 2-2 库车坳陷依南 2 井三叠系—侏罗系烃源岩地球化学剖面图

为 0.70%～1.90%，阳霞凹陷附近侏罗系 R_o 为 0.95%～1.05%。从纵向上看三叠系烃源岩的有机质成熟度高于侏罗系。如依南 2 井 T_3h 和 T_3t 烃源岩的 R_o 值为 1.10%～1.20%，均显示出高成熟-过成熟的特征，J_1y 烃源岩的成熟度相对较低，R_o 值为 0.80%～1.00%，还处于液态窗高峰和后期；J_2kz 烃源岩成熟度相对偏低，R_o 值大多

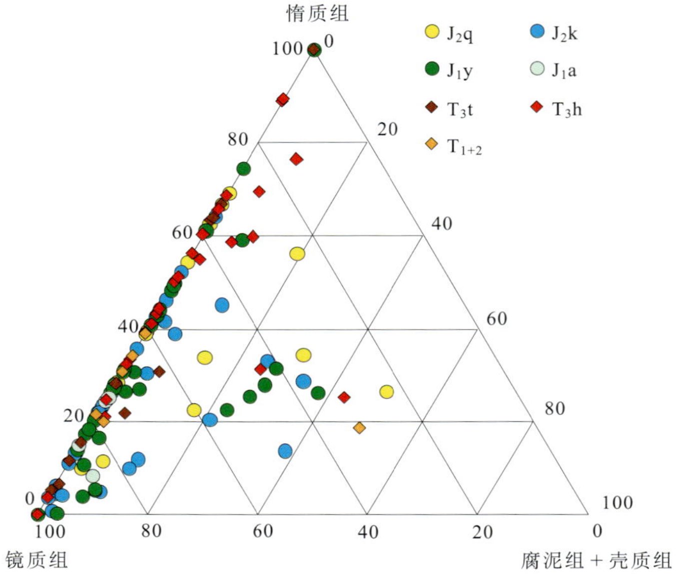

图 2-3　库车坳陷三叠系—侏罗系烃源岩干酪根显微组分三角图(据张宝民等，2000)

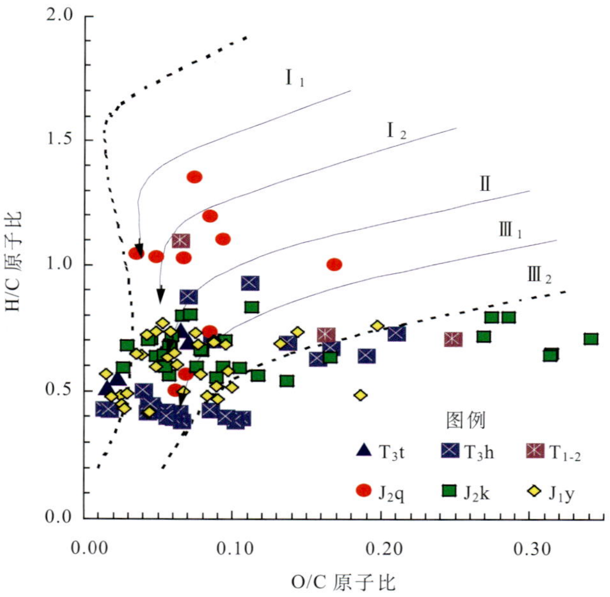

图 2-4　库车坳陷三叠系—侏罗系烃源岩干酪根元素组成分布图(据梁狄刚等，2004)

小于 0.90%，处于成熟阶段。分析认为，库车坳陷三叠系、侏罗系的重点烃源岩目前均处于成熟-高成熟阶段，并发生了明显的生排烃过程，为该地区大规模发育致密砂岩气藏提供了良好的物质基础(朱光有等，2009)。

综上所述，三叠系黄山街烃源岩以Ⅲ型干酪根为主，有机质丰度高，处于高、过成

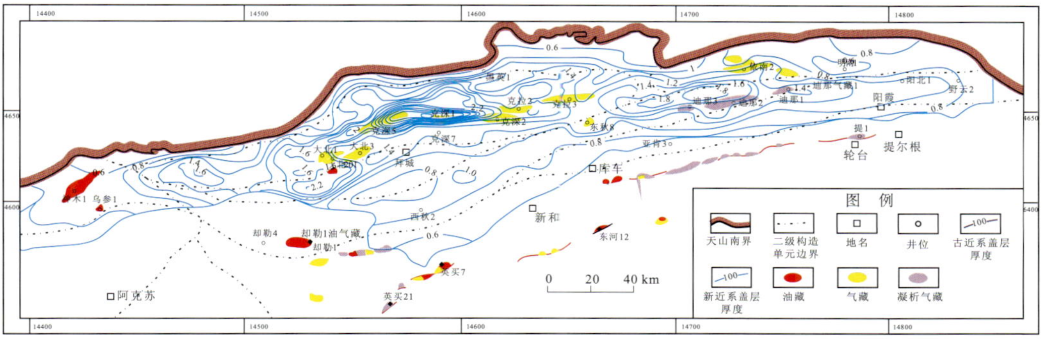

图 2-5 库车拗陷侏罗系底界现今 R_o 等值线图(据塔里木油田公司 2012 年内部资料修改)

熟阶段，为优质气源岩。侏罗系克孜勒努尔—阳霞组煤系烃源岩有机碳含量较高，以Ⅲ型干酪根为主，有机质成熟度较高，是库车拗陷一套重要的气源岩。三叠系塔里奇克组煤系烃源岩有机质含量较高，热演化程度大，但是由于烃源岩厚度小，在该地区属于中等-差烃源岩。侏罗系恰克马克组虽然生烃潜力较高，但是有机碳含量不高，烃源岩分布范围小，厚度薄，属于差烃源岩。

二、主要烃源岩厚度平面分布发育特征

古地理环境控制了库车拗陷三叠系、侏罗系烃源岩的发育。晚三叠世早期库车拗陷构造活动相对平缓，主要以半深湖相沉积为主，此时沉积的黄山街组为厚层状富含有机质泥岩夹块状砂岩，构成了库车拗陷重要的烃源岩。晚三叠世后期，拗陷整体抬升，形成了以浅水湖沼为主的沉积环境，沉积了塔里奇克组煤系地层。侏罗世早期，库车拗陷沉积了一个由粗到细的沉积旋回。从阿合组到阳霞组沉积时期，库车拗陷北缘沉积了由辫状河三角洲到湖泊三角洲再到湖泊沼泽相的一套地层。中晚侏罗世库车拗陷全区古气候由温暖潮湿变为炎热干旱，湖盆逐渐变浅，沉积物颜色也由灰黑色变为红色，沉积了克孜勒努尔组和恰克马克组煤系地层。

黄山街组下部为正常三角洲类沼泽相沉积，中部为半深湖-深湖相沉积，上部为滨湖沼泽相沉积。依奇克里克构造带北部黄山街组暗色泥岩厚度在 200m 左右，向东、向南方向逐渐减薄，依南 2 井黄山街组暗色泥岩厚度为 250m，向东到吐格尔明剖面仅 65.31m(图 2-6(a))。

塔里奇克组总体表现为河流-三角洲沉积环境，形成了下粗上细的河流相和滨湖沼泽相煤系沉积，但厚度不大。依南 2 井暗色泥岩厚度最大，厚度为 44m。煤层和碳质泥岩的厚度较薄，依南 2 井煤系地层厚度为 12m，吐格尔明剖面煤系地层厚度仅为 0.4m (图 2-6(b))。

阳霞组暗色泥岩和碳质泥岩以依奇克里克构造带最厚，依西 1 井、依南 2 井阳霞组暗色泥岩厚度分别为 210m 和 238m，向东具有逐渐减薄的趋势，吐格尔明剖面厚 115m。阳霞组暗色泥岩的厚度总体分布相对比较稳定。碳质泥岩的分布与暗色泥岩的

分布趋势相似。但是碳质泥岩的厚度较小，迪北地区厚度最大，大约为 40m，吐格尔明剖面碳质泥岩大约为 10m。阳霞组的煤仅分布在北缘地区，依南 2 井煤层厚约 25m，吐格尔明剖面只有 12.5m 厚的煤层(图 2-6(c))。

克孜勒努尔组沉积时期，库车拗陷主要以滨浅湖、辫状河三角洲沉积为主。克孜勒努尔组烃源岩包括暗色泥岩、碳质泥岩和煤，其中暗色泥岩主要分布在依南 2 井附近，厚度达 330m。向东到吐格尔明剖面暗色泥岩厚度为 60m，碳质泥岩厚度、煤层厚度的分布与暗色泥岩相似(图 2-6(d))。

恰克马克组暗色泥岩在库车拗陷的分布十分有限，最大厚度不足 50m，煤及碳质泥岩基本不发育(图 2-6(e))。

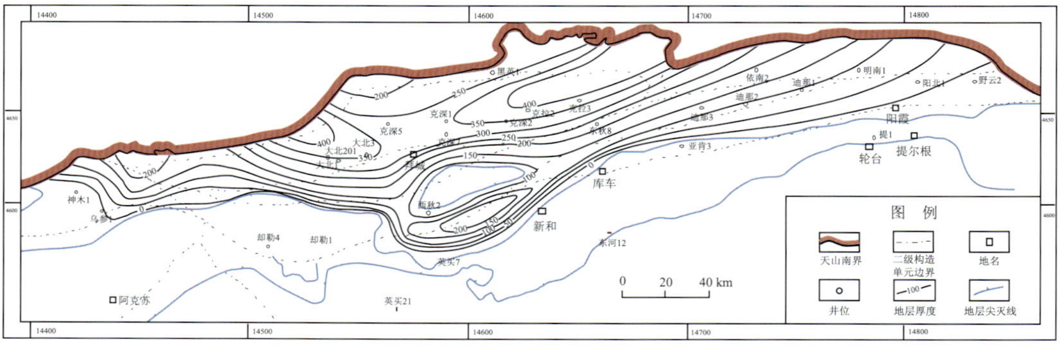

(a) 上三叠统黄山街组暗色泥岩

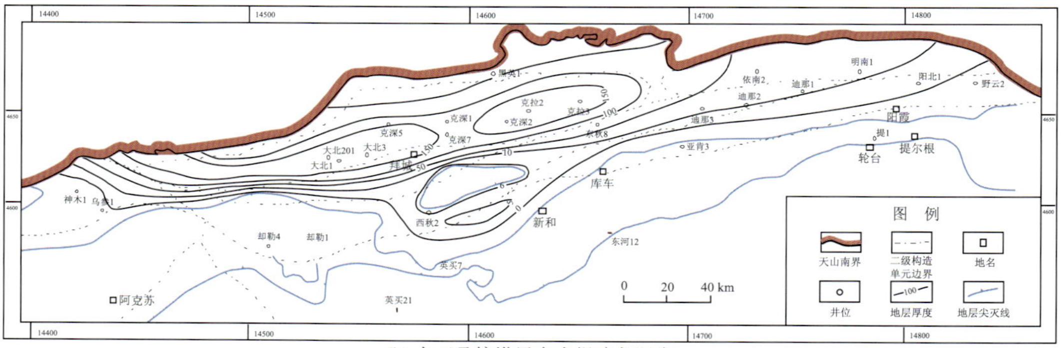

(b) 上三叠统塔里奇克组暗色泥岩

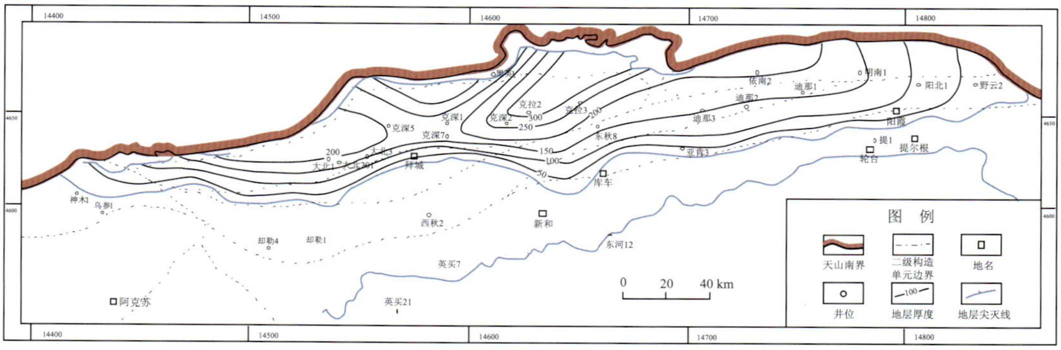

(c) 下侏罗统阳霞组暗色泥岩

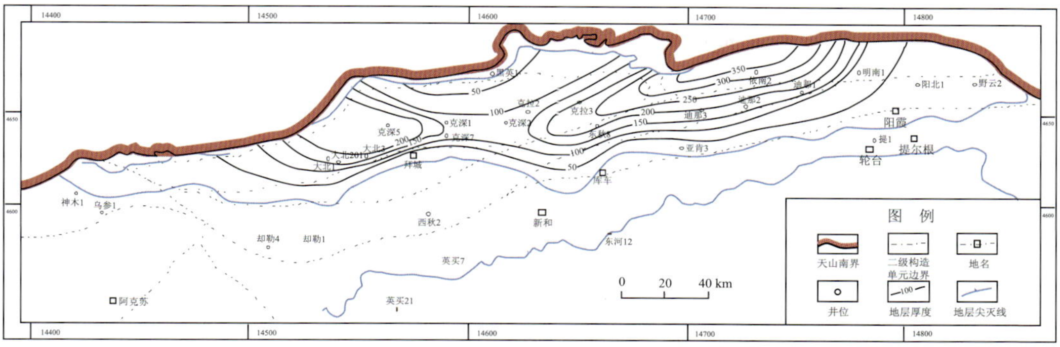

(d) 中侏罗统克孜勒努组暗色泥岩

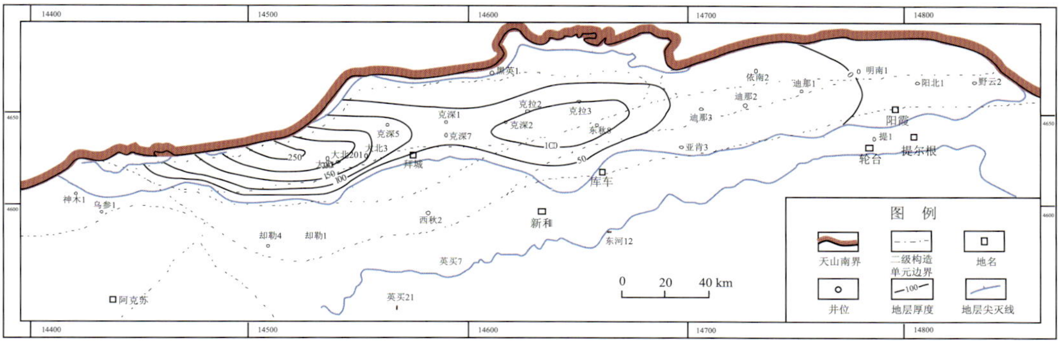

(e) 中侏罗统恰克马克组暗色泥岩

图 2-6 库车坳陷侏罗系、三叠系烃源岩厚度分布图(据塔里木油田公司 2012 年内部资料修改)

三、主要源岩层生排油气历史与生排油气高峰期

根据排烃门限方法原理(庞雄奇，1995)，对库车坳陷烃源岩排烃特征展开了详细研究。开展库车坳陷依南 2、依南 4、依南 5、依深 4、黑英 1、明南 1、克孜 1、吐西 1、吐孜 2、库北 1、阳 1、依西 1、乌什 2 等 13 口井的烃源岩样品热解分析共 1358 个，并对干酪根类型进行分类(图 2-7、图 2-8)，结果表明 Ⅰ 型干酪根数量极少，Ⅱ 型干酪根次之，绝大部分为Ⅲ型干酪根。

根据每个样品对应的厚度及生烃潜力，利用加权平均的原理分别建立了库车坳陷烃源岩Ⅱ型干酪根和Ⅲ型干酪根的生烃潜力指数剖面(姜福杰等，2010b)：

$$Q_i = \frac{h_1 q_1 + h_2 q_2 + \cdots + h_k q_k}{h_1 + h_2 + \cdots + h_k} \tag{2-1}$$

式中，q_k 为单一数据点对应(S_1+S_2)/TOC；h_k 为单一数据点对应烃源岩厚度(m)；Q_i 为单位区间内(S_1+S_2)/TOC 加权平均值(mg/g)。

在上述统计分析的基础上，本书建立了库车坳陷烃源岩两种干酪根类型的排烃模式图(图 2-9)。

研究表明不同的干酪根类型生烃潜力指数差别较大，Ⅱ型干酪根生烃潜力指数最大

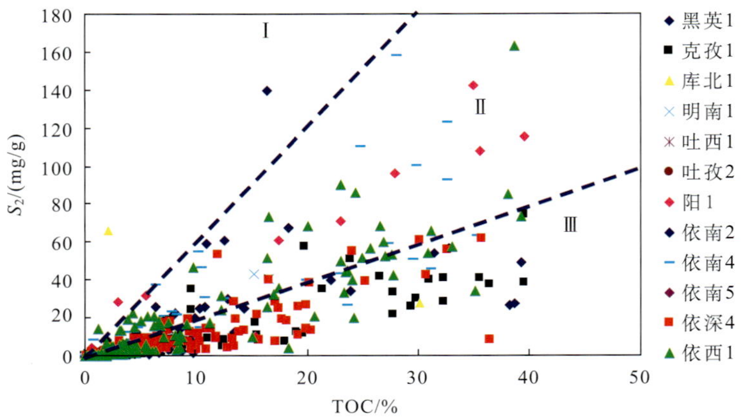

图 2-7 库车坳陷侏罗系烃源岩干酪根类型划分图

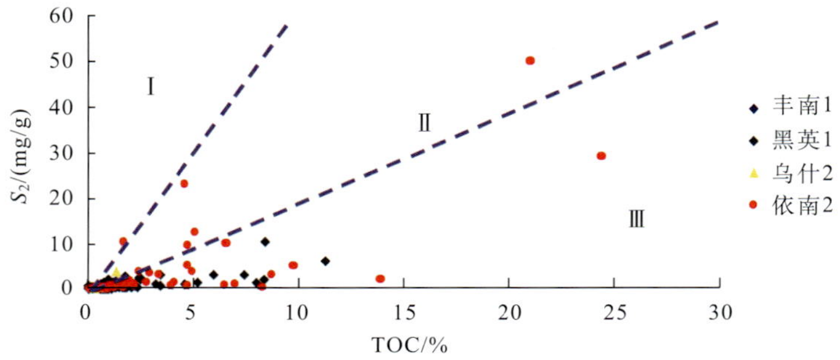

图 2-8 库车坳陷三叠系烃源岩干酪根类型划分图

值可达 600mg/g，而Ⅲ型干酪根生烃潜力指数最大值仅为 475mg/g。

在确定排烃门限的同时明确了不同类型干酪根的排烃特征，包括各种类型烃源岩的排烃率、排烃速率和排烃效率。

排烃率是指源岩在达到排烃门限后，单位有机碳排出的烃量。排烃率的求取大致有两种，第 1 种方法是根据生烃潜力指数剖面的变化特征，确定排烃率随烃源岩埋深的规律性变化，通过曲线拟合烃源岩的排烃率与埋深(Z_o)之间的函数关系，进而求取排烃率

$$y = A \cdot \arctan(B\sqrt[3]{Z - Z_o}) - C \tag{2-2}$$

式中，y 为烃源岩排烃率(mg/g)；Z 为烃源岩埋深(m)；Z_o 为排烃门限深度(m)；A、B、C 为拟合系数。

第 2 种方法是在建立的模式图基础上，根据趋势线，读取数值。

排烃速率是指地史过程中单位地史时间内排出的烃量，其大小可以反映出烃源岩在地史过程中的排油气高峰。除排烃门限外，排烃速率(V_e)也是反映烃源岩排烃特征的重要指标。

根据建立的排烃特征曲线可以看到：

(1) 库车坳陷中生界烃源岩中，Ⅱ型干酪根的排烃门限对应的 R_o 为 0.73%，Ⅲ型干酪根排烃门限对应的 R_o 为 0.78%，由于各个地质构造单元的埋藏历史和地温梯度不

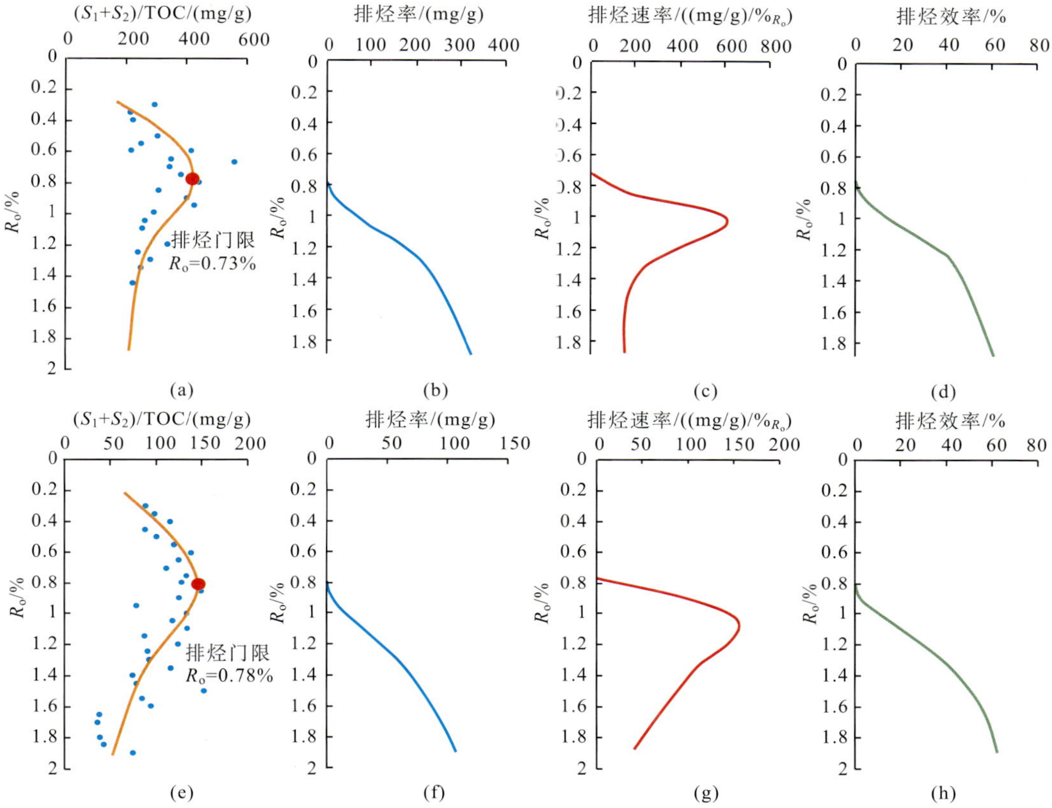

图 2-9 库车拗陷侏罗系、三叠系烃源岩Ⅱ、Ⅲ型干酪根排烃模式图

尽相同，因此各个地区进入排烃门限的时间不同。

（2）烃源岩在达到排烃门限后随着演化程度的增大，排烃率不断增大，呈现规律性变化：增大的趋势由快速增大渐变为缓慢增大，最终接近一定值。库车拗陷Ⅱ型干酪根的排烃率最大值是 340mg/g；Ⅲ型干酪根的排烃率最大值是 110mg/g。从上述各烃源岩的排烃率可以看出，Ⅱ型干酪根排烃能力比Ⅲ型干酪根更好，因此对于一个烃源岩层而言，排烃率的取值要参考烃源岩的干酪根类型来确定。

（3）排烃速率（单位有机碳在 R_o 增大 1.00％的期间排出的烃量）反映地史过程中烃源岩的供烃强度，最大值对应着排烃高峰期。从两种类型干酪根的排烃特征图可以看出，库车拗陷Ⅱ型干酪根的排烃高峰对应 R_o 为 1.00％的时期；Ⅲ型干酪根的排烃高峰对应 R_o 为 1.10％的时期。

四、库车拗陷烃源岩层排油气强度平面分布与评价

1. 烃源岩排油、排气强度计算

在已经建立的排烃模式的基础上，根据天然气与石油的发生率比，计算烃源岩的排气

率。结合烃源岩的密度、厚度及有机质丰度等参数计算烃源岩的排气强度(庞雄奇，1995)。

首先，采用物质平衡优化模拟计算方法，求出油发生率和气发生率，进而根据油气发生率比，将排烃率分为排油率和排气率：

$$R_p(i)=Q_m(i)\cdot \arctan(K(i)\cdot(R_o-0.2)) \tag{2-3}$$

$$i=CH_4,\quad Q_m(i)=-0.0178KTI^2+4.92KTI+103$$

$$K(i)=-0.00208KTI+0.525 \tag{2-4}$$

$$i=油,\quad Q_m(i)=0.01136KTI^2+1.034KTI+32$$

$$K(i)=-0.00194KTI+0.9273 \tag{2-5}$$

式中，$R_p(i)$为每吨有机母质的油气发生率(kg、m^3/t)；$Q_m(i)$为每立方米源岩生烃量(kg/m^3)；$K(i)$为演化过程中烃类气体、氢气和液态烃的相对产率；KTI 为干酪根类型指数；R_o 为镜质体反射率(%)；i 为不同的油气组分。

结合烃源岩有机质丰度、密度、厚度等资料，根据前述排烃强度计算公式即可求得库车坳陷各烃源岩层不同地史时期的排烃强度(图 2-10～图 2-13)。本次计算过程中的烃源岩有机质丰度、厚度等资料参考前人的研究成果(张宝民等，2000)，密度取值 2.305g/cm^3。同时上新世末以来，由于喜马拉雅末期构造运动的强烈影响，库车坳陷褶皱回返，现今坳陷内基本为剥蚀区，地层埋深比 2Ma 时变浅，因而烃源岩的演化程度在 2Ma 时的状态上相比基本没有变化，勘探区内累计排气强度、累计排气量在 2Ma 基础上也没有多大变化，因此现今的排气强度图即为 2Ma 时排气强度图。

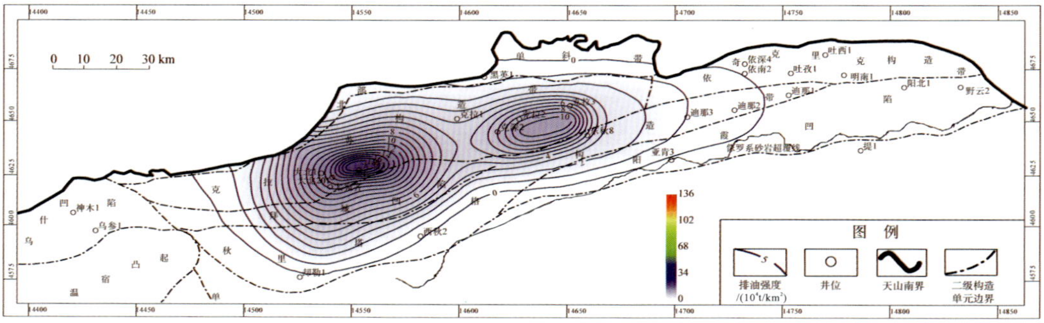

(a) 5Ma时排油强度

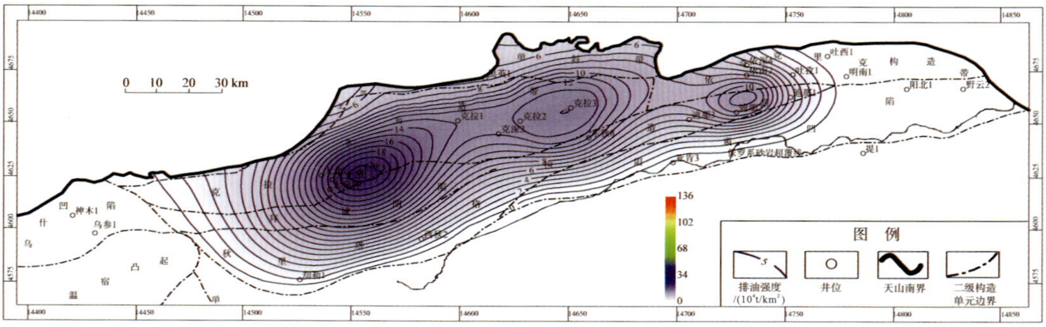

(b) 2Ma时排油强度

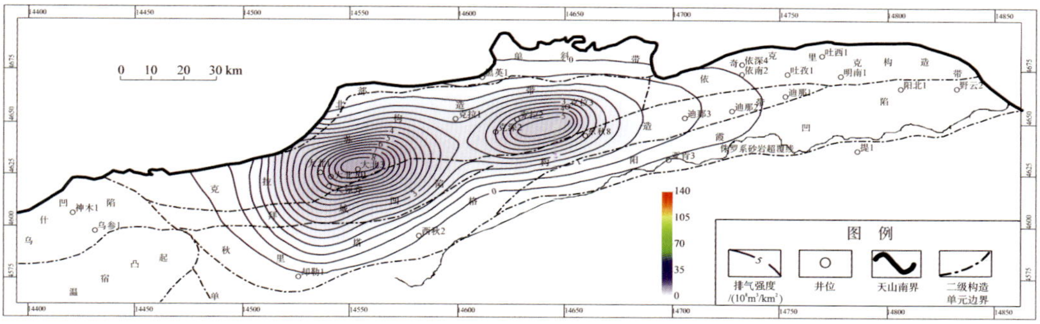

(c) 5Ma时排气强度

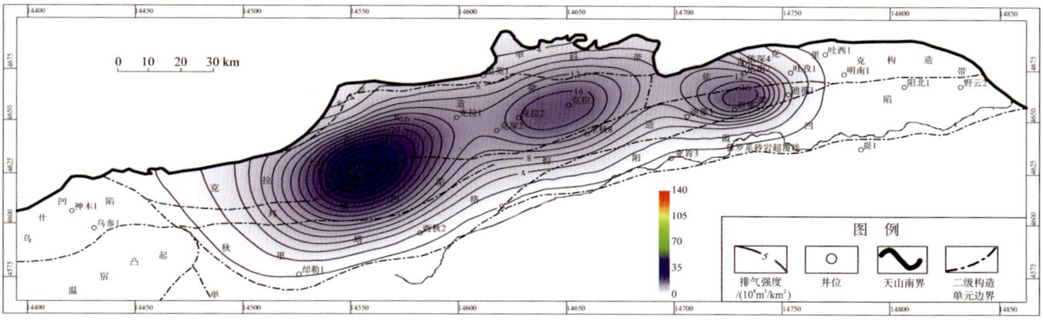

(d) 2Ma时排气强度

图 2-10 库车拗陷侏罗系恰克马克组排油、排气强度图

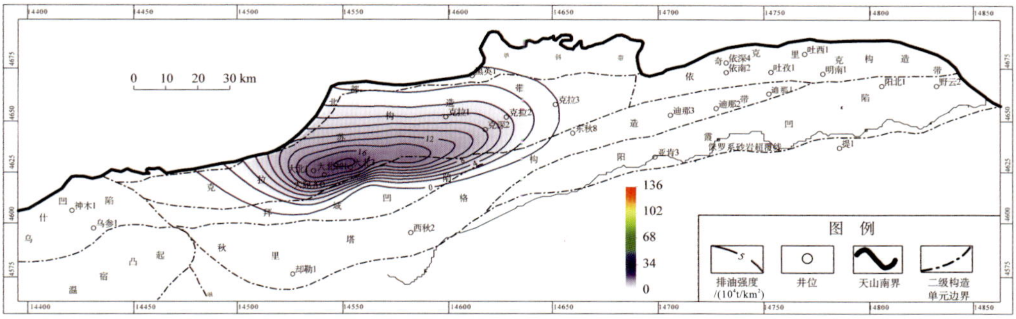

(a) 23Ma时排油强度

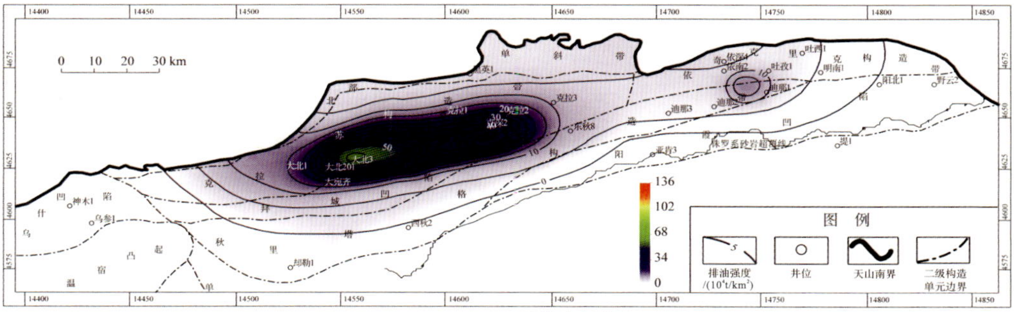

(b) 12Ma时排油强度

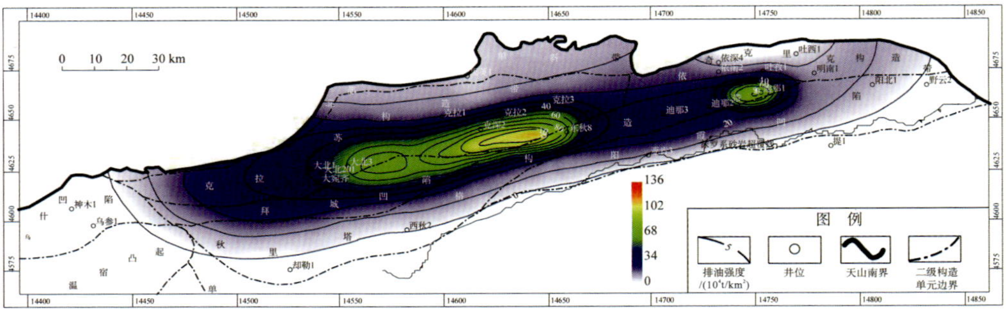

(c) 5Ma时排油强度

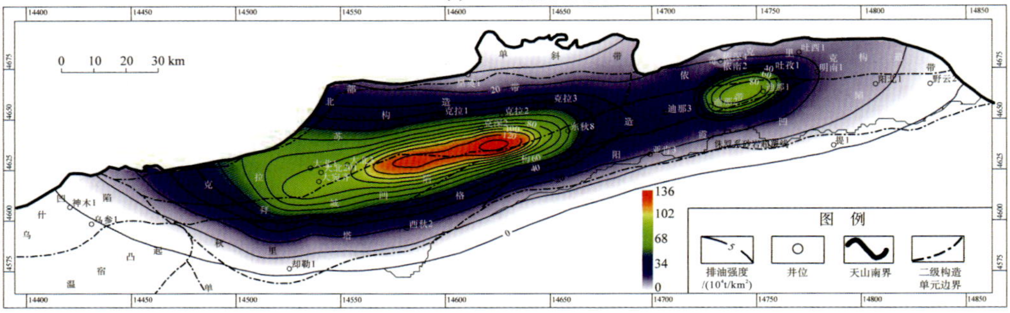

(d) 2Ma时排油强度

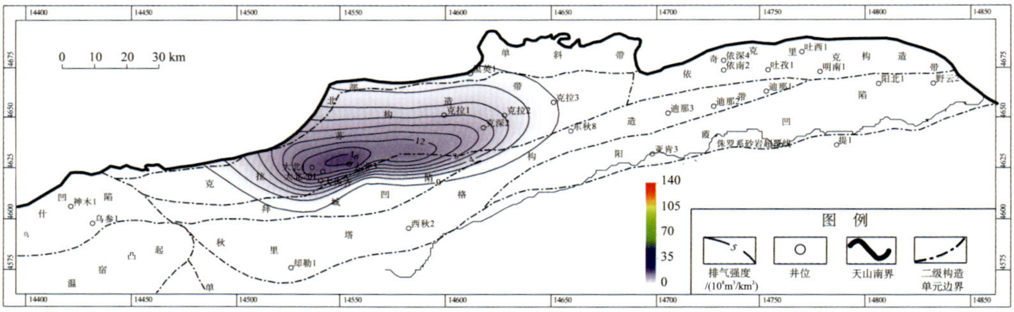

(e) 23Ma时排气强度

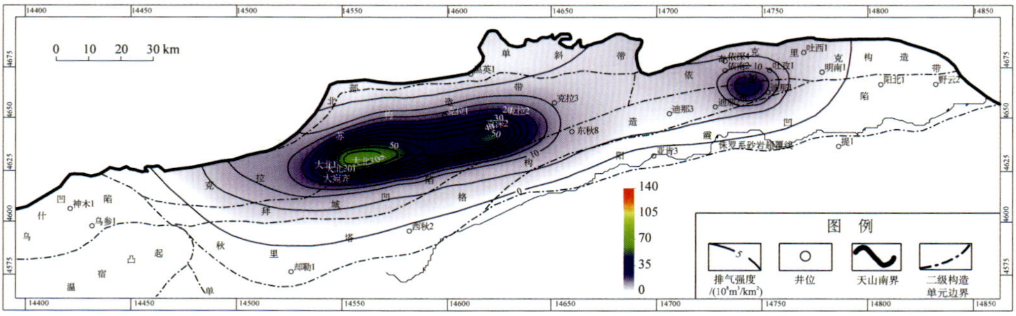

(f) 12Ma时排气强度

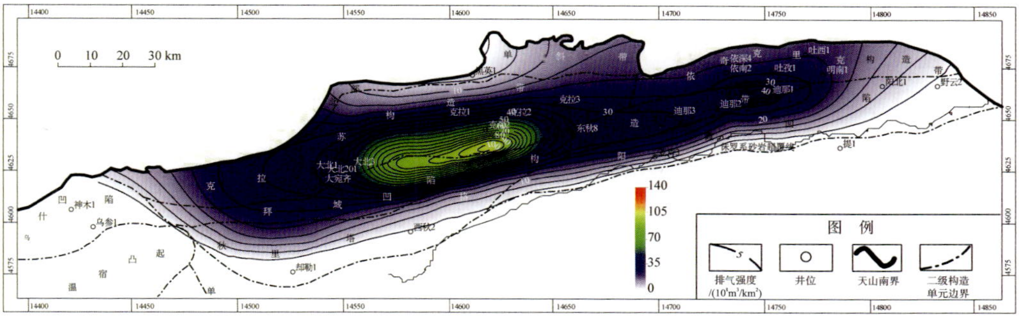

(g) 5Ma时排气强度

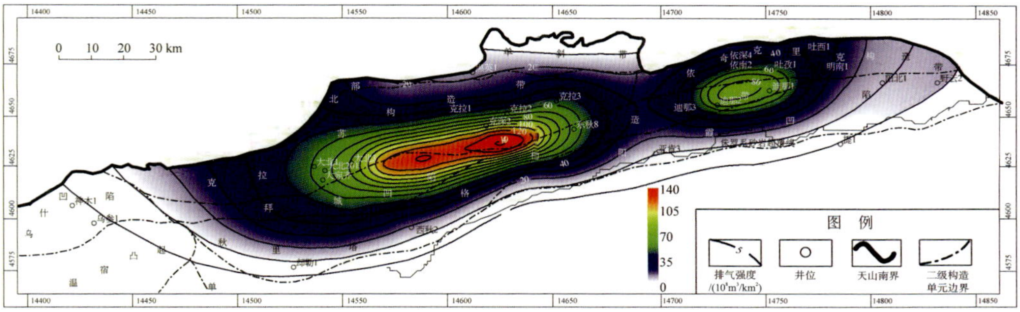

(h) 2Ma时非气强度

图 2-11 库车拗陷侏罗系阳霞-克孜勒努尔组排油、排气强度图

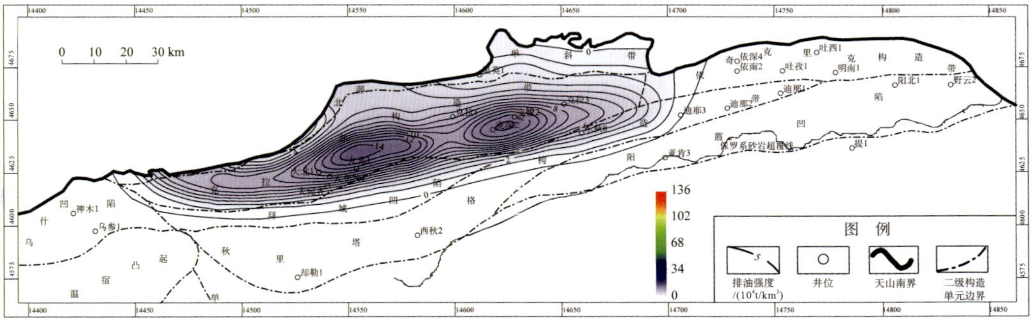

(a) 23Ma时排油强度

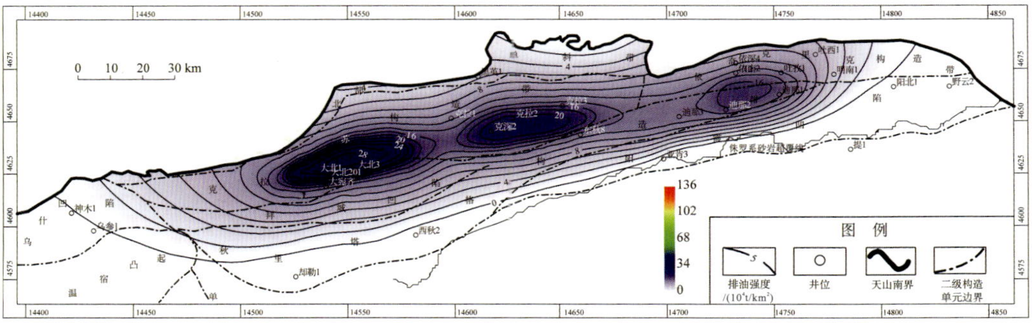

(b) 12Ma时排油强度

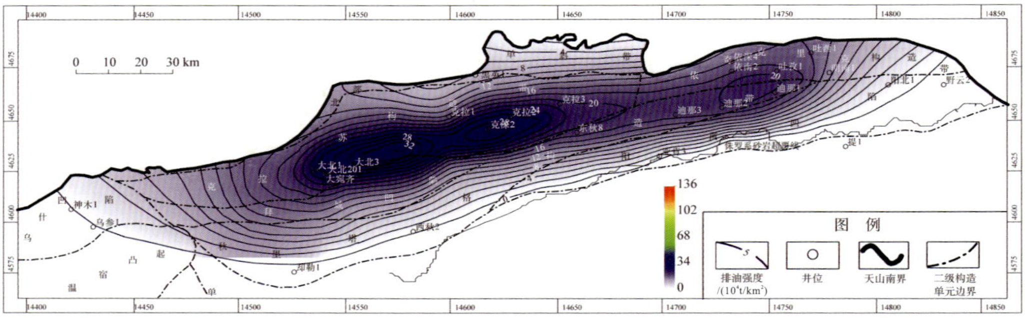

(c) 5Ma时排油强度

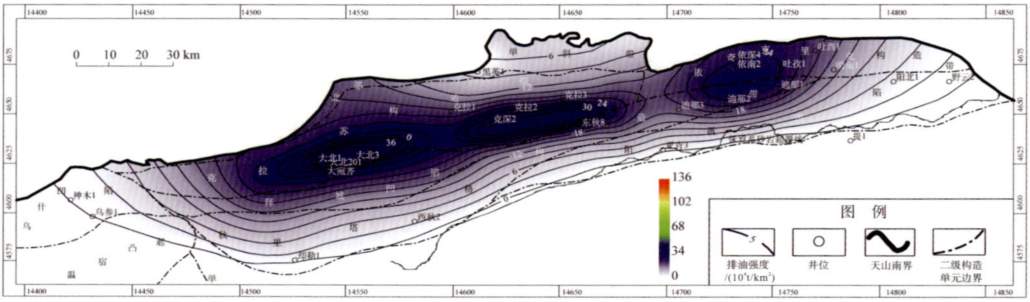

(d) 2Ma时排油强度

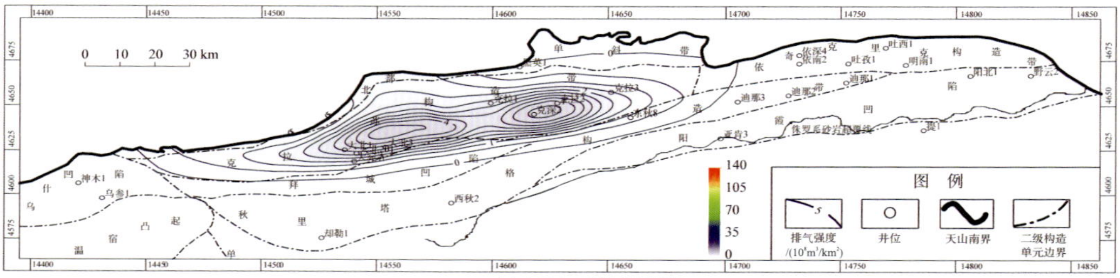

(e) 23Ma时排气强度

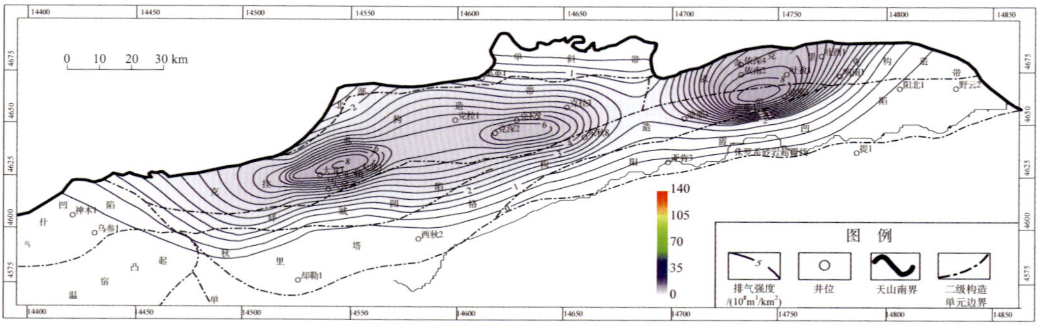

(f) 12Ma时排气强度

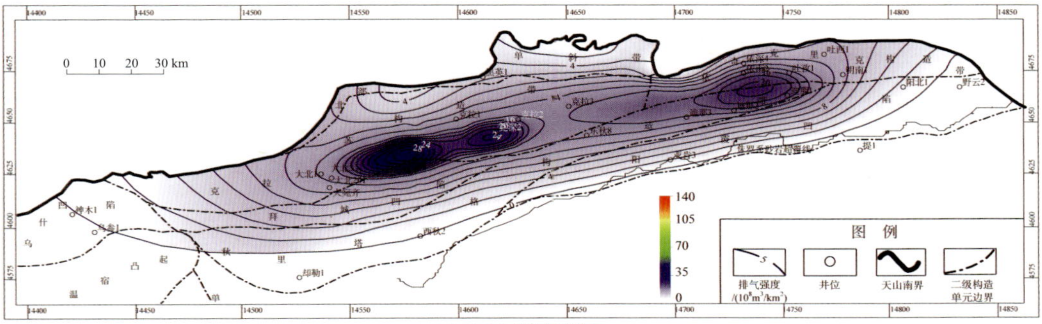

(g) 5Ma时排气强度

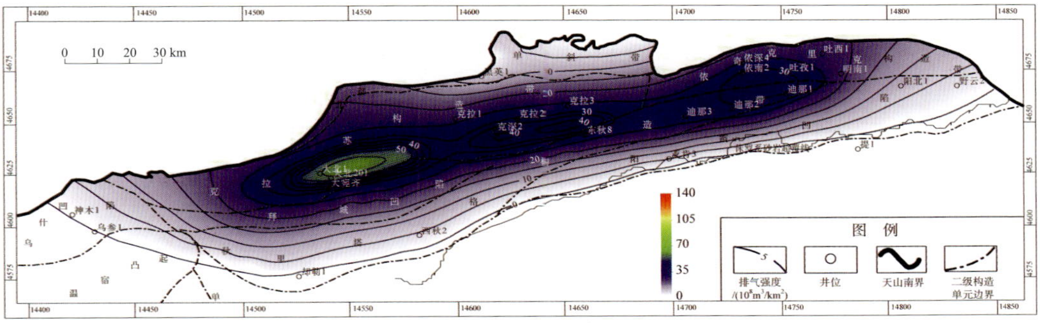

(h) 2Ma时排气强度

图 2-12 库车坳陷三叠系塔里奇克组排油、排气强度图

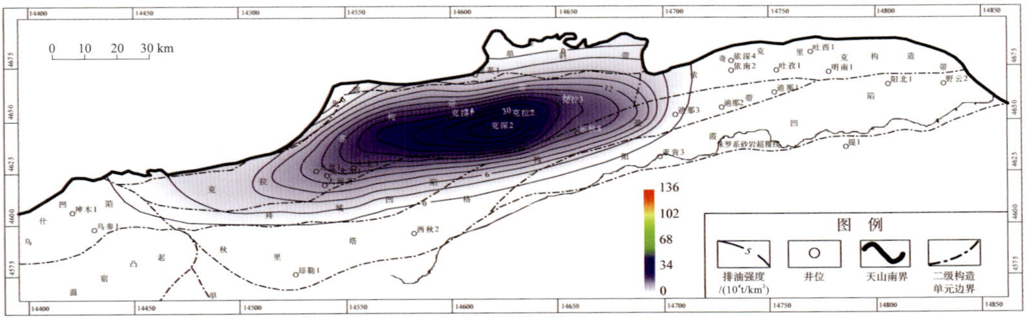

(a) 23Ma时排油强度

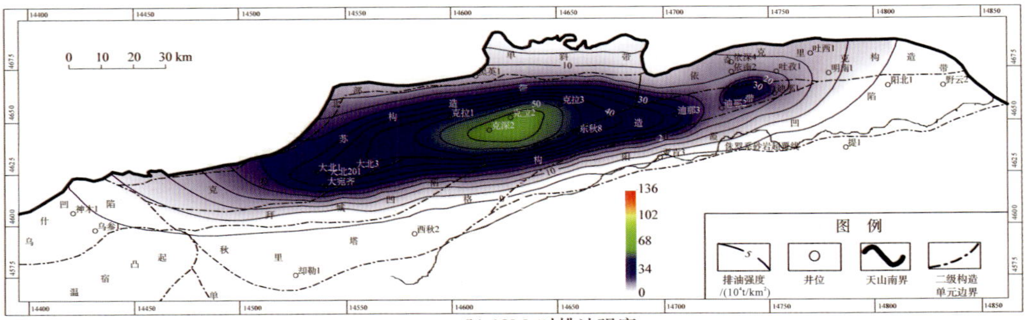

(b) 12Ma时排油强度

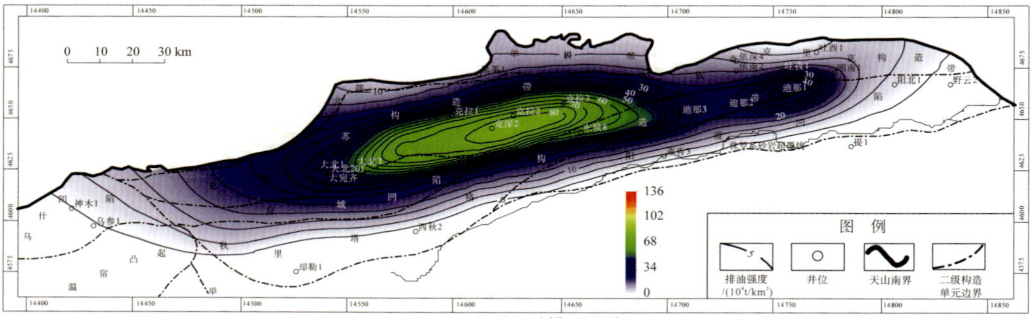

(c) 5Ma时排油强度

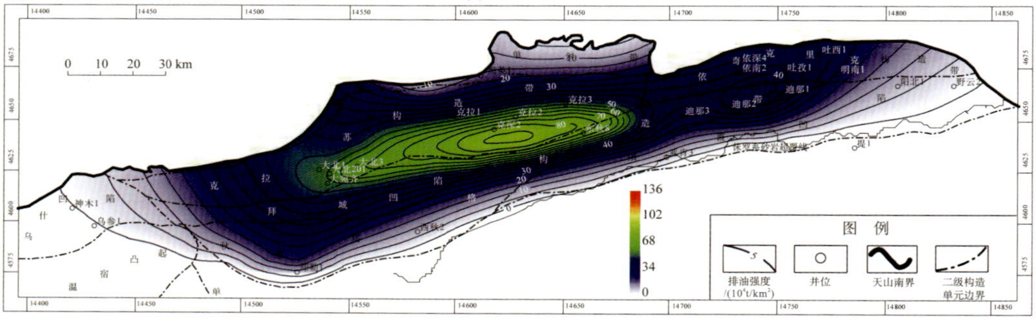

(d) 2Ma时排油强度

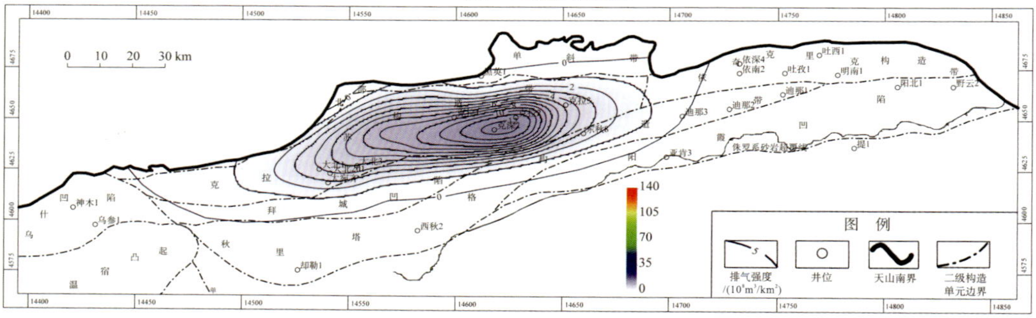

(e) 23Ma时排气强度

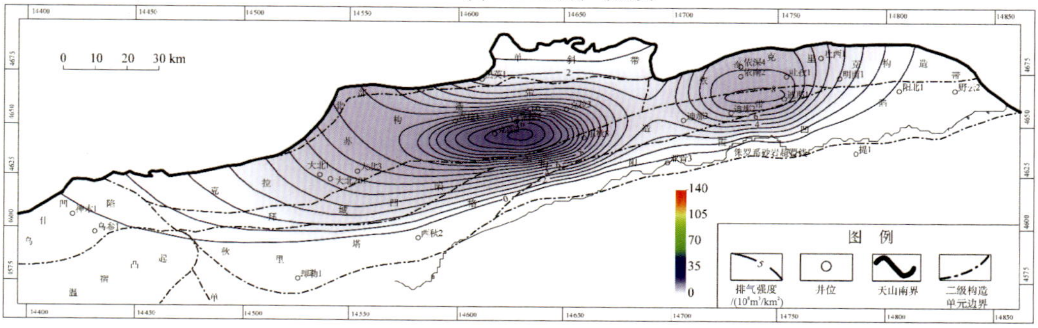

(f) 12Ma时排气强度

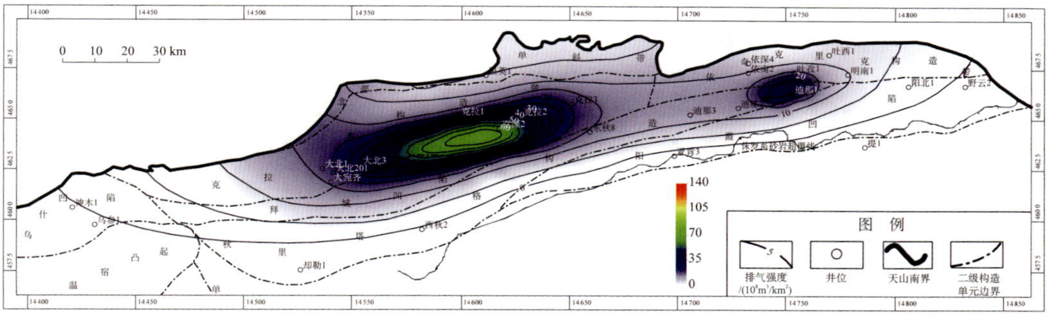

(g) 5Ma时排气强度

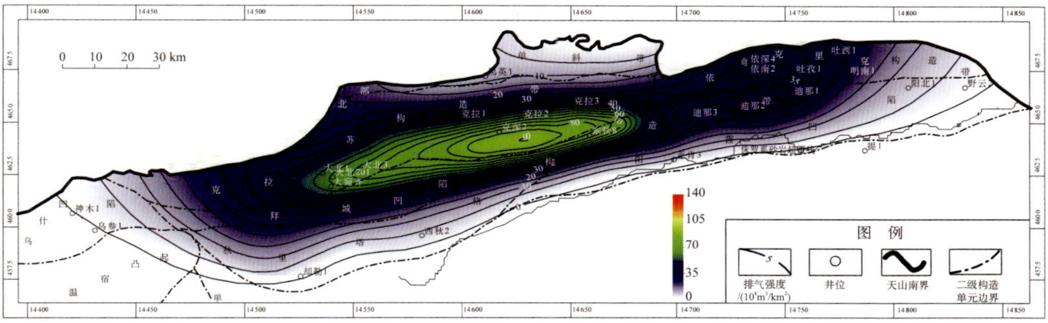

(h) 2Ma时排气强度

图 2-13 库车拗陷三叠系黄山街组—克拉玛依组排油、排气强度图

从图 2-10～图 2-13 中可以看出，侏罗系阳霞组—克孜勒努尔组和三叠系烃源岩的排烃范围基本覆盖库车拗陷，比侏罗系恰克马克组烃源岩排烃范围大，这是由于恰克马克组烃源岩的分布范围相对小且演化程度较低。不同层系烃源岩排烃强度具有较大的差异性：侏罗系恰克马克组最大排油强度为 $20\times10^4\,t/km^2$，最大排气强度为 $30\times10^8\,m^3/km^2$；阳霞组—克孜勒努尔组最大排油强度为 $136\times10^4\,t/km^2$，最大排气强度为 $140\times10^8\,m^3/km^2$；三叠系塔里奇克组最大排油强度为 $40\times10^4\,t/km^2$，最大排气强度为 $55\times10^8\,m^3/km^2$；黄山街组—克拉玛依组最大排油强度为 $86\times10^4\,t/km^2$，最大排气强度为 $90\times10^8\,m^3/km^2$。

2. 烃源岩排烃史及排烃量计算

烃源岩生烃潜力曲线反映了在不同埋深条件下烃源岩的排烃特征，是各种地质因素作用结果的综合反映。在烃源岩的埋藏历史研究的前提下，就可以根据生烃潜力曲线研究在各个埋藏时期烃源岩的排烃特征，圈定各个埋藏时期有效排烃的烃源岩范围，计算各个时期的排烃强度和排烃量，从而确定主要排烃期次及不同时期的供烃中心。

库车拗陷三叠系和侏罗系烃源岩的排油高峰分别对应于吉迪克期—康村期(23～5Ma)和康村期—库车期(12～2Ma)(图 2-14、图 2-15)，三叠系和侏罗系两套烃源岩共同的排油高峰为康村期(12～5Ma)，拗陷内共排油 $197.04\times10^8\,t$(三叠系 $97.95\times10^8\,t$，侏罗系 $99.09\times10^8\,t$)。康村期(12～5Ma)，两套烃源岩共排油 $67.36\times10^8\,t$，约占总排油量的34%，其中，三叠系烃源岩占38%，侏罗系烃源岩占62%。这是由于侏罗系较三叠系埋藏浅，演化程度相对较低且排油高峰晚。

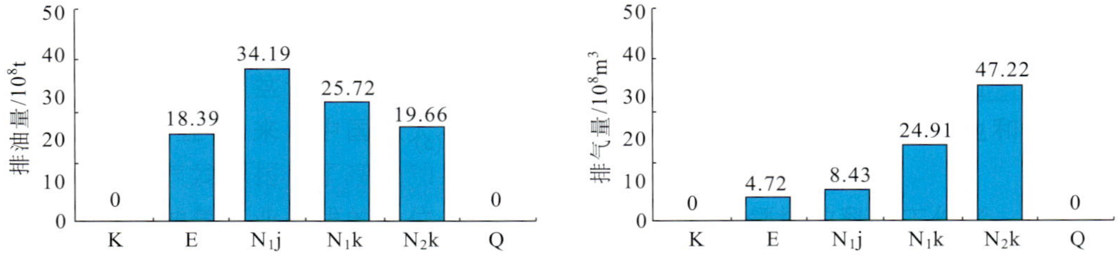

(a) 排油量史　　(b) 排气量史

图 2-14　库车坳陷 T 烃源岩排油量史和排气量史柱状图

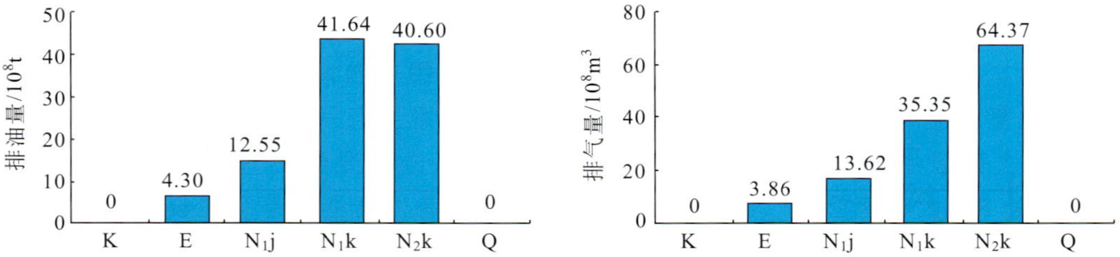

(a) 排油量史　　(b) 排气量史

图 2-15　库车坳陷 J 烃源岩排油量史和排气量史柱状图

库车坳陷烃源岩的排气高峰只有一个，即新近纪库车期(5～2Ma)，共排气 $111.59\times10^{12}m^3$，占坳陷总排气量的55%。三叠系烃源岩在此阶段排气 $47.22\times10^{12}m^3$，占总排气量的42%；侏罗系烃源岩在此阶段排气 $64.37\times10^{12}m^3$，占总排气量的58%。

库车坳陷排烃强度的时空分布与烃源岩形成时沉积中心的时空分布有密切关系。一般来说，烃源岩厚度大的地方，排烃强度值也较大。排烃量则随着烃源岩的埋深、热演化程度的变化而不断变化。烃源岩演化历史表明，库车坳陷烃源岩在库车期(5～2Ma)排气达到最高峰，三叠系和侏罗系烃源岩均具有晚期排气的特征。

库车坳陷三叠系—侏罗系四套烃源岩在各个地质历史时期累计排油、排气强度具有较大的差异性。

65Ma时即古近纪初库姆格列木组(E_1k)沉积前，北部单斜带和迪北地区已发生构造变形，局部隆起和圈闭开始发育，南部斜坡带呈北倾斜坡。但此时坳陷内三叠系烃源岩最大镜质体反射率仅在0.80%左右，刚达到生油高峰阶段，尚未进入大量排烃时期，侏罗系底界仅在中部拜城凹陷带和克拉苏-依奇克里克构造带达到临界成熟阶段($R_o>0.60\%$)，其他部分仍处于低成熟-未成熟状态，未到达排烃门限。因此，在白垩纪末(65Ma)时，库车坳陷中生界三叠系和侏罗系四套烃源岩尚未达到大量排烃门限，基本没有油气排出。

23Ma时即吉迪克组(N_1j)沉积前，随着埋藏深度的增加，三叠系—侏罗系烃源岩的热演化程度增高。三叠系塔里奇克组、黄山街组—克拉玛依组和侏罗系阳霞组—克孜勒努尔组3套烃源岩相继进入了排烃门限，而侏罗系恰克马克组由于埋深比较大，演化程度较低，尚未进入大量排烃时期。此时，黄山街组—克拉玛依组烃源岩排油气范围较小，主要分布在库车拗陷西部的拜城凹陷和克拉苏构造带，最大排油强度为33×10^4t/km^2，最大排气强度为12×10^8m^3/km^2，排油、排气中心分布在克拉苏构造带的克拉2井附近，而库车拗陷东部地区尚未进入排烃门限。塔里奇克组烃源岩排烃范围和黄山街组—克拉玛依组烃源岩相差不大，也仅仅分布在库车拗陷的西部地区，但是排油、排气强度较弱，最大排油强度为14×10^4t/km^2，最大排气强度为4.5×10^8m^3/km^2，塔里奇克组烃源岩此时有两个排油、排气中心，分别分布在大北地区和克拉苏地区。侏罗系阳霞组—克孜勒努尔组烃源岩排烃范围相比三叠系两套烃源岩要小很多，主要分布在以大北地区为中心的拜城凹陷和克拉苏构造带的部分地区，排油、排气强度也不大，最大排油强度为18×10^4t/km^2，最大排气强度为16×10^8m^3/km^2，阳霞组—克孜勒努尔组烃源岩只有大北地区一个排油、排气中心，而克拉苏地区的排油、排气强度相比大北地区稍弱。

12Ma时即康村组($N_{1-2}k$)沉积前，三叠系烃源岩的R_o达到了1.0%以上，对于Ⅲ型干酪根已经开始大量生气，侏罗系烃源岩还处于成熟后期阶段，也可以生成一定数量的天然气。此时，侏罗系恰克马克组烃源岩仍未达到排烃门限标准。三叠系塔里奇克组、黄山街组—克拉玛依组和侏罗系阳霞组—克孜勒努尔组排油、排气范围进一步扩大，排油、排气强度也逐步增强。三叠系黄山街组—克拉玛依组烃源岩排烃范围逐步扩大到东部迪北地区一带，排油强度增加明显，最大排油强度为55×10^4t/km^2，最大排气强度为16×10^8m^3/km^2，具有克拉苏地区和迪那-迪北地区两个排油、排气中心，其中，迪那-迪北地区排烃强度稍弱。塔里奇克组烃源岩排油、排气范围和黄山街组—克拉玛依组烃源岩差不多，但强度稍弱，最大排油强度为28×10^4t/km^2，最大排气强度为9×10^8m^3/km^2，塔里奇克组烃源岩具有大北地区、克拉苏地区和迪那-迪北地区三个排油、排气中心，而库车拗陷东部地区的排油、排气强度相对较弱，阳霞凹陷东部烃源岩尚未排烃。侏罗系阳霞组—克孜勒努尔组烃源岩排烃范围东扩至迪那-迪北地区，最大排油强度为55×10^4t/km^2，最大排气强度为60×10^8m^3/km^2，此套烃源岩与三叠系烃源岩一样，也具有大北地区、克拉苏地区和迪那-迪北地区三个排油、排气中心，而阳霞凹陷东部烃源岩尚未进入排烃阶段。

5Ma时即库车组(N_2k)沉积前，由于喜马拉雅运动的影响，库车拗陷重新开始沉降并接受沉积，烃源岩埋深不断增加，热演化程度随之增高，侏罗系底界镜质体反射率R_o大于1.0%的范围明显扩大，侏罗系烃源岩开始大量生气。此时，三叠系黄山街组—克拉玛依组烃源岩排油、排气范围稍有扩大，排油强度明显增大，最大排油强度为80×10^4t/km^2，最大排气强度为60×10^8m^3/km^2，克拉苏地区和迪那-迪北地区是此时的排油、排气中心。塔里奇克组烃源岩排油、排气范围变化不大，最大排油强度为32×10^4t/km^2，最大排气强度为30×10^8m^3/km^2，排油、排气中心位于大北地区、克拉苏地区和迪那-迪北地区，迪北地区排油、排气强度稍小，阳霞凹陷排油、排气范围明显增大。侏罗系阳霞组—克孜勒努尔组烃源岩排油、排气范围继续扩大，最大排油强度

为 100×10^{4} t/km²，最大排气强度为 100×10^{8} m³/km²，此时排油、排气中心主要分布在大北1—克拉2—东秋5—迪那2一线，迪北地区排油强度增大明显，阳霞凹陷大部分地区已进入排油、排气门限。侏罗系恰克马克组烃源岩热演化程度已经达到排烃门限，开始排油、排气，恰克马克组烃源岩由于自身分布范围较小，所以排油、排气范围也比较小，排油、排气强度也不大，最大排油强度为 18×10^{4} t/km²，最大排气强度为 8×10^{8} m³/km²，此套烃源岩具有大北地区和克拉苏地区两个排油、排气中心。

2Ma时即第四纪(Q)沉积前，随着库车组和第四系的快速沉积，三叠系—侏罗系烃源岩的演化程度达到过成熟阶段，R_o 值大于2.0%，开始大量生气。此时，三叠系黄山街组—克拉玛依组烃源岩几乎遍布整个库车坳陷，排油、排气强度明显增大，最大排油强度为 85×10^{4} t/km²，最大排气强度为 90×10^{8} m³/km²，具有两个排烃中心，其中，大北地区、克拉苏地区和东秋地区均为库车坳陷西部的排气中心，排气强度较大，迪那-迪北地区是库车坳陷东部的排气中心，排气强度相对西部排气中心稍小。塔里奇克组烃源岩排油、排气范围变化较大，最大排油强度为 40×10^{4} t/km²，最大排气强度为 55×10^{8} m³/km²，排油、排气中心在大北地区、克拉苏-东秋地区和迪那-迪北地区。侏罗系阳霞组—克孜勒努尔组烃源岩此时排油、排气范围有所增加，排油、排气强度增大明显，最大排油强度为 136×10^{4} t/km²，最大排气强度为 140×10^{8} m³/km²，大北地区、克拉苏地区和迪那-迪北地区均位于排油、排气强度高值区，尤其是克拉苏地区排油、排气强度最大，排油、排气范围遍布全区。侏罗系恰克马克组烃源岩最大排油强度为 20×10^{4} t/km²，最大排气强度为 30×10^{8} m³/km²，排油、排气中心位于大北地区、克拉苏地区和迪那-迪北地区，库车坳陷西部地区比东部地区排油、排气强度稍大，由于烃源岩分布范围有限，阳霞凹陷东部大范围地区未排烃。

上新世末以来，由于喜马拉雅末期构造运动的强烈影响，库车坳陷褶皱回返，现今坳陷内基本为剥蚀区，地层埋深比2Ma时变浅，因而烃源岩的演化程度在2Ma时的状态上基本没有变化，库车坳陷内累计排油、排气强度和累计排油、排气量在2Ma的基础上也没有多大变化，总排油量为 197.04×10^{8} t，总排气量为 202.49×10^{12} m³（图2-16），其中，阳霞组—克孜勒努尔组和黄山街组—克拉玛依组排油、排气较大，是排油、排气的主体，而恰克马克组和塔里奇克组由于烃源岩分布范围小、厚度薄，排油、排气量相对较小(图2-17)。

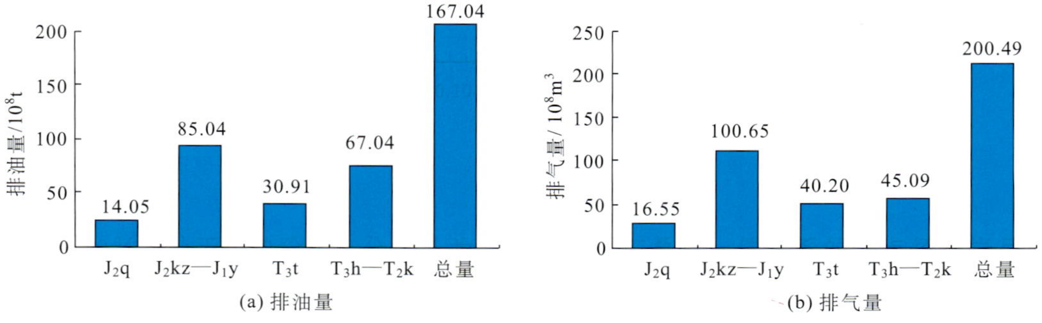

图2-16 库车坳陷各套烃源岩排油量和排气量柱状图

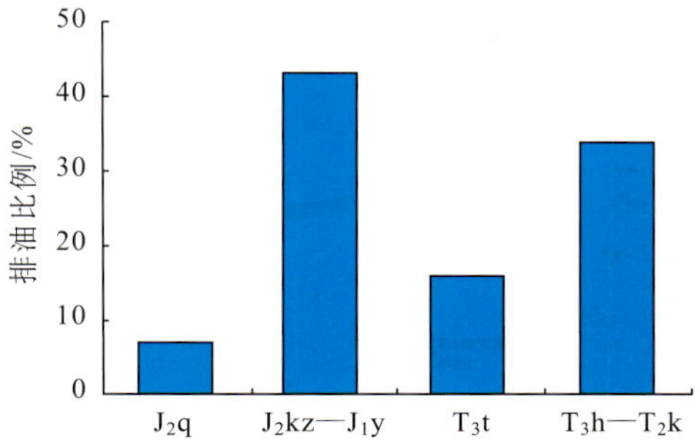

(a) 排油量比例

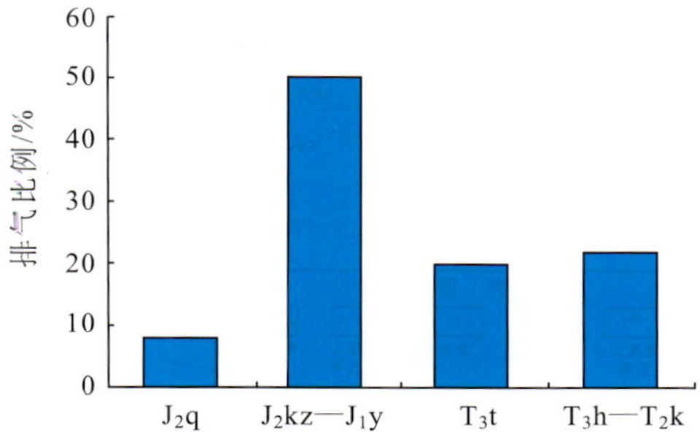

(b) 排气量比例

图 2-17 库车拗陷各套烃源岩排油量比例和排气量比例柱状图

库车拗陷在喜马拉雅运动影响下，中西部地区 23Ma 以来开始快速沉降，5Ma 以来整个库车拗陷沉降速率达到最大，烃源岩在这一阶段快速成熟，至库车期前后侏罗系和三叠系烃源岩基本达到高-过成熟。侏罗系烃源岩排烃高峰主要集中在 12Ma 以来，排油高峰主要在 12～2Ma，排气高峰为 5～2Ma；三叠系烃源岩排油、排气高峰主要集中在 23Ma 以来，排油高峰主要在 23～5Ma，排气高峰和侏罗系烃源岩基本一致，均为 5～2Ma。

第三节 库车拗陷发育多套有效致密储层且平面上叠复连片

一、有效致密储层及其评价方法

（一）有效致密储层概念与判别标准

致密砂岩气藏的有效致密储层是指符合致密砂岩气藏成藏条件的储层，即油气能够聚集成藏并且在毛细管力作用下在储层中滞留成藏的储层。

致密砂岩气藏储层的划分标准有很多种，一般以原地渗透率小于 $0.1\times10^{-3}\mu m^2$ 为标准。我国划分致密砂岩储层使用实验室常规条件下测定的渗透率，与储层条件下受高含水饱和度和上覆岩层压力影响的原地渗透率相差很大，$0.1\times10^{-3}\mu m^2$ 的原地渗透率大致相当于 $0.5\times10^{-3}\sim1.0\times10^{-3}\mu m^2$ 的空气渗透率。因此，此类划分标准(无论是渗透率、孔隙度抑或是含水饱和度等)并不具备成藏机制上的含义，在不同的盆地或是不同的成藏条件下，临界渗透率和孔隙度不同。

储层临界物性的研究具有重要的意义，通过研究能够更准确地揭示不同类型气藏的成藏过程和成藏机制，从而指导油气勘探。沉积盆地油气成藏临界物性主要包括浮力成藏下限和油气成藏底限(庞雄奇等，2013)。浮力成藏下限是指地下某套砂岩储层中浮力作用条件消失的临界地质条件；油气成藏底限是指束缚水完全占据孔隙空间，油气无法聚集所对应的临界地质条件(孔隙度或深度)。储层临界物性主要受控于裂缝、岩性、孔隙结构类型、孔喉非均质程度等多种因素，同时随着油气田的开发，储层压力、含油气饱和度、润湿性等各项参数都会发生变化，其临界物性也会发生变化。

沉积盆地存在油气成藏底限，从实际钻井和生产过程中发现的干层可以说明。地层中的孔隙流体一般由油、气、水三相组成，当储层中没有油气充注时，储层孔隙的流体为地层水(自由水和束缚水)，其中，自由水是在储层中可以自由流动的水，束缚水则是附着在岩石颗粒上不能自由运移的水，束缚水在地层沉积之初形成，在成岩演化过程中，其占据的孔隙空间体积近似不变。但是，当孔隙空间较小时，束缚水所占的空间相对较大了。随着储层埋深的加大，储层流体成分的变化出现一定的规律性，从油气藏剖面自上往下，水层、油气层、气层和干层依次出现。当储层埋深达到一定的深度时，储层完全为干层，此时的临界深度即为油气成藏底限(姜福杰等，2010a)(图 2-18)。

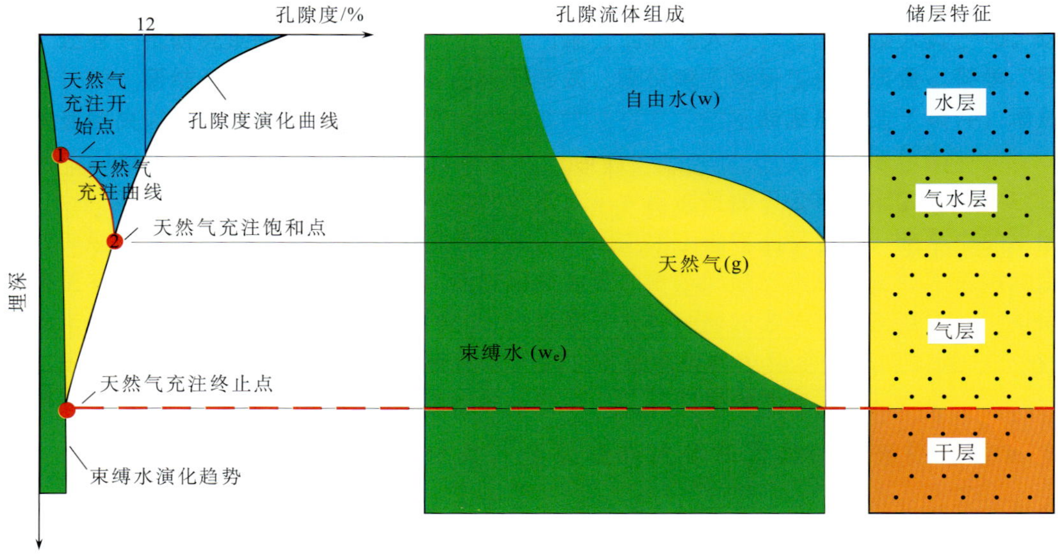

图 2-18 储层孔隙流体组分地质解释概念模型图(姜福杰等，2010)

早期学者粗略规定碳酸盐岩储层孔隙度下限为 3%，而砂岩储层为 5%；而后 Rockwood 等应用试油试气资料，根据不同层段孔隙度和含水饱和度关系曲线的拐点确定孔隙度下限，该方法简单易用，一直沿用至今。20 世纪 60～70 年代，Murray、Stout、Arps、Chilingar 等先后提出了以压汞、相渗等实验为基础，以孔隙结构理论、相对渗透率理论确定储层的孔隙度下限；90 年代至今，关于储层物性下限确定方法的研究停滞不前，目前常用的方法包括生产测试法、经验统计法、含油产状法、泥质含量法、钻井液侵入法、孔隙结构法等(裘怿楠和陈子琪，1996；万玲等，1999；郭睿，2004；王艳忠等，2009)。

国内外典型致密砂岩油气藏剖析结果表明，存在临界孔隙度值，即浮力成藏下限。当储层孔隙度大于浮力成藏下限时，油气主要受到浮力作用向浅部物性好的储层中运移；当储层孔隙度小于浮力成藏下限时，油气不受浮力作用，而是在生烃膨胀力作用下在储层中呈整体活塞式运移。

确定浮力成藏下限的研究方法主要包括孔隙度统计法、力平衡数学模拟法、物理模拟法等。统计法主要是统计致密深盆油气藏和常规油气藏含油气层的孔隙度值，通过分析确定浮力成藏下限；物理模拟主要通过不同的实验装备对地下条件进行模拟来确定油气上浮的临界孔喉直径，国内外诸多学者通过研究表明：实验室条件下形成气(油)水倒置的玻璃管直径上限为3.6～4.5mm，砂砾直径临界值为0.1～0.2mm(Gies，1984；曾溅辉，2000；庞雄奇等，2013a；肖芝华，2008)(图2-19)。力平衡数值模拟主要是利用深部致密砂岩油气圈闭溢出点处的力平衡条件计算临界物性值，即深部致密油气膨胀力(P_e)等于边界点上的致密储层孔喉产生的毛细管力(P_c)与上覆静水柱压力(P_w)之和。

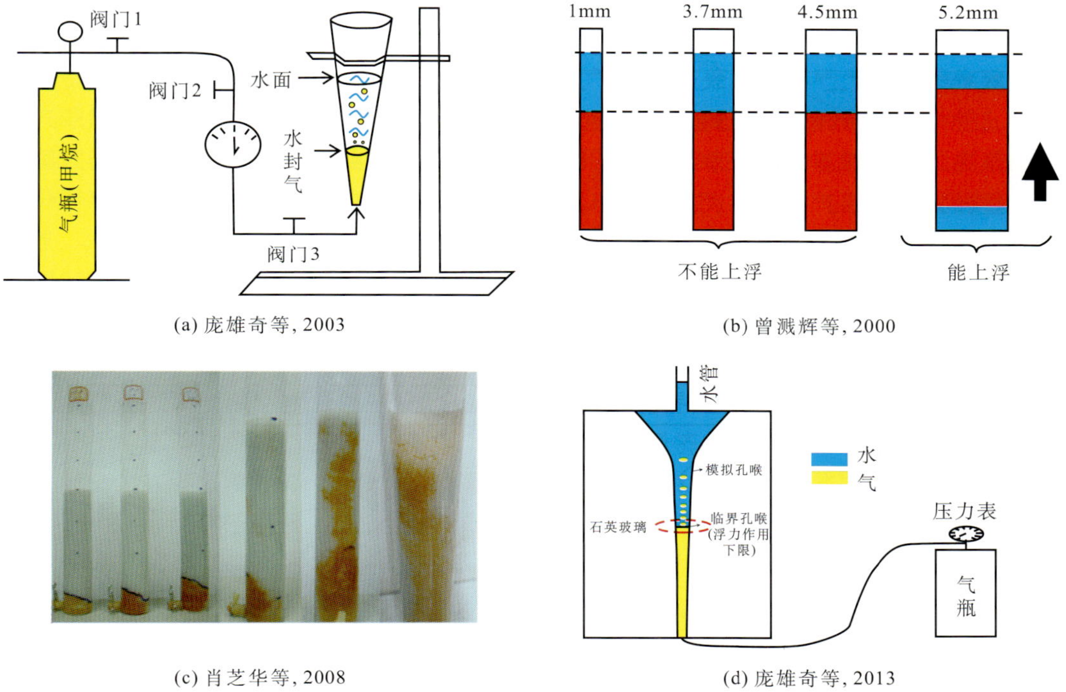

图2-19 国内学者研究成藏孔喉半径的物理模拟实验图

(二) 有效致密储层评价方法与定量表征

库车坳陷致密砂岩储层评价主要利用勘探实际情况，同时考虑致密砂岩含气储层的孔喉结构、产能特点。确定含气储层的评价标准需要考虑储层物性、岩性、孔隙结构特征、填隙物及裂缝发育情况等，以测试分析数据和测井解释孔、渗下限为依据，对储层进行综合评价与分类。以库车坳陷东部下侏罗统阿合组致密砂岩储层为例，评价标准的制定主要以测试分析数据和测井解释孔、渗下限为依据(张凌云，2008)，并参考库车坳陷陆相储层评价标准，将储层分为六类(表2-1)。

表 2-1　库车坳陷东部地区侏罗系储层综合评价标准表

项目		常规储层（Ⅰ类）	致密储层（Ⅱ类）				非储层（Ⅲ类）
			Ⅱ$_1$（裂缝发育段）	Ⅱ$_2$（含气水层，气水同层，水含量高）	Ⅱ$_3$（差气层及气层增多）	Ⅱ$_4$（差气层及干层）	
物性	孔隙度/%	>10	—	6～10	3～6	2～3	<2
物性	渗透率/$10^{-3}\mu m^2$	>1	较大	0.5～1	0.13～0.5	0.01～0.13	<0.01
面孔率/%		8	0.5～8	4～8	1～4	0.5～1	<0.5
孔隙结构参数	排驱压力/MPa	<0.3	较低	0.3～0.7	0.7～1.8	1.8～3.3	>3.3
孔隙结构参数	分选系数	>0.75	0.15～0.75	0.45～0.75	0.22～0.45	0.15～0.22	<0.15
孔隙结构参数	平均孔喉半径/μm	>0.87	0.17～0.87	0.52～0.87	0.26～0.52	0.17～0.26	<0.17
孔喉分级		大中孔，中细喉	中小孔-微孔	中小孔细喉	小孔细喉	微孔微喉	微孔微喉
孔隙特征		少量原生孔隙、溶蚀孔、裂缝，孔隙连通性好	裂缝较发育，储层渗透率较高，孔隙连通性好	次生粒间、粒内溶孔发育，裂缝，孔隙连通性中等	可见粒间溶孔，粒内溶孔发育，孔隙连通性较差	杂基微孔，裂缝，孔隙连通性差	杂基微孔，孔隙连通性极差

二、主要目的层位储层孔渗发育特征

（一）侏罗系

钻井岩心孔隙度、渗透率测试统计结果表明（表 2-2），库车坳陷东部地区吐孜 2 井以西的迪北地区、依深地区和依西-克孜地区为低孔、低渗和特低孔、特低渗储层，东部的明南地区为中-高孔渗储层。

物性统计表明，除明南地区由于埋深较小而导致物性较好外，库车坳陷侏罗系储层普遍致密化，阿合组储层物性略好于阳霞组（图 2-20～图 2-23），但不同构造带储层物性具有较大的差异性：明南地区储层物性最好，阿合组和阳霞组孔隙度基本都大于10%，渗透率基本都大于 $1\times10^{-3}\mu m^2$；依深地区和迪北地区储层物性次之，依深地区阿合组和阳霞组孔隙度分别主要分布在 4%～12%和 2%～8%，渗透率分别主要为 0.1×10^{-3}～$10\times10^{-3}\mu m^2$ 和 0.01×10^{-3}～$1\times10^{-3}\mu m^2$，迪北地区阿合组和阳霞组孔隙度分别主要分布在 4%～8%和 2%～6%，渗透率分别主要为 0.1×10^{-3}～$10\times10^{-3}\mu m^2$ 和 0.01×10^{-3}～$10\times10^{-3}\mu m^2$；克孜-依西地区储层物性最差，阿合组和阳霞组孔隙度均基本都小于 4%，渗透率基本上都小于 $0.1\times10^{-3}\mu m^2$。

表 2-2 库车拗陷东部地区典型井岩心孔隙度、渗透率统计表(杨帆等，2002)

层位		井号	孔隙度/%				渗透率/$10^{-3}\mu m^2$			
系	组		最小	最大	平均	样品数	最小	最大	平均	样品数
下侏罗统	阳霞组	克孜 1	1	2.9	2.14	9	0.007	0.119	0.032	9
		依西 1	0.4	6.71	2.28	115	0.003	1.19	0.08	113
		依深 4	1.5	13.8	6.31	168	0.012	7.932	0.48	167
		依南 2	0.94	16.43	6.1	369	0.007	254	2.1	337
		依南 2C	0.96	7.15	4.11	61	0.007	254	4.64	61
		依南 4	1	9.7	5.7	232	0.008	4.43	0.44	232
		依南 5	0.74	10.16	4.3	101	0.019	19.6	1.445	96
		吐孜 2	0.72	4.85	2.97	24	0.039	11.8	0.621	24
		明南 1	10.8	21.4	16.43	68	0.57	837.4	84.93	52
	阿合组	克孜 1	2	4.6	2.59	41	0.008	0.767	0.09	41
		依西 1	2.59	4.34	3.21	31	0.01	0.061	0.032	31
		依深 4	2.7	15.6	9.78	390	0.01	994.3	7.63	390
		依南 2	0.3	6.67	3.26	99	0.013	56.8	0.99	99
		依南 2C	1.86	12.23	6.44	283	0.011	2520	17.15	275
		依南 4	1.9	21.3	7.9	780	0.008	3293	12.4	780
		依南 5	1.5	11.2	6.2	391	0.051	2667.2	24.59	377
		吐孜 2	1.6	9.5	6.94	83	0	43.467	3.325	83
		明南 1	4.2	22.5	17	230	0.08	6519	276.66	206

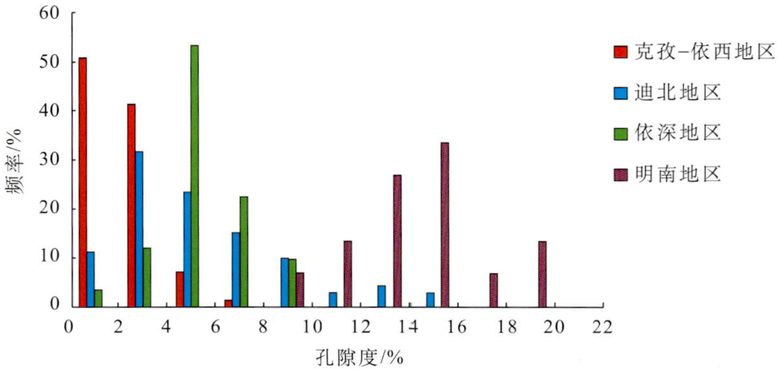

图 2-20 库车拗陷东部阳霞组孔隙度分布图

(二) 白垩系

根据大北地区白垩系巴什基奇克组砂岩储层物性分析，岩心孔隙度主要为3.0%～8.0%，渗透率主要为 0.01×10^{-3}～$0.1\times10^{-3}\mu m^2$，属低孔、低渗储层(表 2-3)。

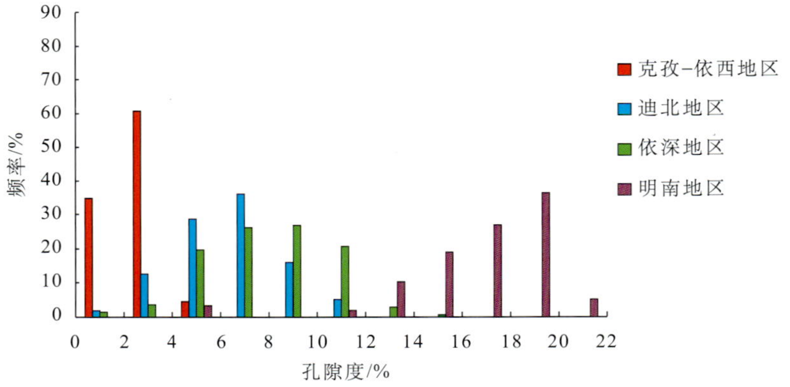

图 2-21　库车坳陷东部阿合组孔隙度分布图

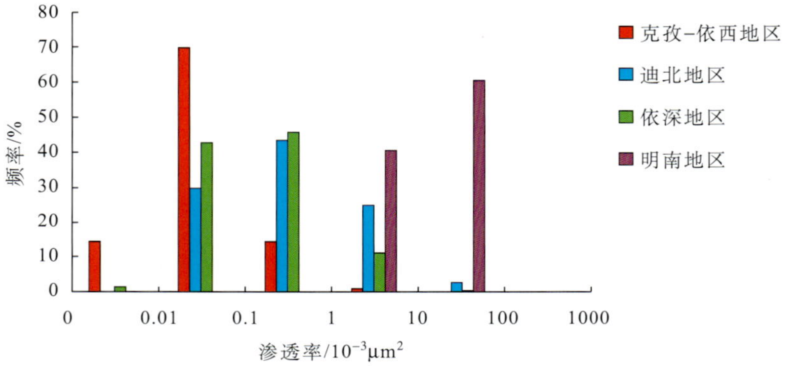

图 2-22　库车坳陷东部阳霞组渗透率分布图

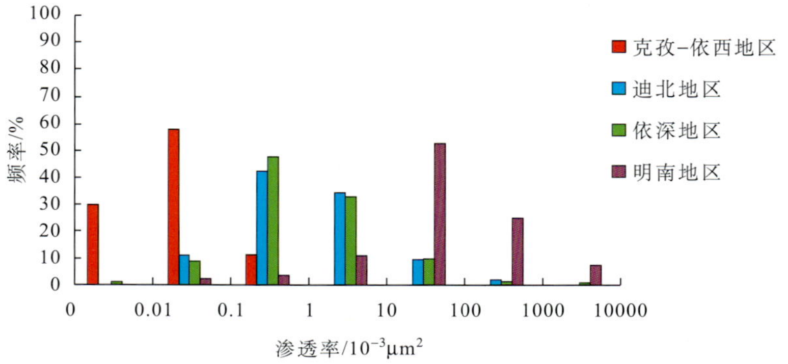

图 2-23　库车坳陷东部阿合组渗透率分布图

表 2-3 库车坳陷大北地区白垩系巴什基奇克组岩心物性分析统计表

分析项目	井号	层位	孔隙度/%				渗透率/$10^{-3}\mu m^2$			
			最小值	最大值	平均值	样品数	最小值	最大值	平均值	样品数
测井	大北 1	K_1bs^3	1.00	14.53	7.53	353	0.001	0.276	0.099	353
	大北 2	K_1bs^2	3.94	9.95	7.48	1159	0.056	0.105	0.082	1159
		K_1bs^3	2.22	10.69	8.29	340	0.001	0.113	0.089	340
	大北 101	K_1bs^2	1.00	15.01	7.88	639	0.001	0.178	0.085	639
		K_1bs^3	1.00	14.91	5.10	835	0.001	0.293	0.044	835
	大北 102	K_1bs^2	1.00	14.69	7.05	681	0.001	0.283	0.093	681
		K_1bs^3	1.00	14.89	4.24	908	0.001	0.292	0.043	908
	大北 201	K_1bs^2	1.26	15.62	6.28	676	0.001	0.190	0.069	676
		K_1bs^3	1.00	11.46	5.05	392	0.001	0.123	0.053	392
	大北 103	K_1bs^2	1.08	13.00	5.87	1048	0.001	0.218	0.074	1048
		K_1bs^3	1.00	10.21	4.34	859	0.001	0.142	0.043	859
岩心分析	大北 1	K_1bs^3	2.64	6.21	5.18	13	0.04	0.12	0.06	10
	大北 2	K_1bs^2	1.71	11.21	6.23	26	0.05	0.62	0.29	4
	大北 101	K_1bs^3	0.85	7.67	2.76	29	0.018	3.458	0.722	5
	大北 102	K_1bs^2	1.63	8.92	5.15	45	0.048	0.141	0.074	45

岩心物性分析表明，大北地区孔隙度主要为 1.5%～9.5%，渗透率基本小于 $0.1\times10^{-3}\mu m^2$(图 2-24)。测井物性解释表明，大北地区孔隙度为 1.0%～15.62%，主要为 3.5%～9.0%，所占比例接近 70%，渗透率主要为 $0.01\times10^{-3}\sim0.1\times10^{-3}\mu m^2$(图 2-25)，总体上表现为低孔、低渗储层。

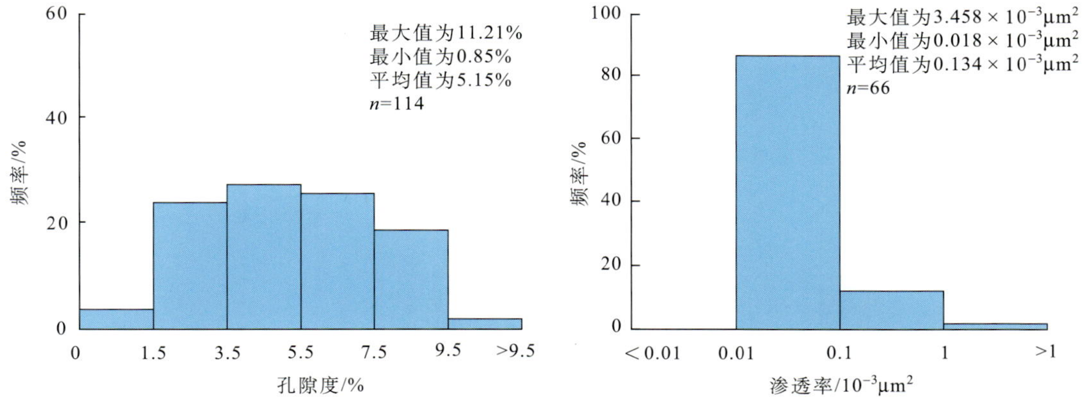

图 2-24 库车坳陷大北地区白垩系巴什基奇克组岩心实测物性统计图

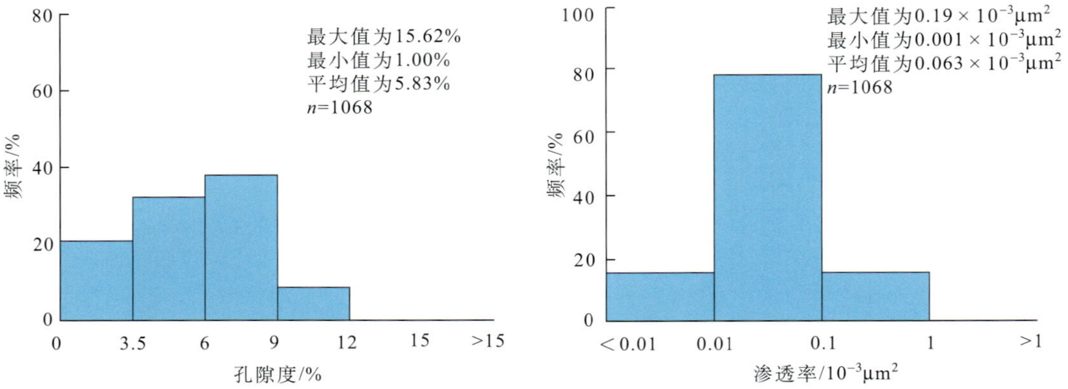

图 2-25　库车坳陷大北地区白垩系巴什基奇克组储层测井物性统计图

（三）古近系

1. 岩心物性特征

岩心物性分析表明：迪那 2 气田古近系储层总体上属于低孔低渗和低孔特低渗储层，且非均质性强，纵向上储层变化较大，$E_{2\text{-}3}s^{11}$、$E_{2\text{-}3}s^{31}$ 砂层组储集性能相对较好，$E_{2\text{-}3}s^{21}$ 仅在迪那 202 井物性较好，库姆格列木群储层均较差(图 2-26、表 2-4)。

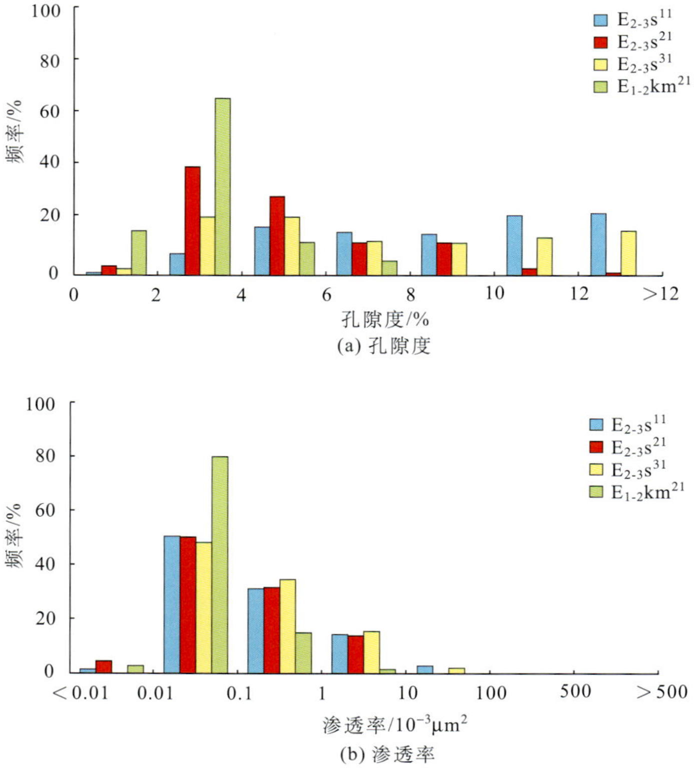

图 2-26　库车坳陷迪那 2 气藏古近系各砂层组岩心物性统计图

表 2-4 库车拗陷迪那 2 气藏各砂层组岩心物性统计表

层位	砂层组	孔隙度/%			渗透率/$10^{-3}\mu m^2$		
		最大	最小	平均值	最大	最小	平均值
苏维依组	$E_{2-3}s^{11}$	16.16	3.03	10.06	32.7	0.008	1.41
	$E_{2-3}s^{21}$	12.39	2.93	5.7	4.57	0.06	0.51
	$E_{2-3}s^{31}$	13.73	3.01	7.9	15.2	0.01	1.4
库姆格列木群	$E_{1-2}km^{21}$	7.05	2.99	4.5	2.48	0.01	0.25
	$E_{1-2}km^{22}$(测井)	10.13	3.08	5.94	0.41	0.023	0.1
	$E_{1-2}km^{31}$	9.53	2.68	3.87	0.11	0.02	0.042

不同砂层组岩心物性具有较大的差异性：$E_{2-3}s^{11}$ 砂层组孔隙度平均为 10.06%，主要为 4%～6% 和 10%～16%；渗透率平均为 $1.41\times10^{-3}\mu m^2$，主要为 0.01×10^{-3}～$10\times10^{-3}\mu m^2$。$E_{2-3}s^{21}$ 砂层组孔隙度平均为 5.7%，主要分布在 2%～6%；渗透率平均为 $0.51\times10^{-3}\mu m^2$，主要为 0.1×10^{-3}～$10\times10^{-3}\mu m^2$。$E_{2-3}s^{31}$ 砂层组孔隙度平均为 7.9%，分布较分散，没有明显峰值，在 2%～6% 及大于 12% 两个区间占比例稍高些；渗透率平均为 $1.4\times10^{-3}\mu m^2$，80% 样品集中在 0.01×10^{-3}～$1\times10^{-3}\mu m^2$。$E_{1-2}km^{21}$ 砂层组孔隙度平均为 4.5%，78% 样品孔隙度分布在 2%～6%；渗透率平均为 $0.25\times10^{-3}\mu m^2$，主要为 0.01×10^{-3}～$1\times10^{-3}\mu m^2$。$E_{1-2}km^{22}$ 砂层组孔隙度平均为 5.94%，主要分布在 4%～8%；渗透率平均为 $0.1\times10^{-3}\mu m^2$，主要为 0.01×10^{-3}～$1\times10^{-3}\mu m^2$。$E_{1-2}km^{31}$ 砂层组孔隙度平均为 3.87%，73% 样品孔隙度分布在 2%～6%；渗透率平均为 $0.042\times10^{-3}\mu m^2$，92% 样品渗透率为 0.01×10^{-3}～$0.1\times10^{-3}\mu m^2$。

2. 测井物性分析

测井物性分析表明：迪那 2 气藏苏维依组物性好于库姆格列木组，苏维依组中 $E_{2-3}s^{31}$ 砂层组物性最好，$E_{2-3}s^{11}$ 砂层组物性次之，$E_{2-3}s^{21}$ 砂层组物性最差，库姆格列木组中 $E_{1-2}km^{21}$ 砂层组物性最好，$E_{1-2}km^{31}$ 砂层组物性次之，$E_{1-2}km^{22}$ 砂层组物性最差（图 2-27）。

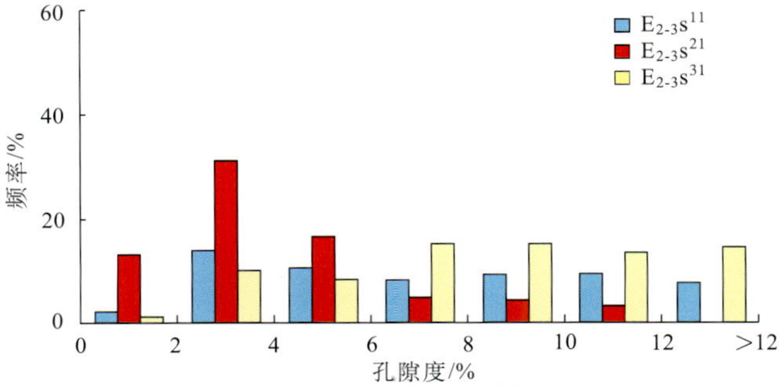

(a) 苏维依组孔隙度

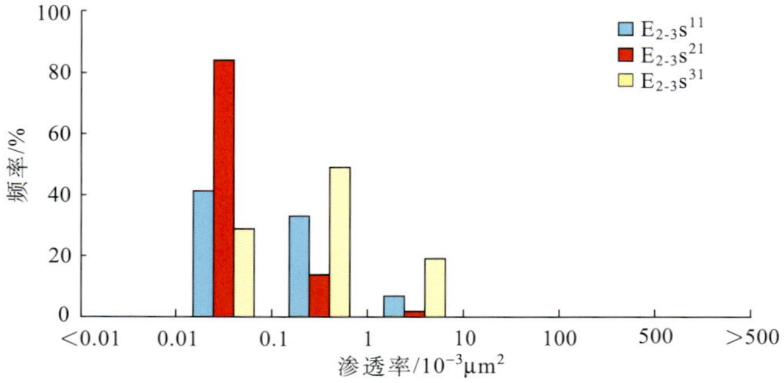

(b) 苏维依组渗透率

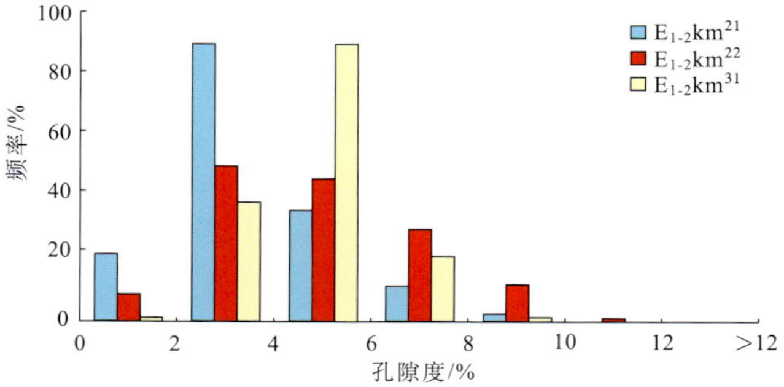

(c) 库姆格列木组孔隙度

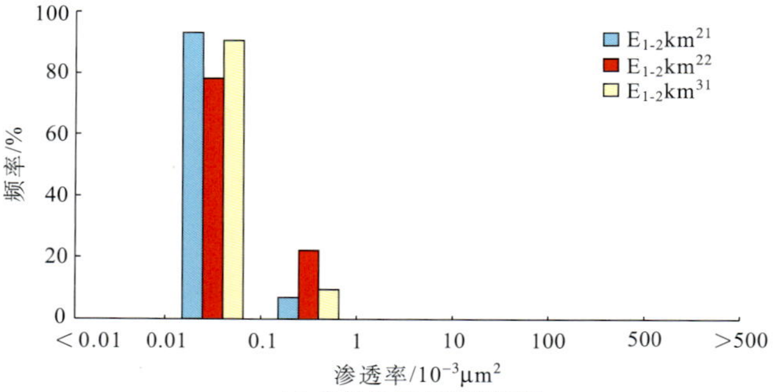

(d) 库姆格列木组渗透率

图 2-27　库车坳陷迪那 2 气藏古近系储层测井解释孔隙度统计直方图

（四）新近系

吐孜洛克气田新近系吉迪克组井下 400 余块砂岩样品的物性测试结果表明，砂泥岩段储层孔隙度主要分布在 6%～12%，最大可达 18.3%，平均为 11.1%，渗透率主要为 0.1×10^{-3}～$10\times10^{-3}\mu m^2$，最大可达 $209\times10^{-3}\mu m^2$，平均值为 $3.79\times10^{-3}\mu m^2$（图 2-28）。因此，储层以中孔中渗、中孔低渗为主，其次为低孔低渗。

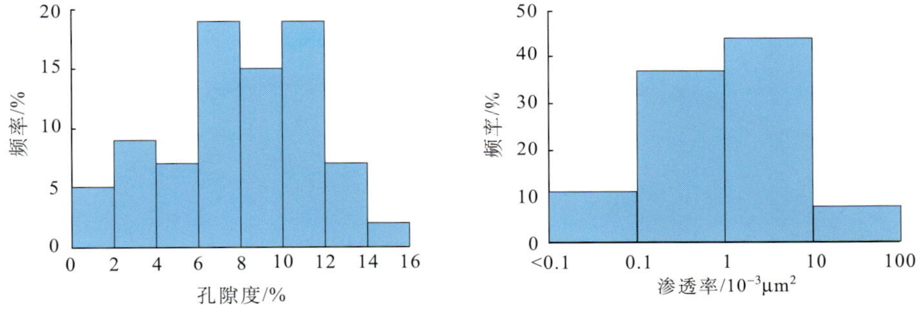

图 2-28 库车坳陷吐孜洛克气田吉迪克组物性统计直方图

三、主要目的层位沉积相平面分布特征

（一）侏罗系

库车坳陷侏罗系主要目的层为阿合组及阳霞组，岩性是砾岩、砂岩、泥岩及煤岩，砂砾岩占地层总厚度的 65%～70%，从岩性岩相组合、沉积构造、微观岩石结构和砂体形态等方面的综合分析，认为辫状河三角洲沉积体系是该区阿合组和阳霞组的主要沉积体系。

1. 阿合组沉积相平面展布

阿合组是在上三叠统塔里奇组辫状河流沉积体系基础之上形成的，均由辫状河三角洲平原和辫状河三角洲前缘互层组成，即东区和西区阿合组的沉积体系和沉积环境是一致的，仅在某些沉积特征上有所差异。受局部构造特征和物源供给的控制，同一时期在不同地区的沉积亚相类型有所差异，且各个亚相类型在地层中的比例亦不相同，反映了陆相盆地快速多变的沉积环境变化特征。阿合组为辫状河三角洲沉积体系，沉积区的构造沉降较快；物源区的砂（砾）质碎屑供给十分充分；沉积物搬运过程中的搬运营力较强，使河道不断改道迁移。这三个因素的相互配合使阿合组砂（砾）质岩十分发育，并且在平面上以分布很广的富砂型辫状河三角洲平原亚相为主（图 2-29）。

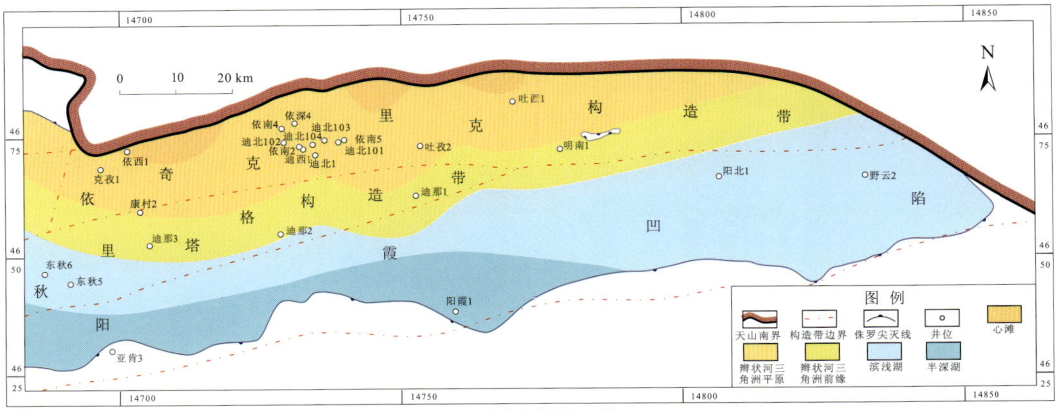

(a) 阿合组第一段

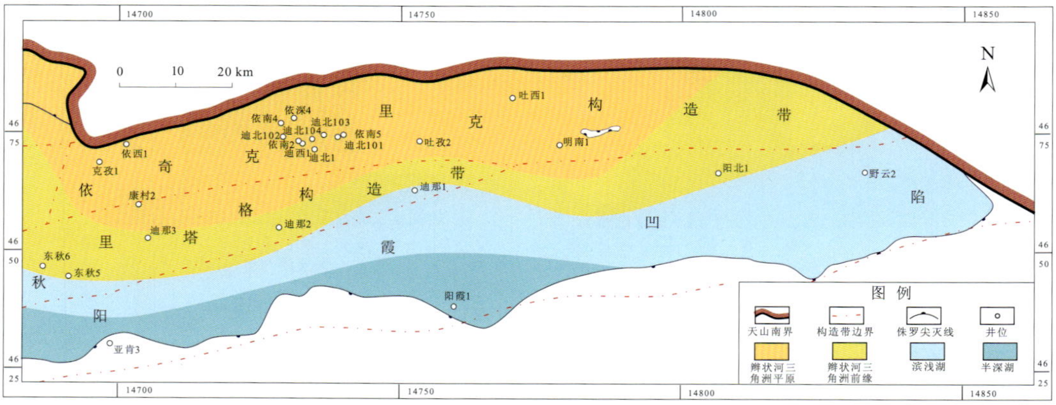

(b) 阿合组第二段

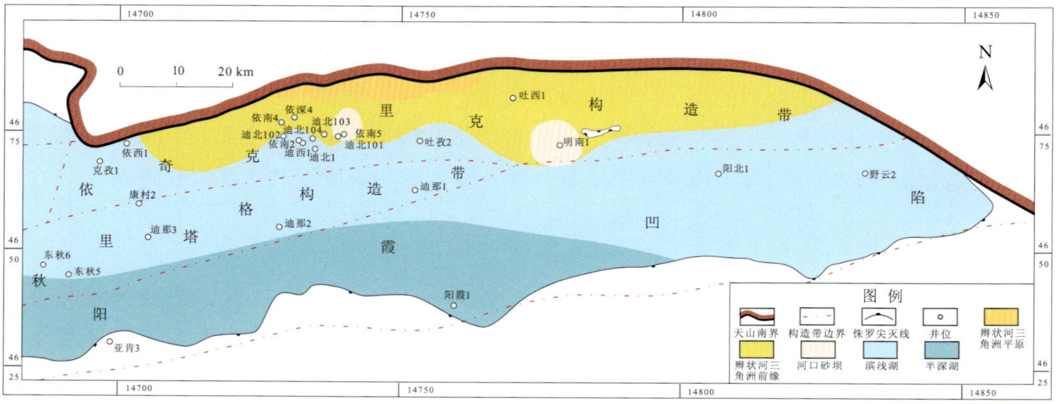

(c) 阿合组第三段

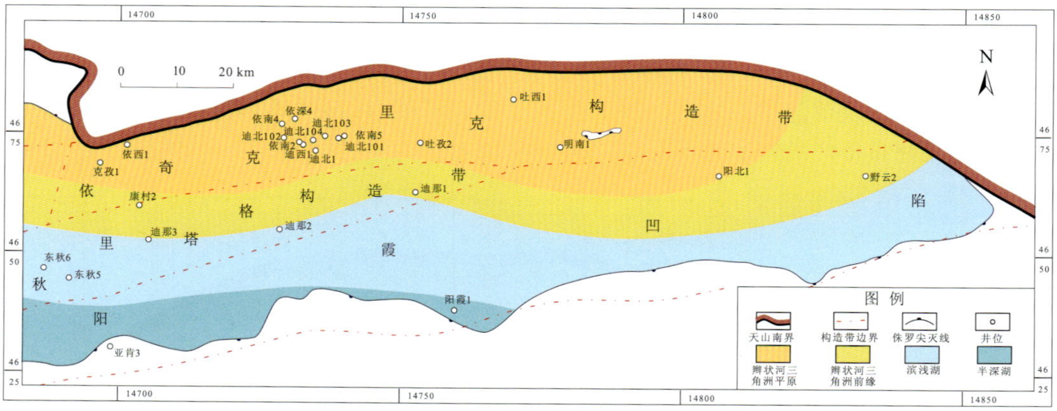

(d) 阿合组第四段

图 2-29 库车拗陷东部侏罗系阿合组沉积相平面展布图

（据塔里木油田公司 2012 年内部资料修改）

2. 阳霞组沉积相平面展布

阳霞组沉积环境变化较大，沉积区的构造沉降幅度和碎屑物质供给速率均小于阿合组；辫状河三角洲平原亚相既发育辫状分流河道滞流沉积砂岩又发育分流间湾及沼泽沉积(图 2-30)，但沉积相带较窄，辫状河三角洲前缘及滨浅湖比较发育，全区均有分布，相带连续。物源方向与母岩性质和阿合组基本相似；砂体连续性较差，呈东西向透镜状展布。

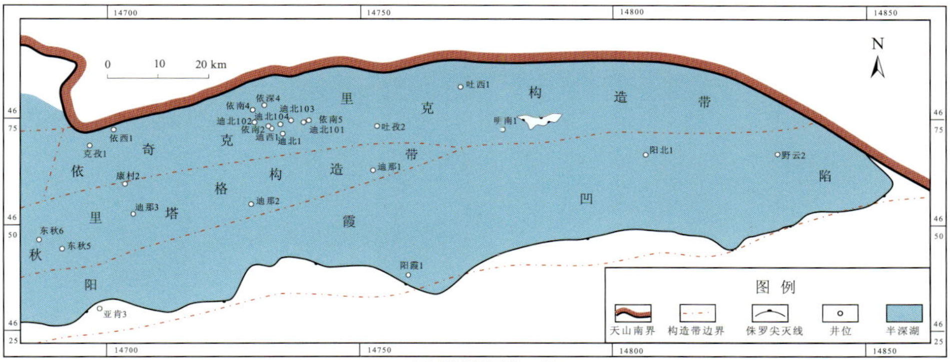

(a) 阳霞组第一段

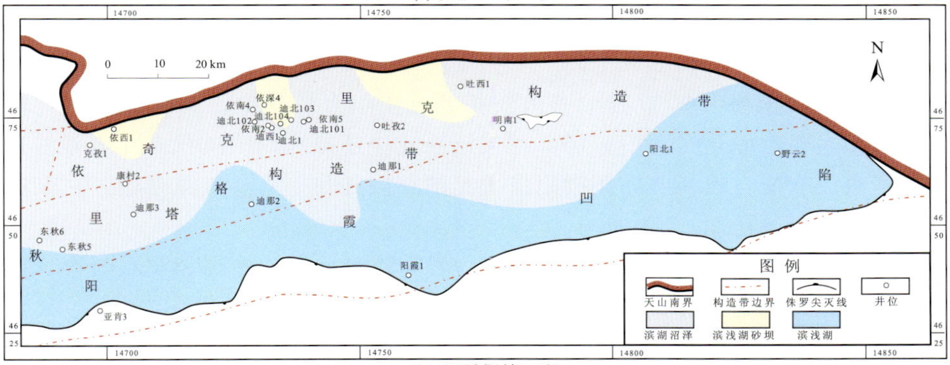

(b) 阳霞组第二段

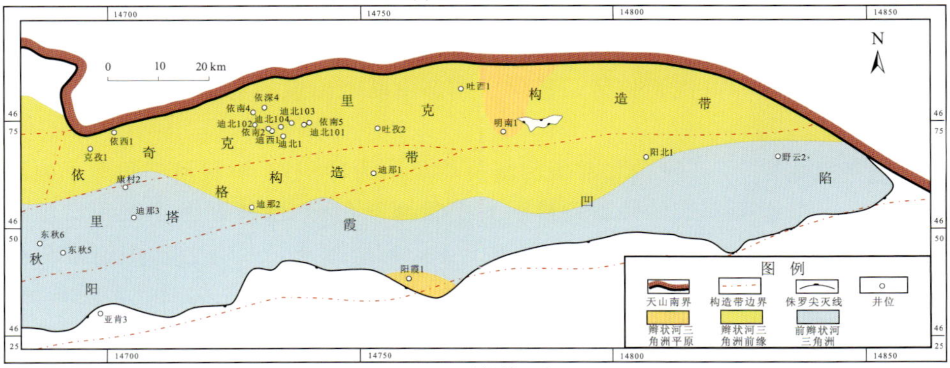

(c) 阳霞组第三段

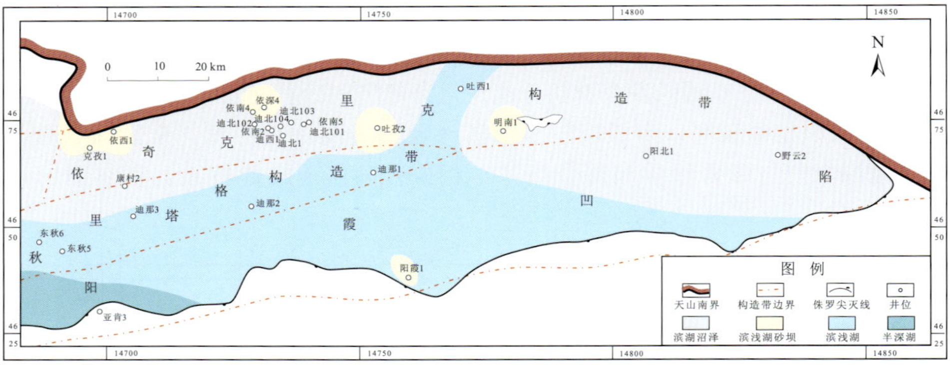

(d) 阳霞组第四段

图 2-30 库车拗陷东部侏罗系阳霞组沉积相平面展布图(据塔里木油田公司 2012 年内部资料修改)

（二）白垩系

库车拗陷下白垩统下部的亚格列木组沉积相构成表现为冲积扇-扇三角洲-辫状河沉积组合。这一组合的分布有限，主要发育于北缘山前和前陆斜坡带，以冲积扇为主，局部发育扇三角洲，向南可能过渡为辫状河或辫状河三角洲体系，沿前隆带边缘应存在冲积扇或扇三角洲沉积，并向前隆上超。

舒善河组的沉积相为湖泊-湖泊三角洲相的沉积组合，其中，湖相沉积占有较大比例，湖泊类型主要为氧化型湖泊，局部存在还原或半还原性湖泊沉积。在卡普沙良河剖面发现了暗色泥岩层，也说明库车拗陷白垩纪的湖泊并非一直是氧化型的，在某些短时期内曾经是还原型或还原-氧化型的。

巴什基奇克组和巴西盖组的沉积相为扇/辫状河-辫状河三角洲相沉积组合，占据了拗陷北部碎屑相带的大部分，在拗陷中部也广泛发育三角洲沉积。

巴什基奇克组第 3 段在北部山前露头均显示为冲积扇-扇三角洲平原沉积特征，在吐北 1 井井下剖面显示为扇三角洲平原沉积特征，而在克拉苏和东秋里塔格构造带的井下剖面中显示为扇三角洲前缘沉积特征，其他地区均属扇三角洲前缘沉积相区，在研究区内未见前扇三角洲和滨浅湖相区，显示出北部山前带出现的扇三角洲相向南推进的结果(图 2-31)。

巴什基奇克组第 1、2 段在北部山前露头均显示为冲积扇-辫状河三角洲平原沉积特征，而在拗陷及前缘隆起带的井下均显示为辫状河三角洲-滨浅湖滩坝沉积特征，冲积扇-辫状河三角洲平原相区较巴什基奇克组第 3 段有所缩小，只有北部山前带露头分布区属冲积扇-辫状河三角洲平原沉积相区。除此以外的其他地区均属辫状河三角洲前缘-滨浅湖滩坝沉积相区，前辫状河三角洲和滨浅湖泥相区在研究区钻井中未见，可能分布范围狭窄(图 2-32)。

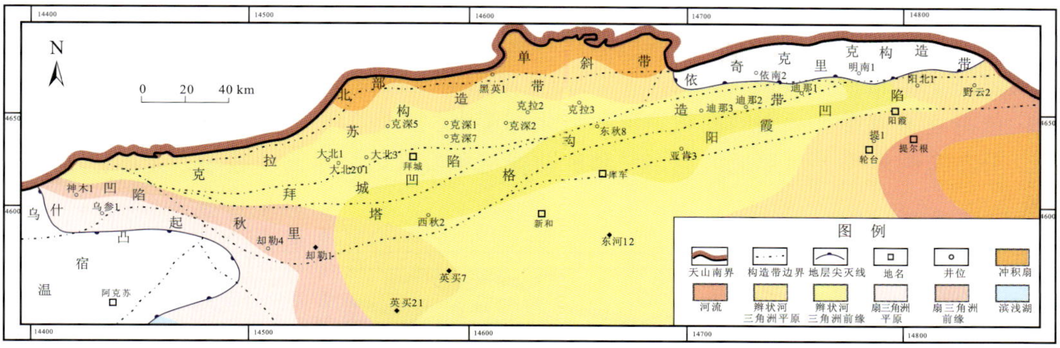

图 2-31 库车坳陷白垩系巴什基奇克组第一、二段沉积相平面展布图(据张惠良等，2009，修改)

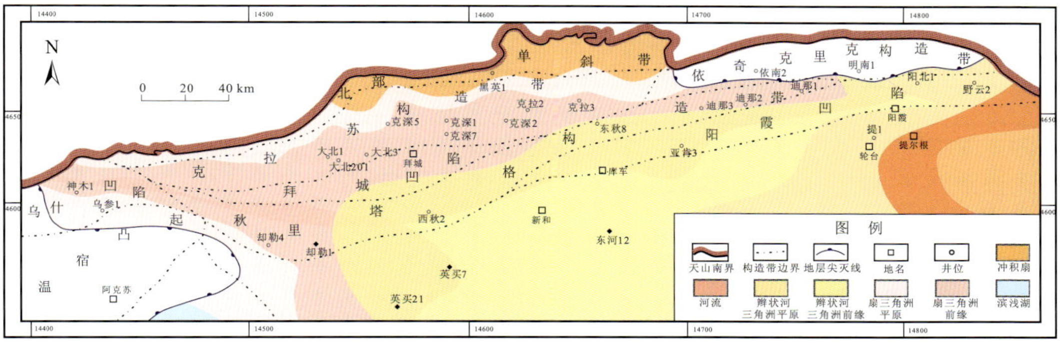

图 2-32 库车坳陷白垩系巴什基奇克组第三段沉积相平面展布图(据张惠良等，2009，修改)

（三）古近系

古近纪开始，库车坳陷再次接受沉积时，其北部地区已经发育有早期的楔状逆冲变形带。库车坳陷又发生缓慢沉降，此时的沉降中心迁移至大宛齐—东秋 8 井，在这些地带，沉降速率较大，向北和向南沉降速率均变小，沉积速率也以沉降中心处最大。总沉降量和构造沉降量以沉降中心最大，向南北两侧均减小，构造沉降量占总沉降量的比例，由造山带前缘向前陆方向增加，反映越向前陆方向构造沉降占总沉降的比例越大。

在库姆格列木群沉积早期，由于库车坳陷下沉，发生了来自西南方向的间隙性海侵，海侵由西南向东北方向侵入，一直侵入到盆地南缘的牙哈—迪那以西地区。库车中部地区均被宽阔的海水所淹没，形成浅海和海湾地貌。北部天山山前克孜勒努尔沟以西发育孤立的冲积扇-扇三角洲平原沉积，由此向南则为扇三角洲前缘沉积。库车坳陷东部南缘与天山山前依南—吐格尔明均为地势平坦而极其宽广的古陆地，未接受沉积。

库姆格列木群沉积中期，由西南向东北方向的海侵范围最广，海泛面达最大位置。库车中部仍为宽阔的浅海和海湾、潟湖沉积。潟湖分布范围较广。沿牙哈—迪那以西至吐格尔明一线以东仍为广阔的古陆地，未接受沉积。

库姆格列木群沉积晚期，该区内氧化宽浅湖泊的水面上升，湖水面积达到最大，湖岸线进一步向北、东部扩展，大部地区被宽广的湖水所淹没，发育滨浅湖泥及砂坝沉积。依奇克里克发育孤立的冲积扇沉积。北部依南、吐孜等地区均发育扇三角洲平原沉积，分布范围较小。迪那地区为扇三角洲前缘沉积发育，分布面积较小，延伸范围较短（图 2-33）。

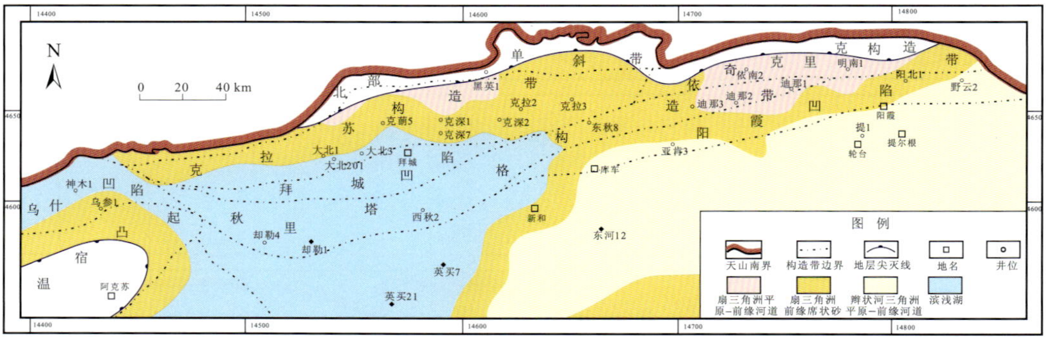

(a) 苏维依组

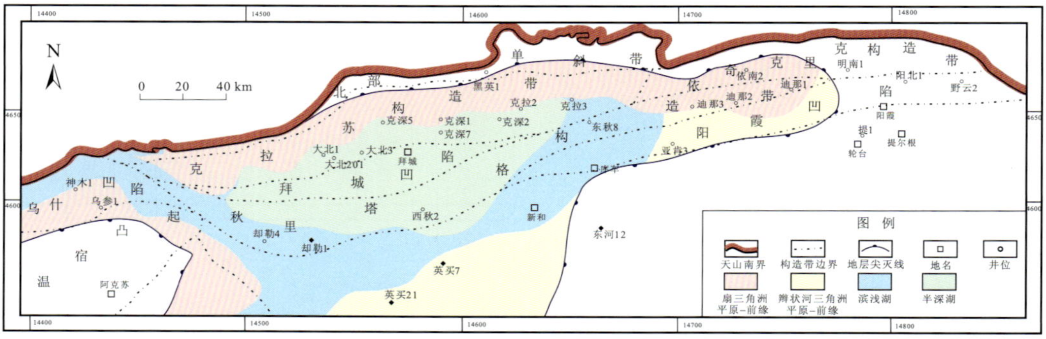

(b) 库姆格列木群

图 2-33　库车拗陷古近系沉积相平面分布图（据张惠良等，2009，修改）

四、主要目的层位储层孔渗演化与储层致密期确定

在大量岩石薄片观察分析的基础上，利用沉积-成岩-构造一体化预测模型恢复储层孔隙度演化史，即利用不同类型储层岩心孔隙度与埋深关系预测模型（表 2-5），结合构造减孔、胶结减孔、溶蚀增孔和裂缝增孔等影响孔隙度的因素分析，定量恢复孔隙度演化史（张荣虎等，2011）。

$$\Phi = \Phi_{模型} + \Delta\Phi_1 + \Delta\Phi_2 - \Delta\Phi_3 - \Delta\Phi_4 \tag{2-6}$$

式中，Φ 为孔隙度预测综合值；$\Phi_{模型}$ 为孔隙度模型预测值；$\Delta\Phi_1$、$\Delta\Phi_2$、$\Delta\Phi_3$、$\Delta\Phi_4$ 分别为溶蚀增孔量、裂缝增孔量、构造减孔量、胶结减孔量与模型约束值之间的差值。

表 2-5 库车拗陷不同类型储集层岩心孔隙度与埋深关系预测模型(张荣虎等，2011)

岩性	预测模型	石英含量/%	分选	主要约束条件
极细-细砂岩	$\Phi_{模型}=37.643e^{-0.0003H}$	—	差	泥质 1%～5%，胶结物 2%～5%，溶蚀量 0～2%，构造挤压≤30MPa
细砂岩	$\Phi_{模型}=41.065e^{-0.0002H}$	—	好	泥质 1%～5%，胶结物 2%～5%，溶蚀量 0～2%，构造挤压≤30MPa
中砂岩	$\Phi_{模型}=39.638e^{-0.0003H}$	50～65	中-好	泥质 1%～5%，胶结物 2%～5%，溶蚀量 0～2%，构造挤压 30～60MPa
粗砂-含砾砂岩	$\Phi_{模型}=31.077e^{-0.0002H}$	65～75	中-好	泥质 1%～5%，胶结物 2%～5%，溶蚀量 0～2%，构造挤压 30～60MPa
中细-细砂岩	$\Phi_{模型}=40.359e^{-0.0002H}$	65～75	中-好	泥质 1%～5%，胶结物 2%～5%，溶蚀量 0～2%，构造挤压 30～60MPa

注：$\Phi_{模型}$为预测模型；H 为埋深(m)。

根据目的层发育多种粒度的特征，采用对不同粒度含量加权平均的方法，得到准确的预测模型 $\Phi_{模型}$：

$$\Phi_{模型}=(h_{粉砂}\times\Phi_{粉砂}+h_{细砂}\times\Phi_{细砂}+h_{中砂}\times\Phi_{中砂}+h_{粗砂\text{-}含砾砂岩}\times\Phi_{粗砂\text{-}含砾砂岩})/h \tag{2-7}$$

式中，$h_{粉砂}$ 为粉砂岩厚度(m)；$\Phi_{粉砂}$ 为粉砂岩预测模型；$h_{细砂}$ 为细砂岩厚度(m)；$\Phi_{细砂}$ 为细砂岩预测模型；$h_{中砂}$ 为中砂岩厚度(m)；$\Phi_{中砂}$ 为中砂岩预测模型；$h_{粗砂\text{-}含砾砂岩}$ 为粗砂-含砾砂岩厚度(m)；$\Phi_{粗砂\text{-}含砾砂岩}$ 为粗砂-含砾砂岩预测模型。

综合埋藏史研究得到的不同时期埋深和成岩作用研究确定的 $\Delta\Phi_1$、$\Delta\Phi_2$、$\Delta\Phi_3$、$\Delta\Phi_4$，可计算储层在各个地质历史时期的孔隙度。

(一) 侏罗系

以依南 2 井为例，具体分析库车拗陷东部地区下侏罗统储层物性演化过程。依南 2 井阿合组储层主要为辫状河三角洲平原分流河道沉积，粒度主要是中-粗砂岩，通过加权平均计算得到

$$\Phi_{模型}=14.194e^{-0.003H}+21.067e^{-0.0002H} \tag{2-8}$$

迪北地区构造活动强烈，依南 2 井侏罗系构造应力可达 105.4MPa，薄片镜下观察表明颗粒压溶作用明显，也进一步说明构造挤压对孔隙度影响较大，利用模型约束条件确定构造减孔量为 6%～9%；胶结物含量中等，以黏土胶结为主，平均含量为 6%～8%，胶结减孔量为 3%～4%；镜下薄片观察发现溶蚀作用相对不发育，确定溶蚀增孔量为1%～2%，裂缝较为发育，但裂缝对孔隙度影响较小，裂缝增孔量小于 0.5%，在此基础上恢复了物性演化过程。

在 23Ma 之前，埋藏属于长期浅埋型，孔隙度主要受到压实作用的影响，受其他增孔减孔因素影响较小。自 23Ma 时地层开始快速沉降，由于受到强烈的压实作用和构造挤压作用，孔隙度快速下降。23Ma 时，依南 2 井阿合组储层在此时期最大埋深为

2280～2540m，可计算 $\Phi_{模型}$ 为 22%～23.4%，$\Delta\Phi_{溶蚀增孔}$ 为 0.2%，$\Delta\Phi_{裂缝增孔}$ 为 0，$\Delta\Phi_{胶结减孔}$ 为 0.1%，利用预测公式可以计算得到预测孔隙度为 21.7%～23.1%，孔隙度大于 10%，储层尚未致密。

12Ma 时，依南 2 井阿合组储层在此时期最大埋深为 3880～4160m，构造挤压作用转化的埋深为 956m，可计算 $\Phi_{模型}$ 为 12.4%～13.2%，$\Delta\Phi_{溶蚀增孔}$ 为 0.3%，$\Delta\Phi_{裂缝增孔}$ 为 0，$\Delta\Phi_{胶结减孔}$ 为 0.1%，利用预测公式可以计算得到预测孔隙度为 12%～12.8%，孔隙度大于 10%，储层尚未致密。

5Ma 时，依南 2 井由于构造运动开始发生抬升剥蚀，阿合组储层埋深达到最大，达到 5360～5600m，构造挤压作用转化的埋深为 1565m，可计算 $\Phi_{模型}$ 为 7.8%～8.3%，$\Delta\Phi_{溶蚀增孔}$ 为 0.7%，$\Delta\Phi_{裂缝增孔}$ 为 0，$\Delta\Phi_{胶结减孔}$ 为 0.3%，利用预测公式可以计算得到预测孔隙度为 6.8%～7.3%，孔隙度小于 10%，储层已经致密，因此可以判断依南 2 井阿合组储层的致密化时间为 12～5Ma。

现今，由于构造抬升剥蚀作用，依南 2 井阿合组储层在地质历史时期最大埋深为 5350～5613m，构造挤压作用转化的埋深为 1900m，可计算 $\Phi_{模型}$ 为 7.3%～7.7%。模型约束溶蚀增孔量为 3.29%，实际溶蚀增孔量为 2.2%，所以 $\Delta\Phi_{溶蚀增孔}$ 为 1.09%；模型约束裂缝增孔量为 0.14%，实际裂缝增孔量为 0.17%，所以 $\Delta\Phi_{裂缝增孔}$ 为 0.03%；模型约束胶结减孔量为 2.24%，实际胶结减孔量为 2.69%，所以 $\Delta\Phi_{胶结减孔}$ 为 0.45%，利用预测公式可计算得到预测孔隙度与 5.79%～6.19%与实测孔隙度较吻合(图 2-34)。

(二) 白垩系—古近系

浅埋藏期(23Ma 以前)，库车坳陷白垩系—古近系以持续的压实作用为主，溶蚀作用相对较弱，主要发生于白垩纪末期的整体抬升暴露，遭受地表水淋滤。早期碳酸盐胶结物(主要是方解石)较为发育(胶结率一般为 0～20%，最大可达 80%)，阻碍压实作用的进行。黏土薄膜阻碍了石英次生加大边发育，偶见早期石英加大。孔隙流体以同生沉积水为主，为偏碱性成岩环境，孔隙主要因压实作用而减少，压实率一般为 40%～60%。库姆格列木期，三叠系与侏罗系烃源岩生成的油气进入储层，同时产生相应的溶蚀，并沉淀高岭石胶结物(1%)，溶蚀强度弱。此层位沉淀高岭石可能与侏罗系长石溶蚀组分迁移至白垩系沉淀有关。这一阶段，地温较低，加之喜马拉雅运动早期的影响，断层发生开启，地表水渗入，油气降解破坏，形成沥青，占据部分粒间孔隙体积。

深埋藏早期(23～5.3Ma)，相当于中新世吉迪克期—康村期。此阶段压实作用(由于超压形成)和胶结作用弱，溶蚀作用较强。首先，碱性环境下石英和岩屑弱溶蚀，其次，产生少量的长石次生加大边(约 1%)。之后，在康村末期(7～5Ma)，自北向南逆冲断裂的活动和三叠系、侏罗系烃源岩成熟产生的大量有机酸沿断裂注入，使得成岩环境为酸性，有利于长石和岩屑的溶蚀(溶蚀量为 1%～2%)。

深埋藏晚期(5.3Ma 至现今)，相当于上新世库车期—第四纪：以晚期胶结作用和交代作用为主，表现为铁白云石胶结物呈自形晶充填部分孔隙。随着天山造山带的不断隆升，自北向南强烈的逆冲挤压活动使得该区形成构造圈闭，原先聚集在白垩系和古近系宽缓背斜中的油气发生再转移，加上部分高成熟阶段生成的天然气的补充聚集，有利

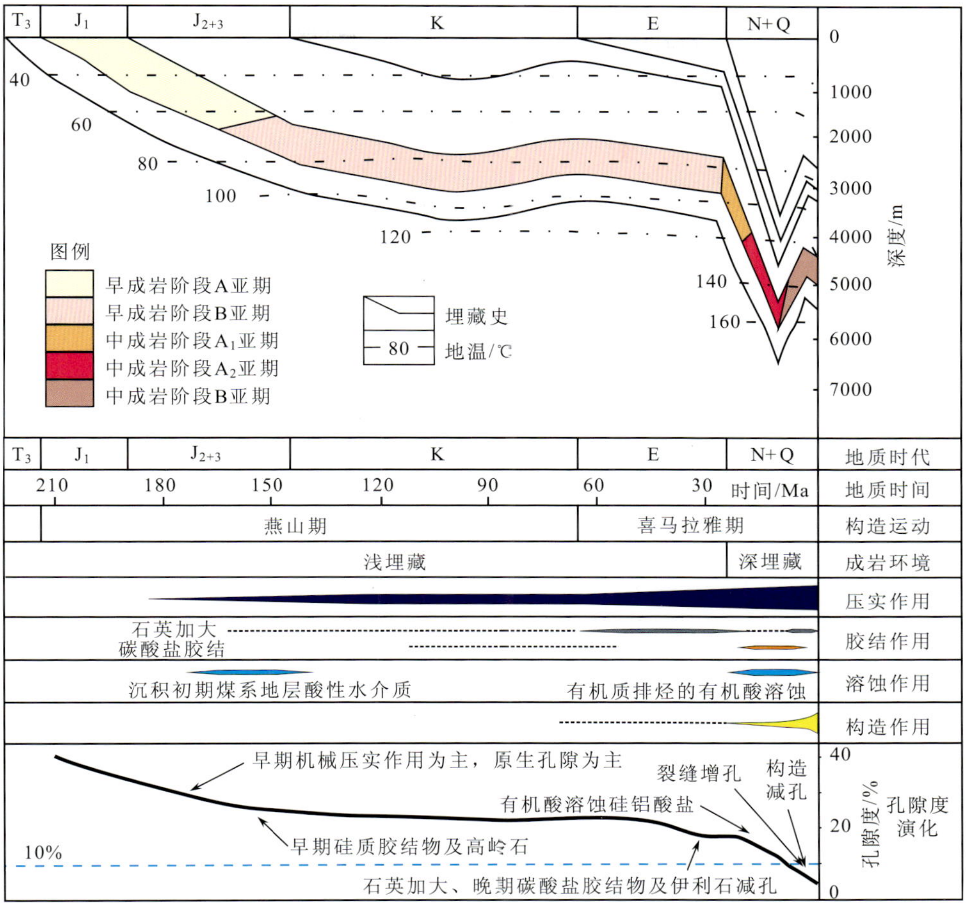

图 2-34 库车拗陷东部依南 2 井下侏罗统储层综合演化模式图

于油气成藏(图 2-35)。

五、主要目的层位致密储层平面分布与定量评价

下面以库车东部侏罗系及白垩系致密砂岩储层为例，阐述该地区致密储层的平面分布与定量评价方法。

(一) 储层分布

1. 储层发育及剥蚀

除明南 1 井东侧局部地区被剥蚀，下侏罗统阳霞组及阿合组在整个库车东部均有发育。结合井下资料及露头资料，分析表明库车东部下侏罗统储层岩性差别不大。阳霞组主要发育湖泊、湖泊夹三角洲、辫状河三角洲夹湖泊沉积体系，为两套含煤地层间夹含

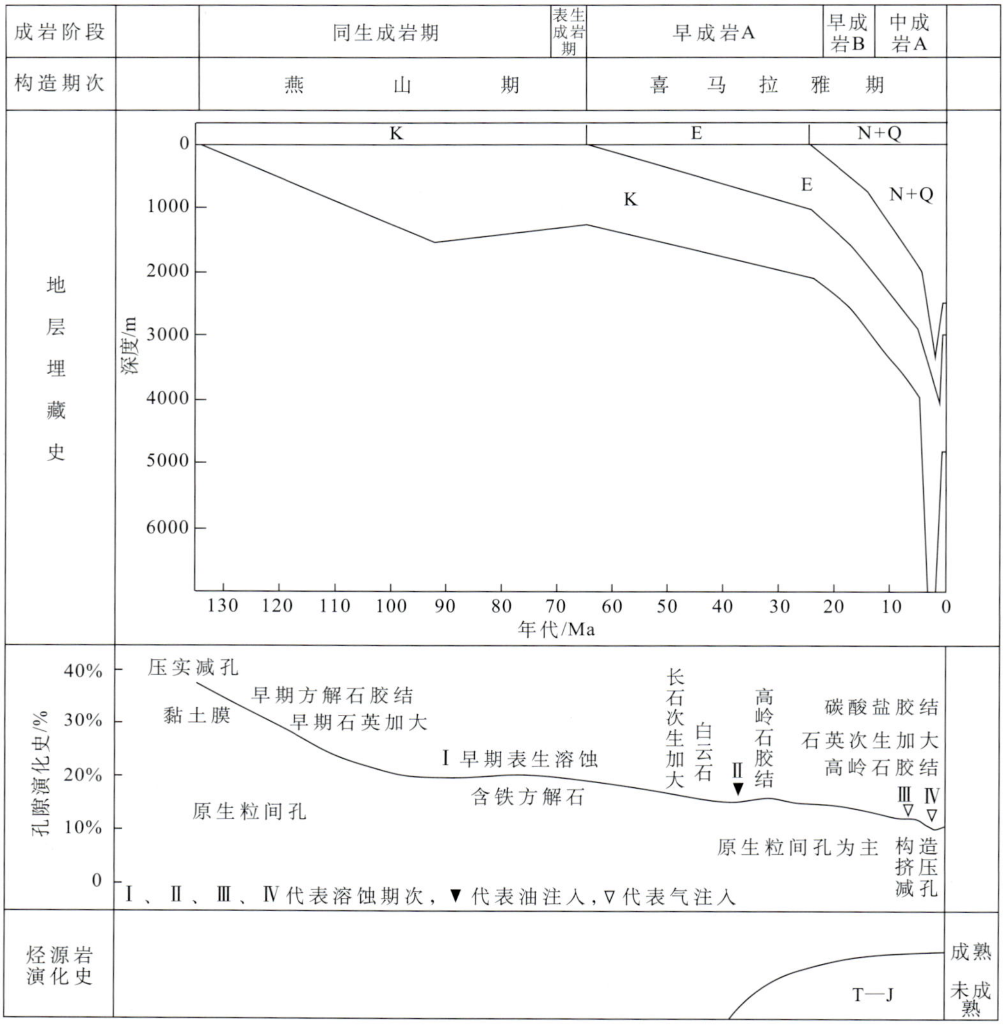

图 2-35　库车坳陷白垩系—古近系储层"三史"配置关系模式图

砾粉砂岩、粗砂岩、中细砂岩层段。阳霞组地层厚度分布在 221～923m，储层厚度占地层总厚度的 26.2%～39.6%，储层单层最大深度为 49.5m(依南 2 井)，储层占地层厚度最大比例为 39.9%(依深 4 井)。阿合组发育辫状河三角洲沉积体系，主要岩性为灰色细砾岩、含砾粗砂岩、中细砂岩，夹深灰色泥岩、粉砂质泥岩、灰黑色高碳泥岩及煤线，泥岩中见有较丰富的植物碎片。地层厚度为 76.5～293m，储层厚度占地层总厚度的 75.8%～90.6%，其中，储层占地层总厚度最大的井为依南 4 井，储层总厚度为 265.5m，依西 1 井储层单层厚度最大，可达 116mm，明南 1 井最大储层单层厚度为 86.5m。

库车坳陷东部地区白垩系主要发育下白垩统，上白垩统基本被剥蚀，下白垩统总体呈平行不整合、局部角度不整合上覆于侏罗系。研究区内白垩系发育不全，仅在东部吐格尔明背斜北翼和西部依奇克里克背斜东高点核部出露下白垩统亚格列木组和舒善河组，吐孜1—吐孜3井区、依南5—依南2井区也有发育，为一套扇三角洲-氧化型湖泊相红色碎屑岩沉积，其顶底界线清楚，亚格列木组与下伏上侏罗统喀拉扎组假整合接触，舒善河组与上覆古近系库姆格列木群或苏维依组假整合接触。

2. 典型剖面物性演化

利用各层系、各单井物性演化模型，恢复了依深4-依南2-迪那202典型剖面的物性演化过程(图2-36)。古近系沉积前(65Ma)，阿合组储层孔隙度主要为20%～24%，白垩系储层孔隙度主要为25%～33%；吉迪克组沉积前(23Ma)，阿合组储层孔隙度主要为18%～21%，白垩系储层孔隙度主要为23%～27%；康村组沉积前(12Ma)，阿合组储层孔隙度主要为12%～16%，白垩系储层孔隙度主要为15%～21%，大于10%，尚未致密化；库车组沉积前(5Ma)，阿合组储层孔隙度主要为5%～9%，小于10%，基本已经致密化，因此可以判断储层致密化的时间为12～5Ma，白垩系储层孔隙度主要为8%～14%，储层部分致密；从西域组沉积前(2Ma)至现今，阿合组孔隙度主要为5.3%～7.5%，白垩系孔隙度主要为5%～14%，除明南1井及吐孜各井附近储层物性较好，其他地区储层基本致密。

3. 侏罗系物性演化

23Ma前，库车拗陷东部缓慢沉降，构造较为稳定，基本不发育断层，北部单斜带及依奇克里克构造带北部物性较差，阳霞组孔隙度最低可以达到17%；向南至依奇克里克构造带南部、秋里塔格构造带东部，以及阳霞凹陷北部物性变好，阿合组孔隙度最大可以达到23%；南部阳霞凹陷物性变差，阳霞组孔隙度最低可达到14%(图2-37(a)、图2-38(a))。

12Ma时，库车拗陷东部侏罗系储层物性总体上也具有自北向南由差变好，再由好变差的特点，北部单斜带及依奇克里克构造带物性较差，阳霞组孔隙度最低可以达到11%；向南至依奇克里克构造带南部、秋里塔格构造带东部，以及阳霞凹陷北部物性变好，阿合组孔隙度主要集中在13%～16%；向南部物性急剧变差，孔隙度降至11%(图2-37(b)、图2-38(b))。

5Ma时，由于受到强烈构造挤压作用的影响，发育了大量断层，物性分布与断层分布密切相关，北部单斜带及依奇克里克构造带北部物性较差，阳霞组孔隙度基本小于7%，最小可以达到3%；向南物性变好，依奇克里克构造带南部、秋里塔格构造带东部，以及阳霞凹陷北部阿合组孔隙度主要为6%～9%；自阳霞凹陷北部向南物性变差，最小可以小于4%(图2-37(c)、图2-38(c))。

自2Ma以来，物性进一步变差，其中，北部单斜带及依奇克里克构造带北部物性较差，孔隙度基本小于6%，最小可以达到2%；向南物性变好，依奇克里克构造带南部、秋里塔格构造带东部，以及阳霞凹陷北部阿合组孔隙度主要为6%～8%；自阳霞凹陷北部向南物性变差，最小可以小于2%(图2-37(d)、图2-37(e)、图2-38(d)、图2-38(e))。

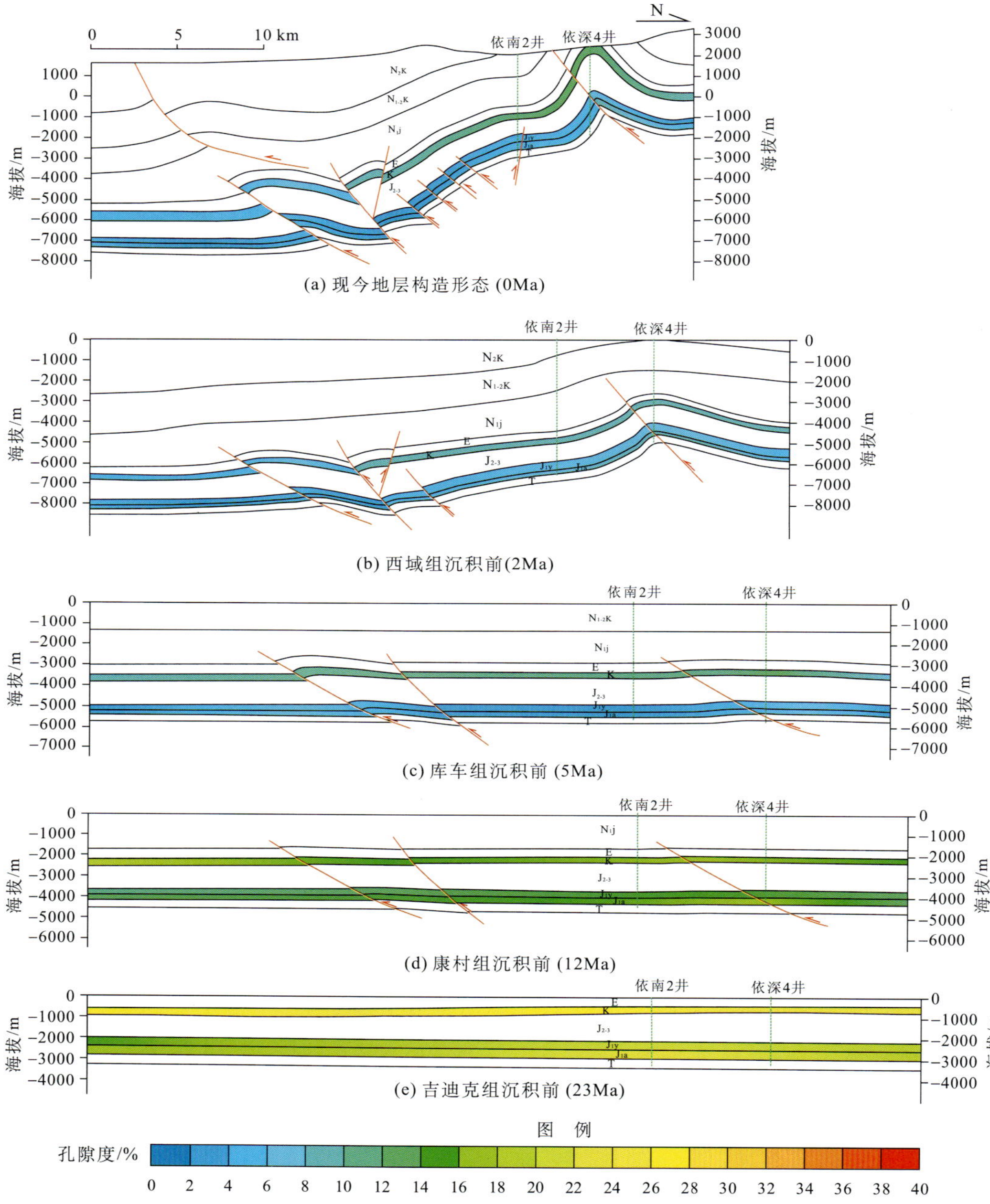

图 2-36 依深 4-依南 2-迪那 202(投影)剖面物性演化示意图

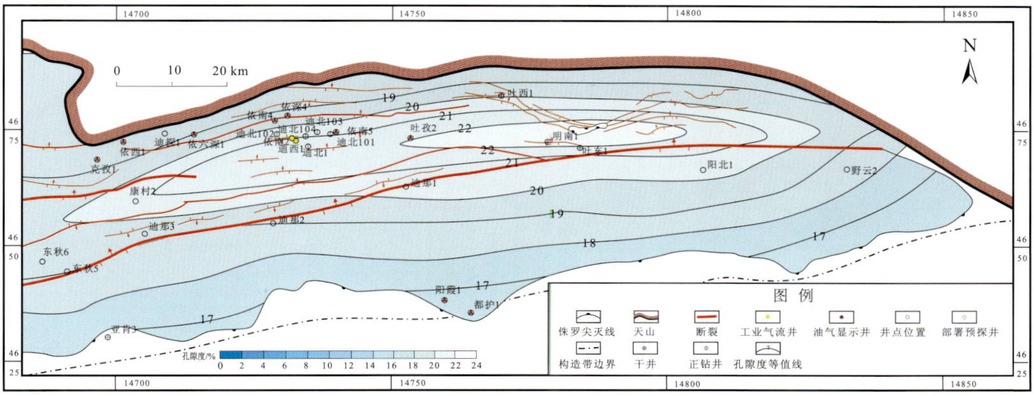

(a) 23Ma

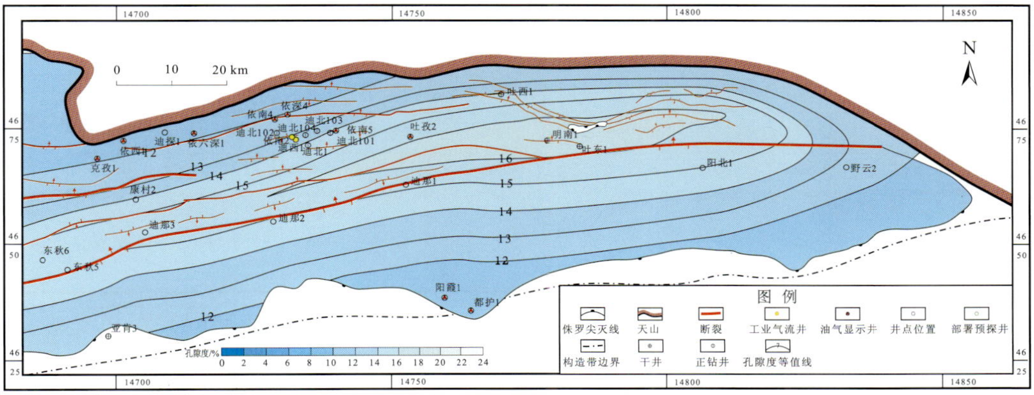

(b) 12Ma

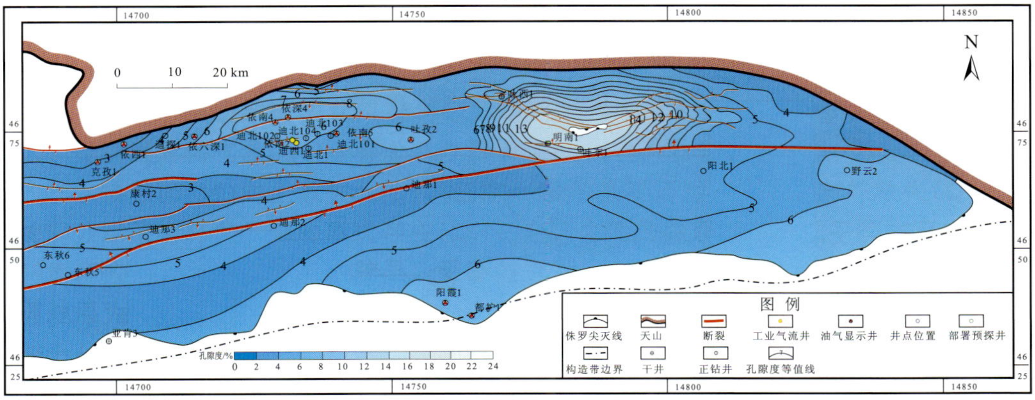

(c) 5Ma

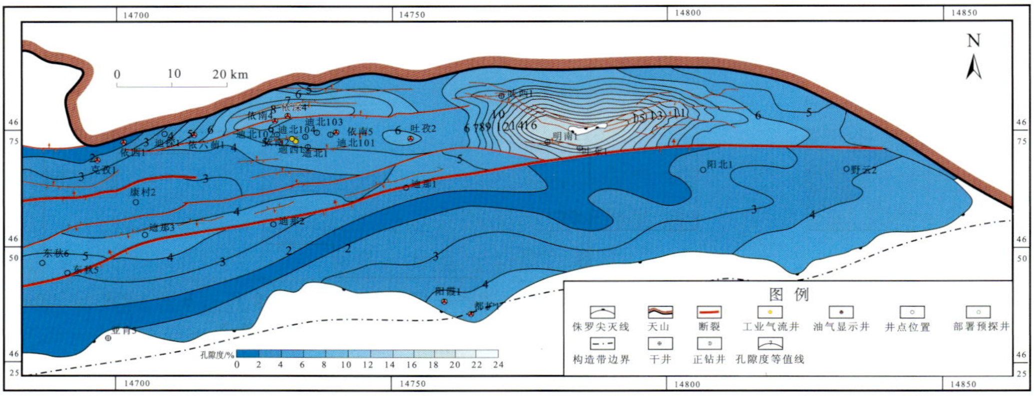

(d) 2Ma

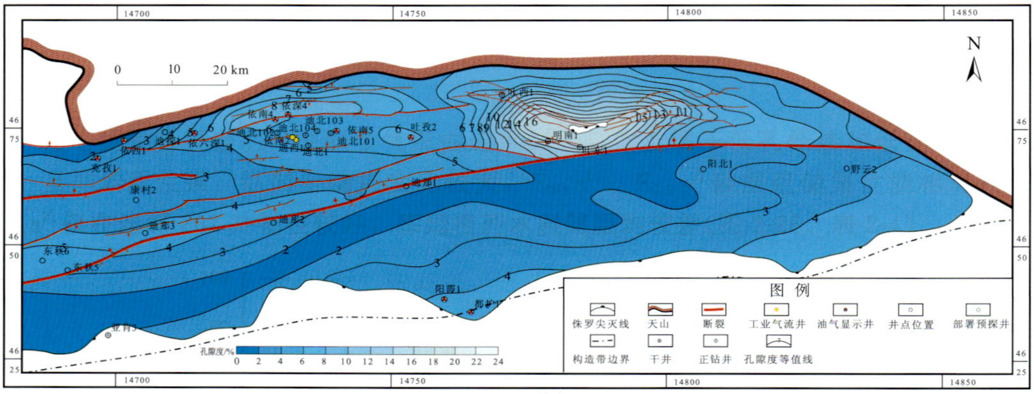

(e) 现今

图 2-37　库车东部侏罗系阿合组孔隙度平面分布图

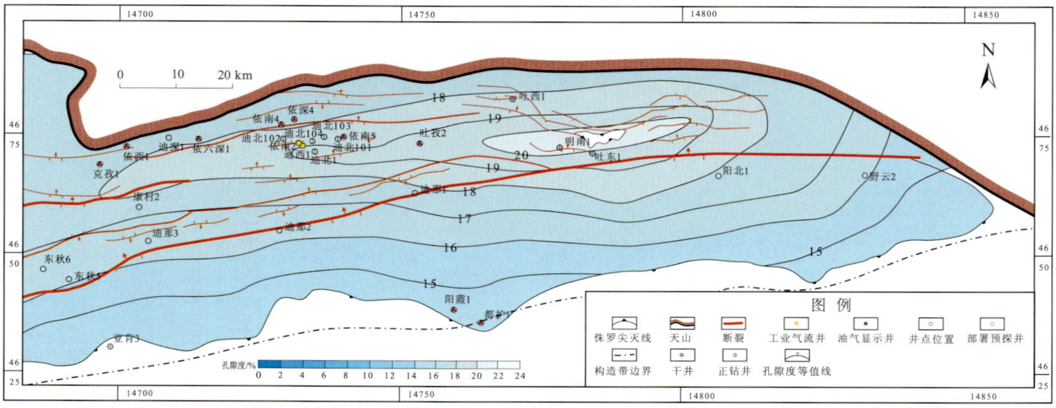

(a) 23Ma

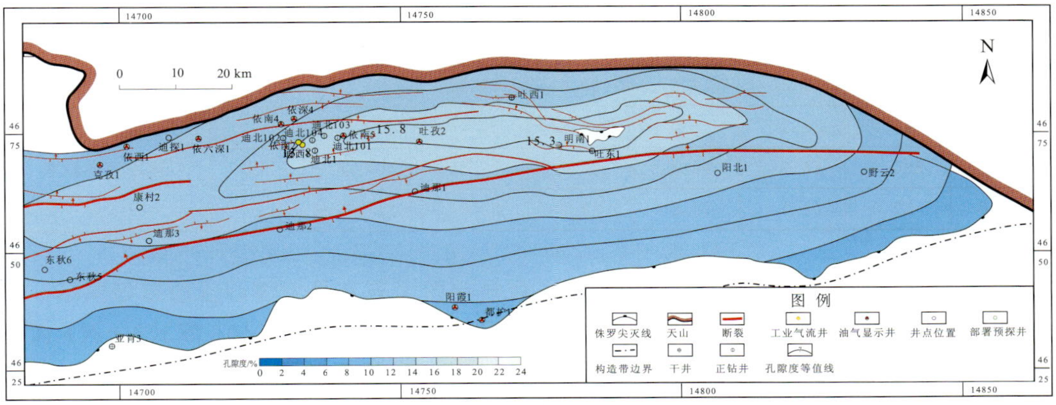

(b) 12Ma

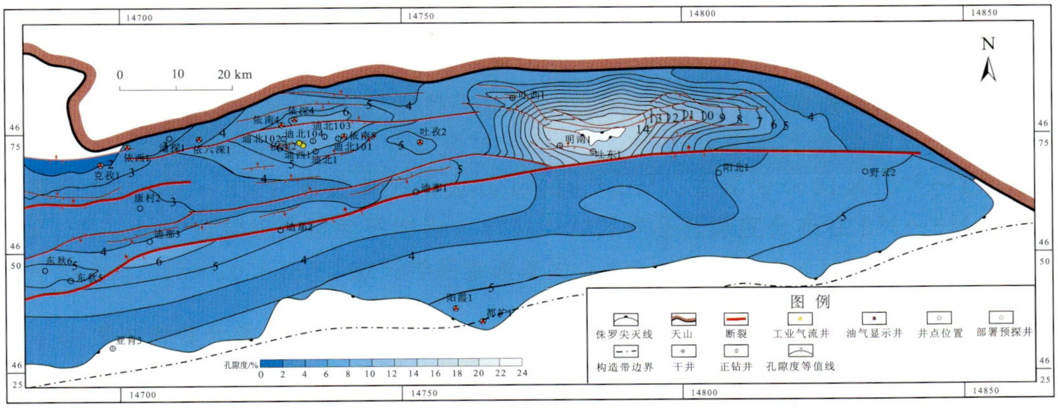

(c) 5Ma

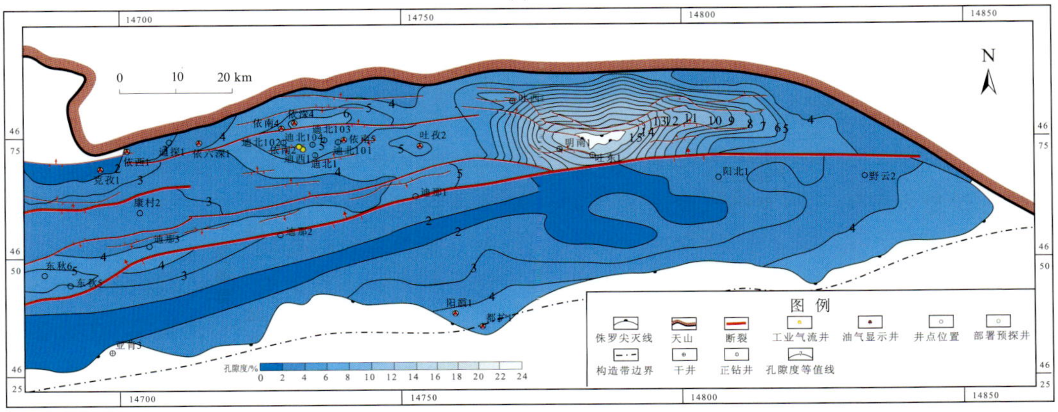

(d) 2Ma

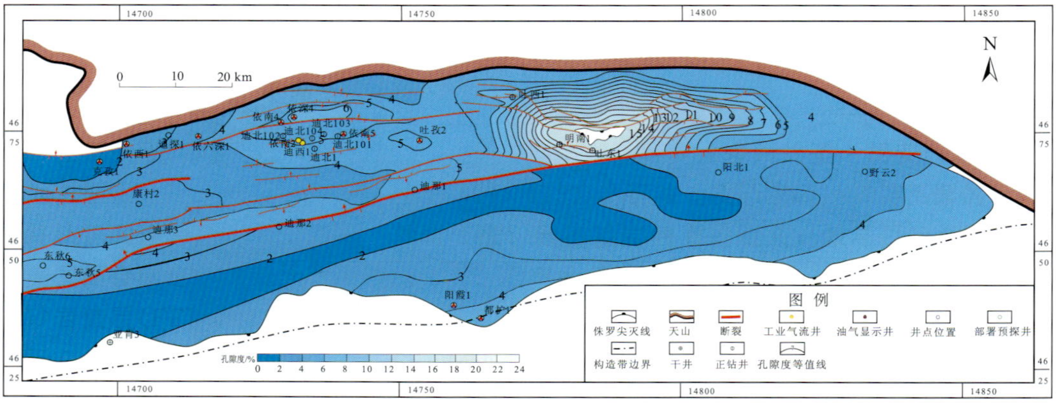

(e) 现今

图 2-38 库车坳陷东部侏罗系阳霞组孔隙度平面分布图

4. 白垩系物性演化

23Ma 前，库车坳陷东部地区缓慢沉降，构造较为稳定，基本不发育断层。受天山的构造挤压作用影响，北部单斜带及依奇克里克构造带北部物性较差，白垩系孔隙度最低可以达到 23%；向南至依奇克里克构造带南部、秋里塔格构造带东部以及阳霞凹陷北部一带物性变好，孔隙度最大可以达到 27%；阳霞凹陷南部物性又变差，孔隙度最低为 23%(图 2-39(a))。

23Ma 以来，库车坳陷东部地区快速沉降。12Ma 时，库车坳陷东部地区白垩系储层物性总体上具有自北向南由差变好的特点，北部单斜带及依奇克里克构造带物性较差，孔隙度最低可以达到 13%；向南至依奇克里克构造带南部、秋里塔格构造带东部，以及阳霞凹陷北部物性变好，孔隙度主要为 15%～19%；南部部分地区物性较好，孔隙度可达 21%(图 2-39(b))。

5Ma 时，由于受到强烈构造挤压作用的影响，发育了大量断层，物性分布与断层分布密切相关。北部单斜带及依奇克里克构造带北部物性较差，孔隙度基本小于 13%，最小可以达到 9%；向南物性变好，依奇克里克构造带南部、秋里塔格构造带东部，以及阳霞凹陷北部孔隙度主要为 9%～12%；自阳霞凹陷北部向南物性变差，最小可以小于 9%(图 2-39(c))。

2Ma 以后，物性进一步变差，其中北部单斜带及依奇克里克构造带北部物性较差，孔隙度基本小于 10%，最小可以达到 6%；向东南物性变好，依奇克里克构造带南部、秋里塔格构造带东部，以及阳霞凹陷北部孔隙度主要为 8%～14%；自阳霞凹陷北部向南物性变差，最小可以小于 5%(图 2-39(d))。

现今库车坳陷东部地区白垩系储层主要为致密储层，只有明南断块和部分迪北地区储层物性较好，可以达到 12%～14%。受强烈的构造挤压应力影响，北部单斜带及依奇克里克构造带北部物性较差，孔隙度基本小于 10%，最小可以达到 6%；向南构造应力变小，物性变好，依奇克里克构造带南部、秋里塔格构造带东部，以及阳霞凹陷北部孔隙度主要为6%～14%；迪那地区的少量背斜埋藏较浅，物性较好，可达7%；自阳霞凹陷北部向南物性变差，最小可以小于5%(图2-39(e))。

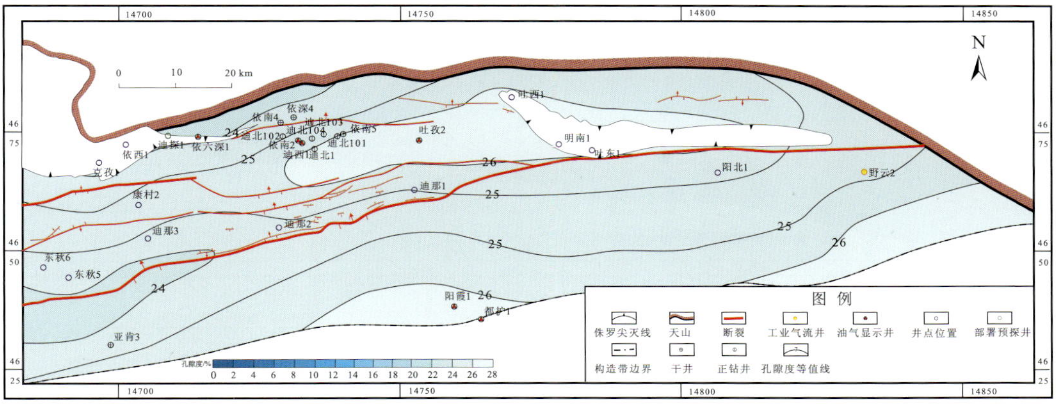

(a) 23Ma

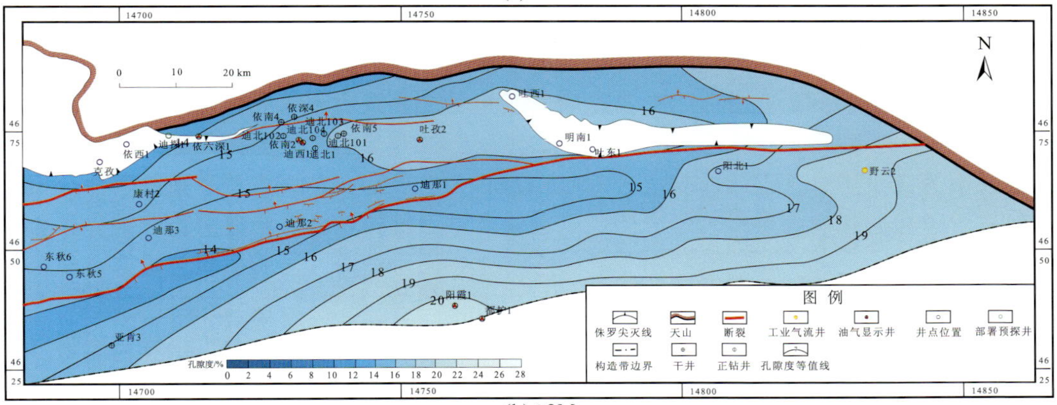

(b) 12Ma

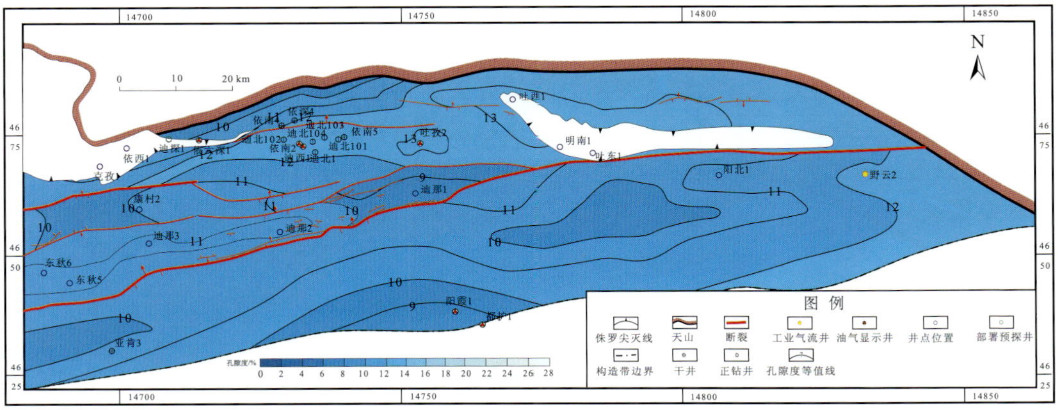

(c) 5Ma

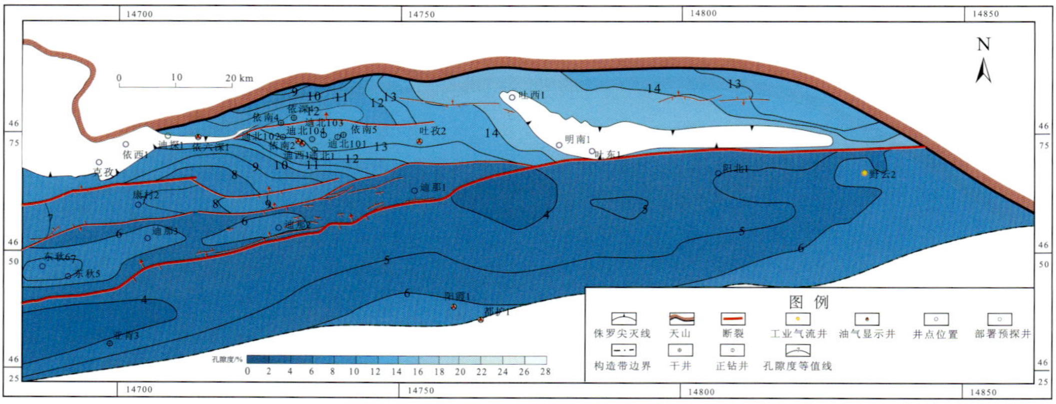

(d) 2Ma

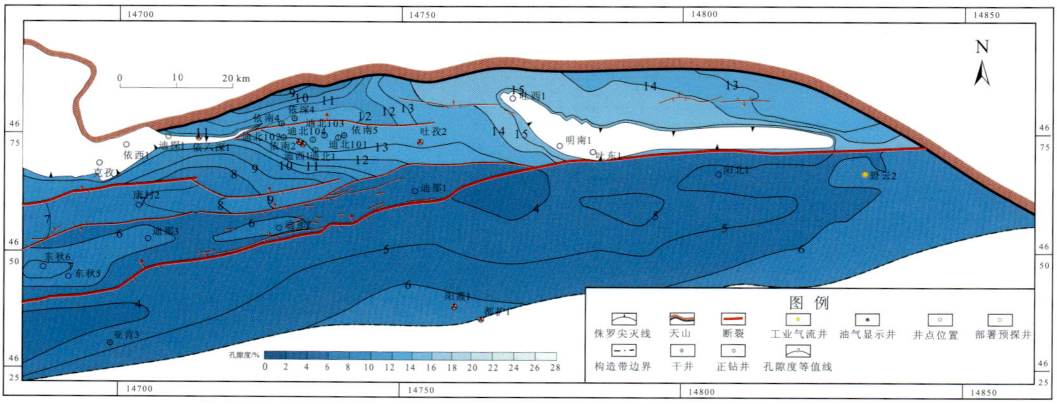

(e) 现今

图 2-39 库车拗陷东部白垩系孔隙度平面分布图

5. 储层定量评价

库车拗陷东部地区下侏罗统阿合组储层普遍致密，除明南地区孔隙度可达16%外，其他地区储层孔隙度为4%～10%，属于致密储层。总体来看，受构造挤压作用及沉积作用影响，储层物性自北向南表现为变好再变差的趋势。受南天山强烈的构造挤压影响，北部单斜带及依奇克里克构造带北部物性较差，尤其是克孜-依西地区，储层孔隙度仅为1%～4%；向南至依奇克里克构造带南部、秋里塔格构造带东部，以及阳霞凹陷北部一带物性变好，储层孔隙度主要为4%～8%，其中，迪北地区断层附近及明南东部地区储层物性较好；阳霞凹陷南部沉积物粒度较细，物性变差，除局部地区物性较好可达4%～5%外，其他地区孔隙度皆较小，分布在1%～4%。阿合组储层孔隙以次生溶蚀孔隙为主，原生孔隙基本较少，储层喉道以片状、弯片状及管束状喉道为主，压实作用较为强烈，粒间杂基含量较高。Ⅱ_1、Ⅱ_2及Ⅱ_3类储层是有利的致密砂岩气发育储层，主要位于依奇克里克以南，阳霞凹陷北部及明南断块以东地区(图2-40(a))。

库车坳陷东部地区下侏罗统阳霞组储层物性分布与阿合组类似，储层物性总体上比阿合组低 0.5%～2%，且阳霞组煤层较为发育，地层水酸性较大，溶蚀孔隙及溶蚀缝较阿合组更发育(图 2-40(b))。

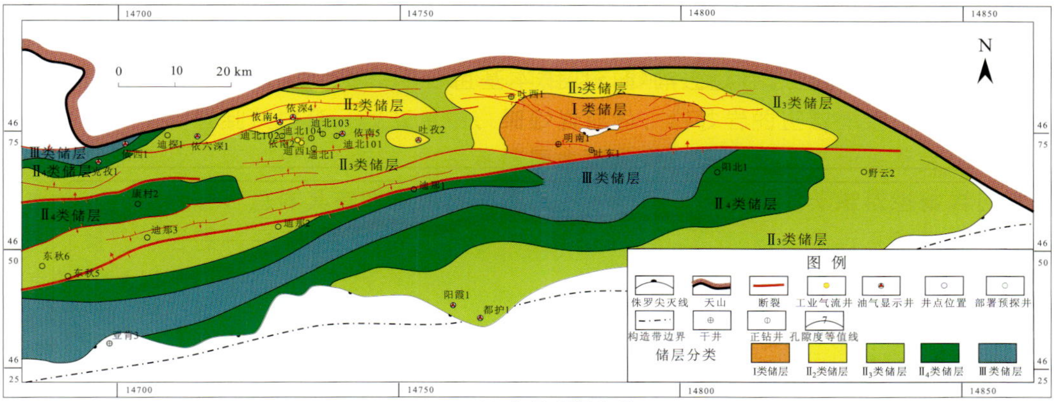

(a) 侏罗系阿合组

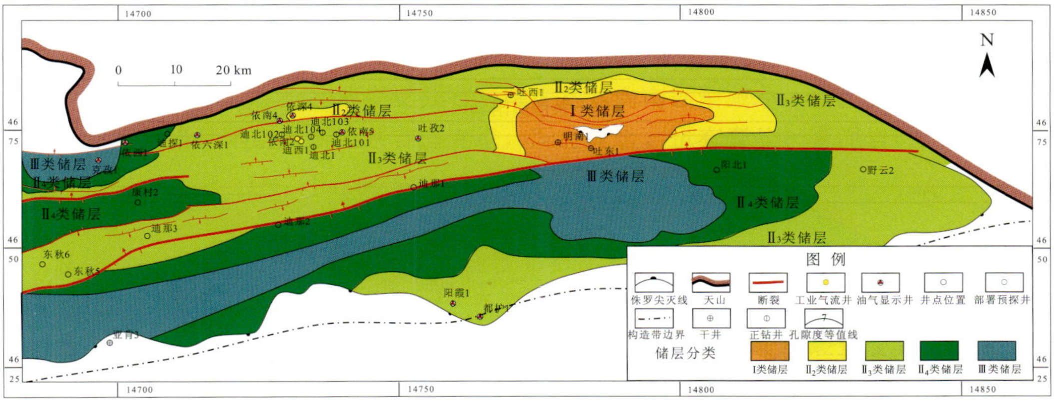

(b) 侏罗系阳霞组

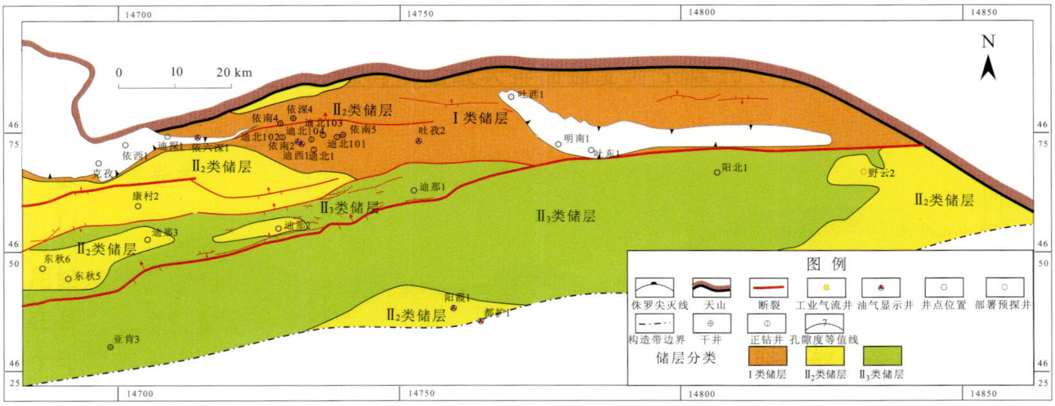

(c) 白垩系

图 2-40 库车坳陷东部各层系储层分类评价图

库车坳陷东部地区白垩系储层部分致密，明南地区及依奇克里克构造带局部地区储层孔隙度大于10%，其他地区储层孔隙度基本小于10%。总体来看，受构造挤压作用和沉积作用影响，储层物性自北向南物性由差—好—差—好。北部单斜带及依奇克里克构造带北部物性较差，一般小于8%；依奇克里克构造带中部及明南地区东部储层物性变好，孔隙度为8%～14%，这是由于构造应力减弱且埋深较浅所造成的；向南到阳霞凹陷储层物性又变差，孔隙度为5%～7%；到研究区最南部由于南部物源的影响，粒度较粗，埋深较浅且构造应力较小，因此储层物性变好，孔隙度可达7%以上。Ⅰ类储层为常规储层，位于明南地区及依奇克里克构造带局部地区；$Ⅱ_1$、$Ⅱ_2$及$Ⅱ_3$类储层是有利的致密砂岩气发育储层，主要位于依奇克里克构造带西北部及阳霞凹陷东南部地区（图2-40(c)）。

第三章 库车拗陷致密砂岩气藏成因机制与成因分类

第一节 库车拗陷致密砂岩气藏分布特征与主控因素

一、烃源灶控制着致密砂岩气藏的形成和分布

烃源岩对油气成藏有明显的控制作用，体现在“油气田环绕生油中心分布，并受生油区的严格控制”。胡朝元(1982)在总结我国大庆油田的形成机制和分布规律时，提出了“成油系统”概念，最终发展成为“源控论”思想。“源控论”是指油藏(田)的形成和分布密切受其供烃的烃源岩制约和控制，成为指导我国陆相沉积盆地石油勘探的重要理论之一，指导我国东部陆相断陷盆地石油勘探取得巨大的成功(胡朝元，1982)。胡朝元(2005)通过对200个地区和成油系统油气运移距离数据的统计分析发现，93.5%的地区或含油气系统其运移距离都小于100km，而运移距离小于70km的比例达到了85%(胡朝元，2005)。庞雄奇等(2003b)通过对我国已发现的73个大中型油气田的油气距离的研究结果表明，大油气田的运移距离一般都不超过50km，油藏与烃源岩灶中心的距离一般都不超过50km(庞雄奇等，2003b)。库车拗陷目前已发现的油气藏均分布在离烃源灶中心距离不超过40km的地区。依据烃源岩在某一成藏期的排油、排气强度中心范围能够预测形成的大中型油气田的最大距离和边界范围，从而为有利的成藏区域预测提供理论指导。

采用油气分布门限的概念确定源控作用下油气分布的最大范围以及不同地区的成藏概率，即含油气盆地内受烃源岩条件的控制，油气能够运移的最大范围(姜福杰，2008)。油气分布门限是基于油气藏分布与烃源岩中心的分布关系，在大量国内外含油气盆地的烃源灶分布与油气藏分布的关系研究基础上提出的。研究表明，烃源灶的三个地质条件控制着油气藏的分布范围，它们分别是烃源灶供油气中心的排烃强度(q_e)、排烃强度中心离成藏区的距离(L)、排烃门限离成藏区的距离(l)。烃源岩排烃强度(q_e)反映了烃源岩排烃特征与油气藏分布的关系，通过油气藏个数与其之间统计关系的分析，建立单因素模型；油气藏到排烃中心的距离(L)表明了油气藏距离排烃中心的远近，此值以排烃中心为原点，越大表明距离排烃中心越远；油气藏到排烃边界的距离(l)的取值以排烃边界为原点，在排烃范围以内取负值，越靠近排烃中心负值越大，在排烃范围以外取正值，越远离排烃边界值越大(图3-1)。

由于不同地区、不同规模、不同类型的盆地中烃源灶的生排烃条件各不相同，为了消除不同地质条件差别的影响，对原始数据进行了标准化处理，在此基础上建立了烃源

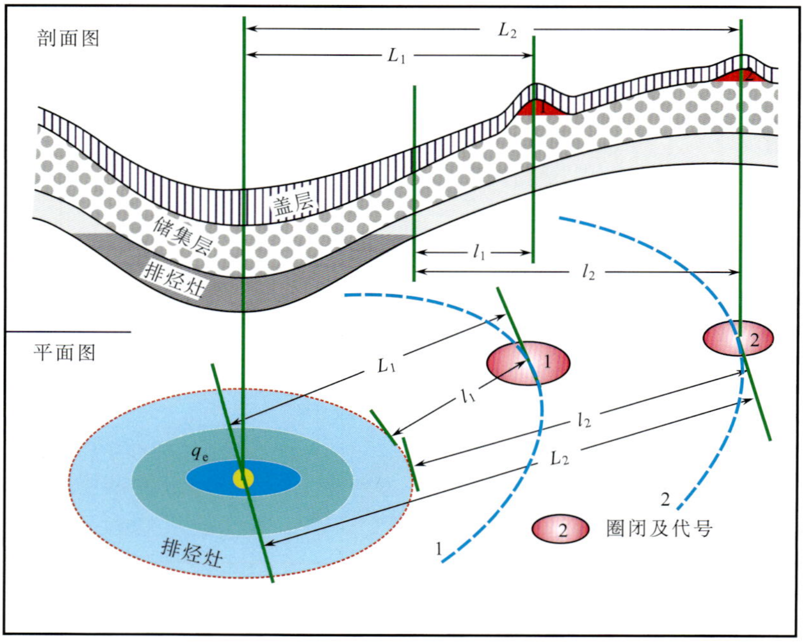

图 3-1 油气分布门限概念模型(姜福杰，2008)

L_i. 第 i 个圈闭到排烃中心的距离(km)；l_i. 第 i 个圈闭到排烃灶边界的距离(km)；q_e. 烃源灶排烃强度(10^4 t/km)

灶周边某一点的成藏概率与上列三个主要控制因素的定量关系模型，然后再合并到一起，建立具有普遍意义的样本空间。处理方法如下：

$$L_{标准化}=L/L_0 \tag{3-1}$$

$$l_{标准化}=l/L_0 \tag{3-2}$$

式中，$L_{标准化}$为标准化后 L 值(无量纲)；$l_{标准化}$为标准化后 l 值(无量纲)；L 为油气藏到排烃中心的实际距离(km)；l 为油气藏到排烃边界的实际距离(km)；L_0为沿着 L 方向，排烃中心到排烃边界的距离(km)。

采用多元非线性的回归，来寻求它们之间的关系。通过最小二乘法原理，利用 SPSS 专业统计软件获得了油气藏分布概率定量模型式(3-3)。拟合程度较高，R^2值达到了 0.8825。

$$F_e=0.046e^{0.12q_e}-0.16\ln L_{标准化}+0.65e^{-8.2357(l_{标准化}+0.1)^2}+0.1345 \tag{3-3}$$

$$R^2=0.8825$$

式中，F_e为某一范围内烃源灶单因素影响下成藏概率；q_e为烃源岩最大排烃强度，10^6 t/km^2。

烃源岩的分布控制了油气排出的最小范围，而油气成藏又受到烃源岩分布的影响，二者存在必然的联系。库车坳陷的烃源灶控制着油气藏的分布，目前发现的油气藏中，距离排烃中心最远 40km，而在排烃边界 20km 以外，就难以发现由库车坳陷有效烃源岩供烃成藏的油气藏了，由此可知，烃源灶对油气藏的成藏起着重要的控制作用。通过统计距离排烃中心不同距离的油气藏的个数，建立了烃源岩的控藏模式。研究表明，对于常规、致密常规气藏而言，距离烃源岩的距离越远，气藏的成藏概率越低(图 3-2)。

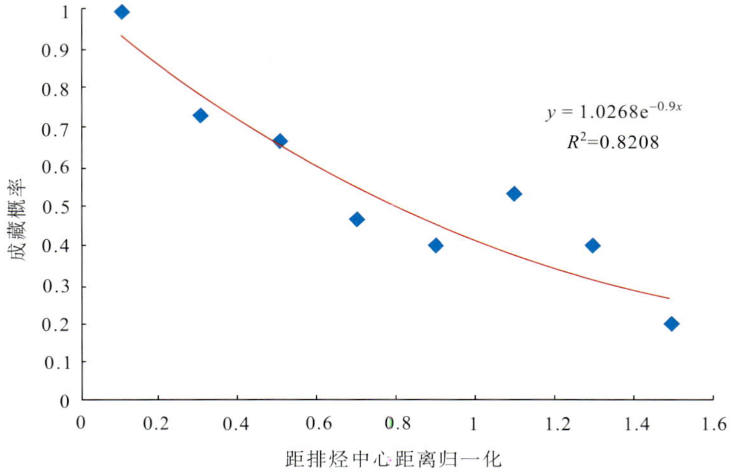

图 3-2 库车拗陷烃源岩控藏概率模式图

利用建立的控藏概率模式，结合烃源岩排烃史，可以获得不同地史时期的烃源岩控藏概率图(图 3-3、图 3-4)。库车拗陷三叠系—侏罗系烃源岩晚期排烃，并持续排烃，现今烃源岩排烃强度较大，烃源岩控制油气成藏范围较大。

二、沉积岩相控制着致密砂岩气藏的形成和分布

沉积相是在一定条件下形成的、能够反映特定的环境或过程的沉积产物。沉积相依据自然地理条件和地貌特征及沉积物综合特征进行划分，并根据各类型相中沉积物的不同特征，确定出相应的沉积亚相和沉积微相。不同沉积相带甚至沉积微相的岩石类型、岩石类型组合及其所经历的成岩作用都不同，因此对油气分布的控制作用也有区别。研究沉积相可以了解沉积盆地的优势储集相带和有利沉积微相带的分布特征及其对油气的控制作用，从而揭示油气的分布规律。世界油气勘探实践证明，盆地各时代的油气形成和分布，严格受到盆地的古沉积条件控制。不同的沉积相，由于其沉积环境的差异，油气储集和保存条件有所不同，因此，研究不同类型沉积相对油气的控制作用，对于预测油气富集区，提高勘探成效具有重要意义。国内外沉积学家在研究沉积体系特征时，对沉积相对油气的控制作用进行了广泛地讨论。

沉积相控制储层的原始沉积组构和成岩演化的趋势。因此，不同的沉积相对油气成藏的控制作用也不同。在库车拗陷，有利于成藏的沉积相是扇三角洲平原和前缘亚相，以及辫状河三角洲沉积相平原和前缘亚相。因此，这四种亚相是有利于成藏的沉积相类型(图 3-5、图 3-6)。

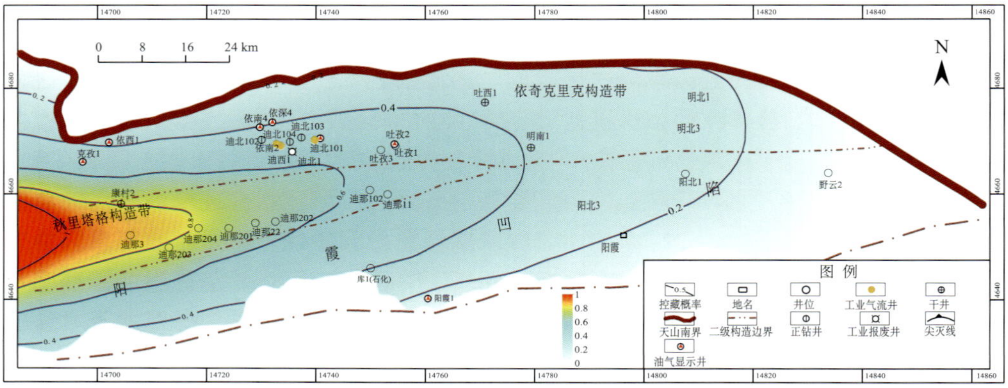

(a) 12Ma

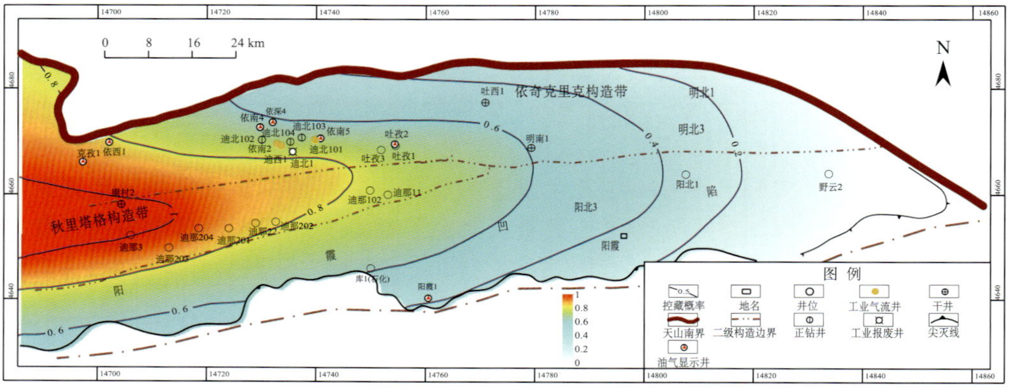

(b) 5Ma

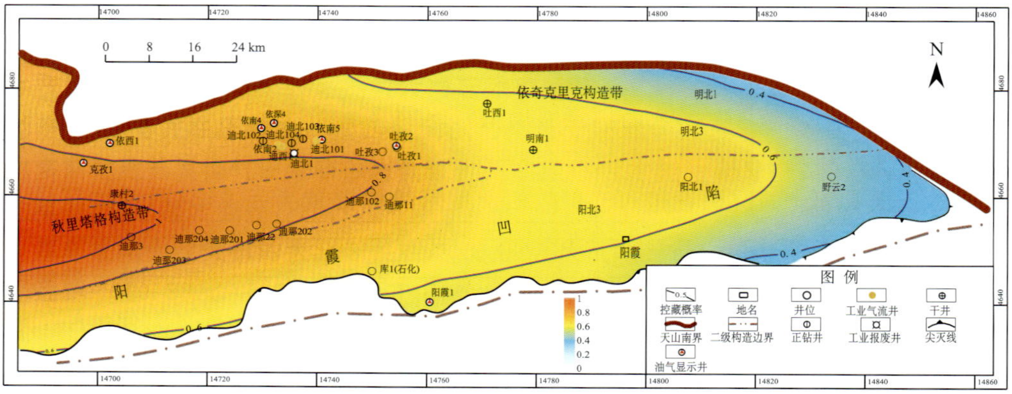

(c) 现今

图 3-3 库车坳陷东部三叠系克拉玛依组—黄山街组烃源灶控藏概率平面图

三、盖层封闭控制着致密储层的形成和分布

有效区域盖层系指分布在目的层之上，能够阻挡油气向上继续运移并在储层中富集

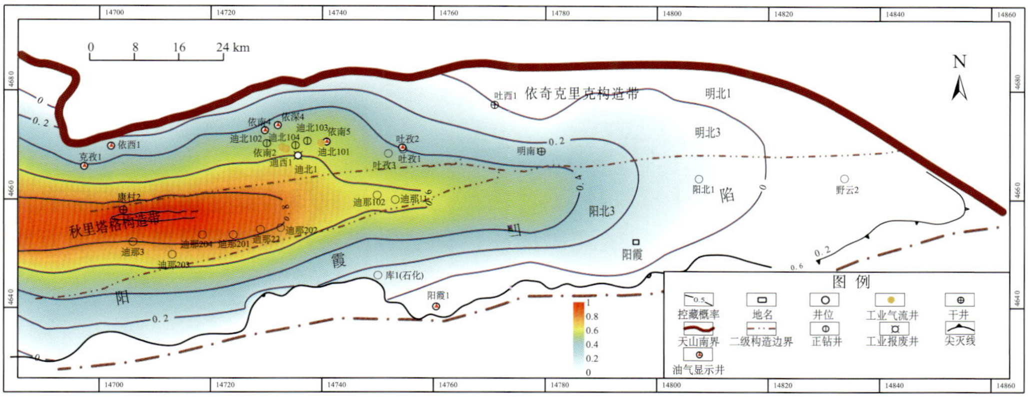

(a) 12Ma

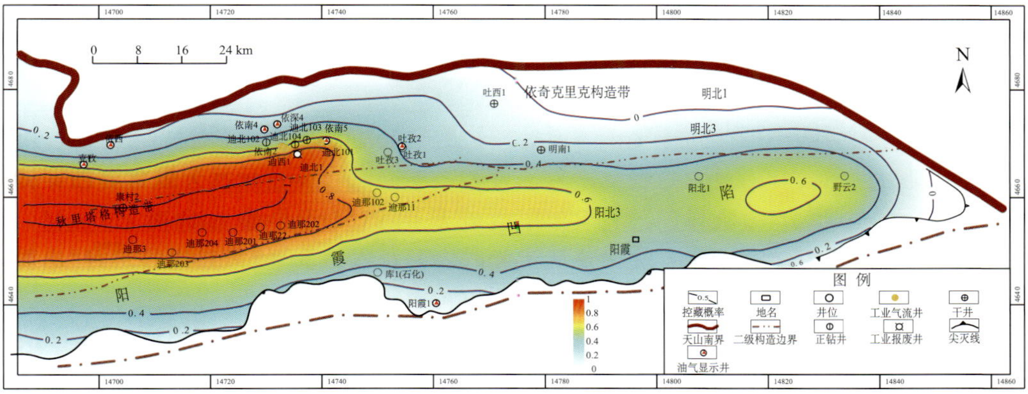

(b) 5Ma

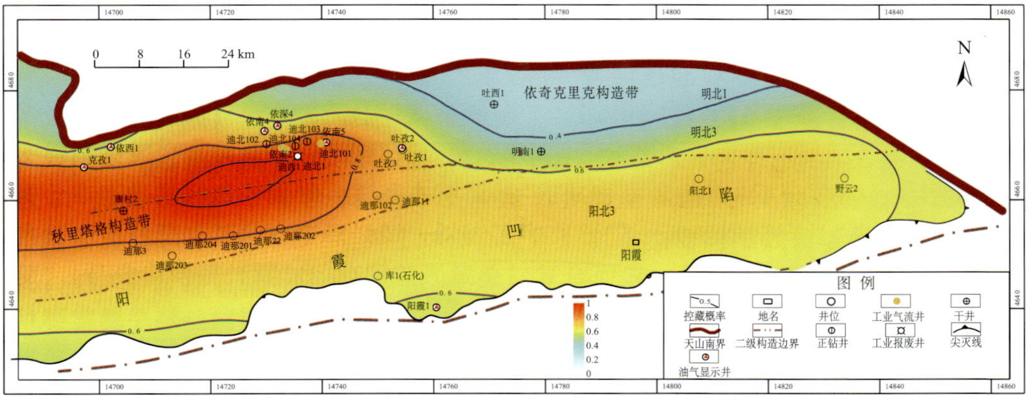

(c) 现今

图 3-4 库车坳陷东部侏罗系阳霞组—克孜勒努尔组烃源灶控藏概率平面图

成藏的非渗透性地层，它们的厚度较大、分布范围较广、可塑性较强。同时，只有在满足盖层厚度大于储层厚度和断距厚度时，油气才能在圈闭中有效聚集，成为有效盖层。世界上已发现的大油气田的形成和分布都与区域性盖层的存在密切相关。厚层泥岩是形

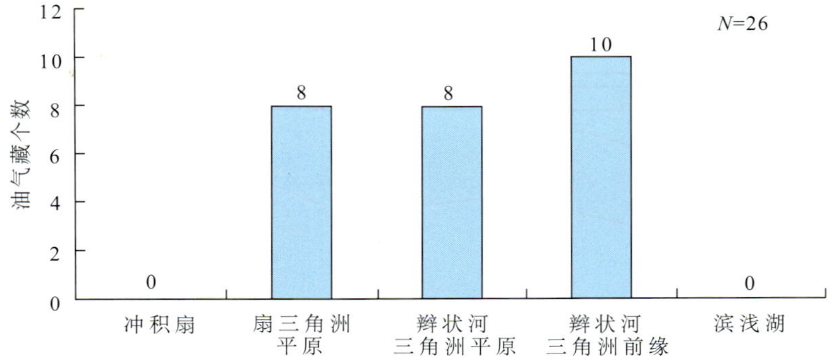

图 3-5　库车坳陷沉积相控油气作用统计图

成大油气田最普遍的区域盖层，欠压实泥岩层是形成大油气田最有效的区域性盖层，岩盐和膏盐是形成大油气田最严密的区域性盖层。

从油气藏形成和保护的角度考虑，有效区域盖层的大范围连续稳定分布对油气藏具有重要的保护作用，其形成和发育决定着油气藏的平面分布。油气若要聚集成藏，储集层或圈闭上面必须具有有效盖层，只有盖层面积大于油气藏的分布范围才能形成有效封闭，并且盖层的范围越大，越有利于形成大油气藏。相反，如果盖层连续性不好或者在某处盖层缺失，即使具有再好的储层或圈闭，也很难成藏。

前人的大量研究成果表明：区域盖层封盖油气作用的强弱主要受区域盖层的厚度、异常孔隙流体压力和断层封闭性等因素的控制(付广等，1995)。在研究程度较高、资料充分的地区，只要优选出对盖层封盖油气作用影响较大的因素，并建立相应的评价标准，就可以较为客观地评价出盖层的封盖性能。但是，在研究程度相对较低的地区，要想较为客观的评价盖层的封闭性能，就必须优选出最能代表盖层封闭能力且容易获取资料的主要因素，从宏观的角度整体对区域性盖层的封闭性能进行评价。

因此，在盖层平面分布图的基础上，建立盖层控藏概率数学模型。式(3-4)为新近系膏盐岩盖层控藏数学模型：

$$P=\begin{cases}0.4779\ln h-2.1271, & 0\leqslant h\leqslant 700\text{m}\\ 1, & h>700\text{m}\end{cases} \tag{3-4}$$

式中，h 为盖层的厚度(m)；P 为盖层的控藏概率。

从数学模型中可以看出，盖层的厚度越大，越有利于天然气的聚集成藏。当盖层达到一定厚度，盖层对天然气的封盖作用保持不变，并在此基础上得到了新近系、侏罗系克孜勒努尔组、阳霞组直接盖层控藏概率分布图(图 3-7)。

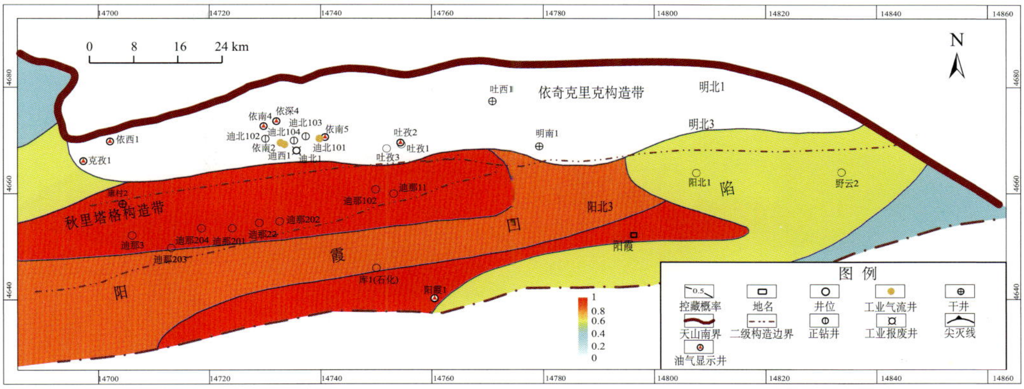

(a) 白垩系

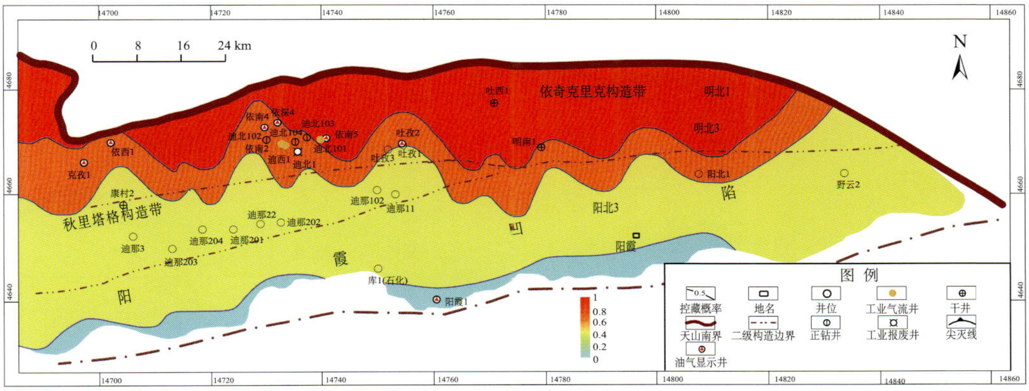

(b) 侏罗系阿合组

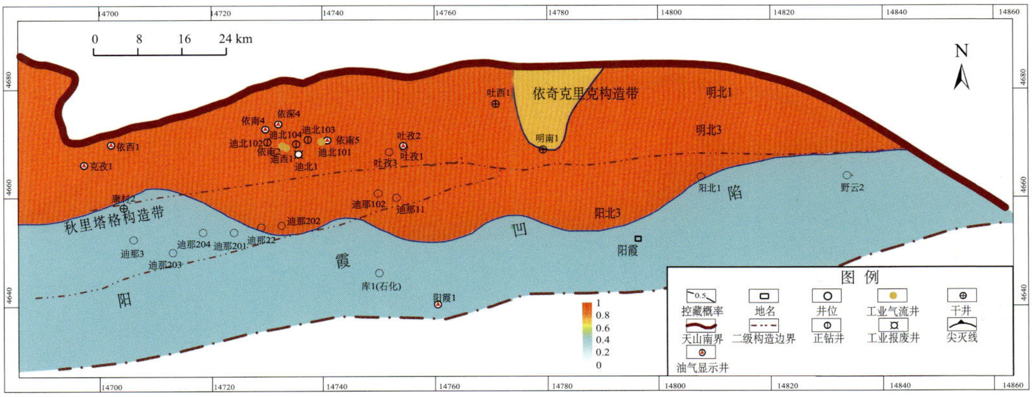

(c) 侏罗系阳霞组

图 3-6 库车拗陷不同层系沉积相控藏概率图

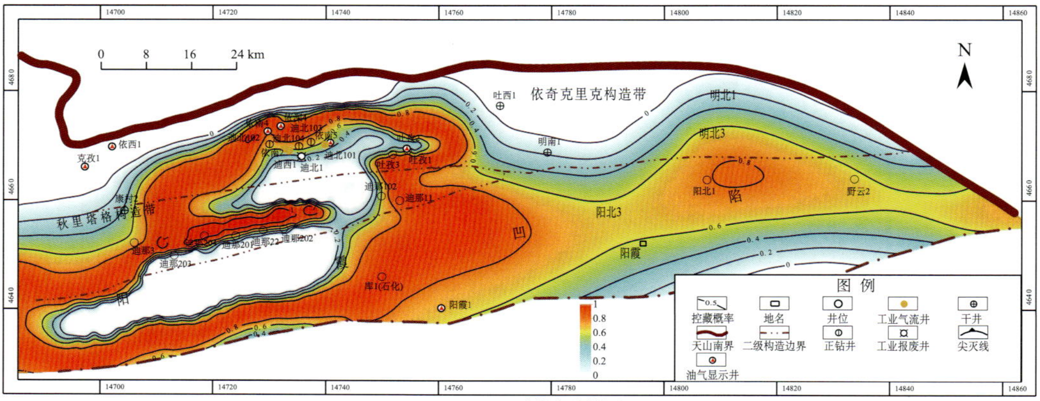

(a) 新近系盖层

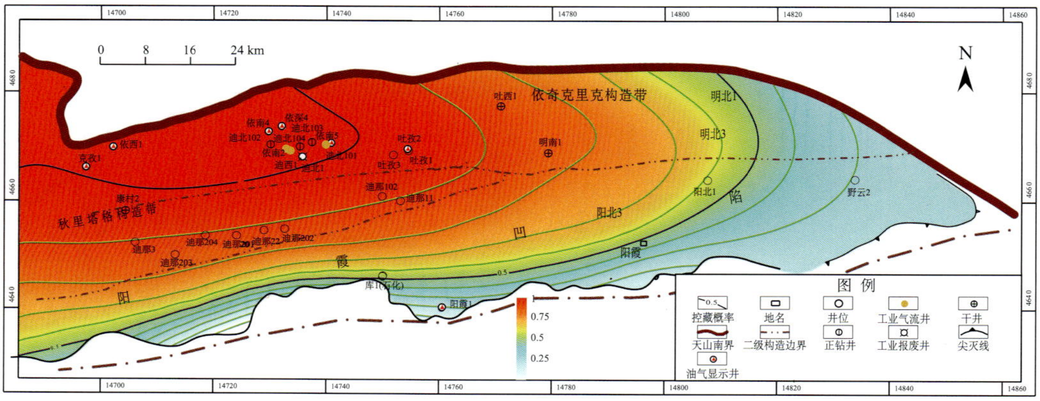

(b) 侏罗系阳霞组盖层

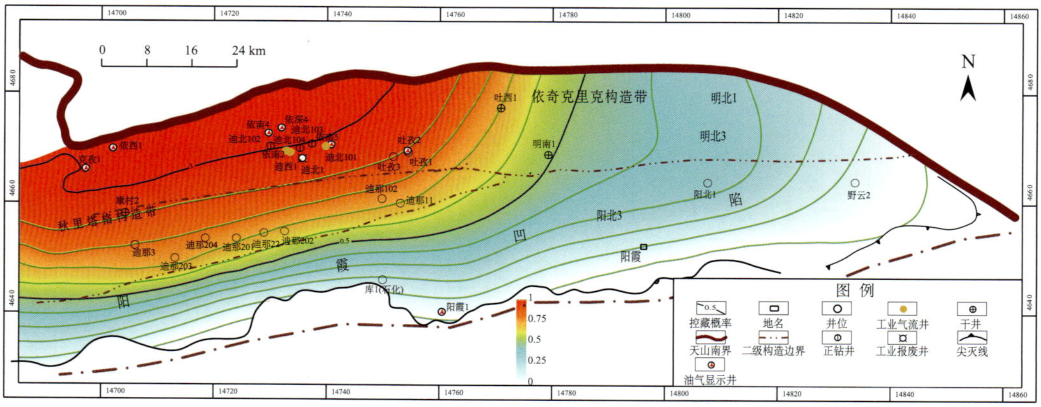

(c) 侏罗系克孜勒努尔组盖层

图 3-7 库车拗陷东部地区不同层系盖层控藏概率分布图

四、古隆起控制着致密砂岩气藏的形成和分布

古隆起是地质历史过程中存在的正向构造单元，它是盆地油气主要的富集场所之一，是油气运移的指向和聚集的场所，控制了油气运移动力和分布范围。盆地内部的古隆起是油气运移最有利的指向区，目前国内外发现的油气藏，除致密深盆油气藏外，其形成和分布都与古隆起有关(庞雄奇等，2012)。构造油气藏一般发育在古隆起的顶部或上方，地层油气藏一般发育在离烃源灶较近一侧的古隆起的围斜中部或上部，岩性油气藏一般发育在离烃源灶较近一侧的古隆起的围斜中部或下部。世界上大型油气田的形成与发育都与古隆起的背景有关，如英国北海油田、美国东得克萨斯油田和中国大庆油田等。

我国塔里木盆地台盆区的油气藏绝大多数油气田分布在塔中、塔北、巴楚三大古隆起上，准噶尔盆地大部分油气藏分布于盆地陆梁隆起部位。因此，在油源充足条件下，古隆起越大，油气分布的范围与数量可能就越大。但是需要指出的是，是成藏期的隆起而不是现在存在的隆起控制着油气的分布范围。目前，有的油气藏的油气分布可能与现今隆起的关系不太明显，可能是由于构造演化使原始隆起发生迁移或者消失。在这种情况下，需要研究油气成藏史，恢复成藏期的古隆起特征，才能更好地研究油气藏与古隆起的关系。因此，搞清了古隆起的形成和分布发育特征就可以大致预测油气藏的可能分布范围。

古隆起控制着油气的成藏模式，具有“两类八种”控藏模式(图 3-8)。古隆起周边发育披覆背斜类、断块类油气藏、地层类油气藏、岩性类油气藏，古隆起潜山内部形成不整合面油气藏、礁滩体油气藏、溶洞类油气藏、裂缝类油气藏(庞雄奇等，2012)。

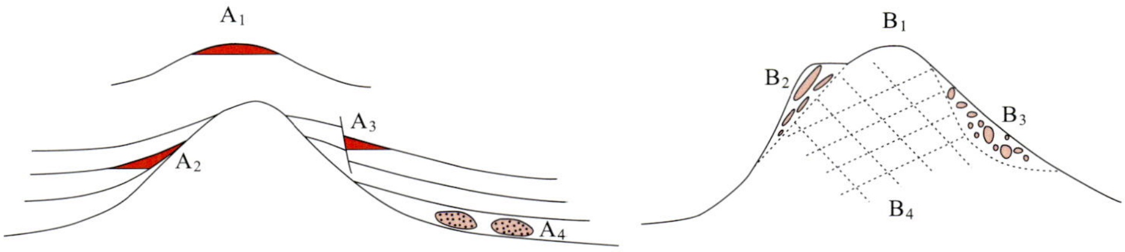

(a) 古隆起控油气作用模式
(不整合面上覆地层)

(b) 古隆起控油气作用模式
(不整合面下伏地层)

图 3-8 塔里木盆地古隆起控藏模式图(庞雄奇等，2012)

A_1. 披覆构造油气藏；A_2. 超覆地层油气藏；A_3. 断块类油气藏；A_4. 浊积砂体岩性油气藏；B_1. 构造高点风化壳油气藏；B_2. 礁滩体油气藏；B_3. 溶洞类油气藏；B_4. 内幕裂缝类油气藏

在实际工作过程中，遇到的古隆起大小不一。为了方便对不同规模的古隆起的控油气作用进行统计分析和处理，本书按照以下方法对古隆起进行了归一化处理。即把古隆起的顶点定为原点，取值为 0；把古隆起延伸到拗陷内的底界定为 1。古隆起控制下的油气藏就分布在 0～1 的区域。为讨论问题方便，可以根据归一化处理后的数值大小将古隆起划分出不同的单元，如将 0～0.25 段定为坡顶，0.25～0.50 定为坡上，0.50～0.75 定为坡下，0.75～1.00 定为坡脚(图 3-9)。

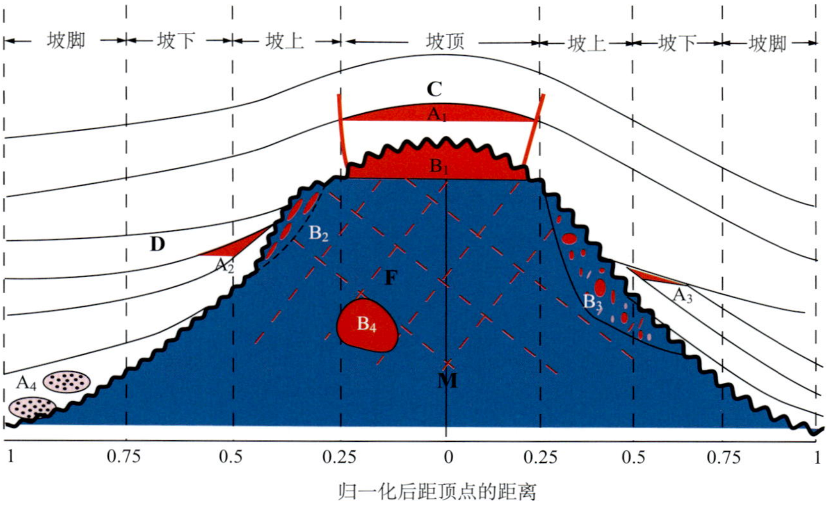

图 3-9 古隆起归一化处理后地质单元划分示意图(庞雄奇等，2011a)

A_1. 披覆构造油气藏；A_2. 超覆地层油气藏；A_3. 断块类油气藏；A_4. 浊积砂体岩性油气藏；B_1. 构造高点风化壳油气藏；B_2. 礁滩体油气藏；B_3. 溶洞类油气藏；B_4. 内幕裂缝类油气藏

通过统计古隆起不同地段已发现的油气藏个数和储量确定它们的控藏概率。对古隆起单因素作用控藏概率进行统计分析时坚持两个原则，第一要尽量选择比较稳定的继承性的古隆起，就是说古隆起现今还存在并可辨识；第二要尽量选择在古隆起背景下晚期形成的大中型油气藏进行统计，这样的油气藏经历构造变动次数少，油气藏调整、改造和破坏作用比较弱。库车坳陷目前发现的油气藏中，除了迪北气藏不受隆起控制以外，其他气藏均在隆起范围内发育。造成这一现象的原因为，常规储层条件下，油气通过横向或者纵向的运移通道向构造高点运移，油气在古隆起或现今隆起的控制之下聚集成藏，古隆起坡顶位置利于形成构造类油气藏(图 3-10)。

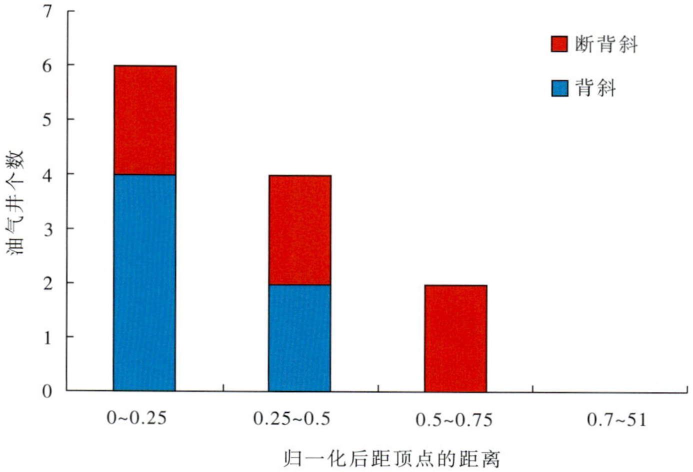

图 3-10 库车坳陷古隆起控油气作用统计图

利用油气井距隆起顶端的距离及油气井的个数，建立库车坳陷古隆起控藏概率模型，并利用此模型结合不同层位古隆起演化，可得到关键地史时期古隆起控藏概率平面分布图(图 3-11～图 3-13)。

$$P = -0.452\ln l - 0.0175, \qquad R^2 = 0.9827 \tag{3-5}$$

式中，l 为油气井距隆起顶端的距离(m)；P 为古隆起的控藏概率。

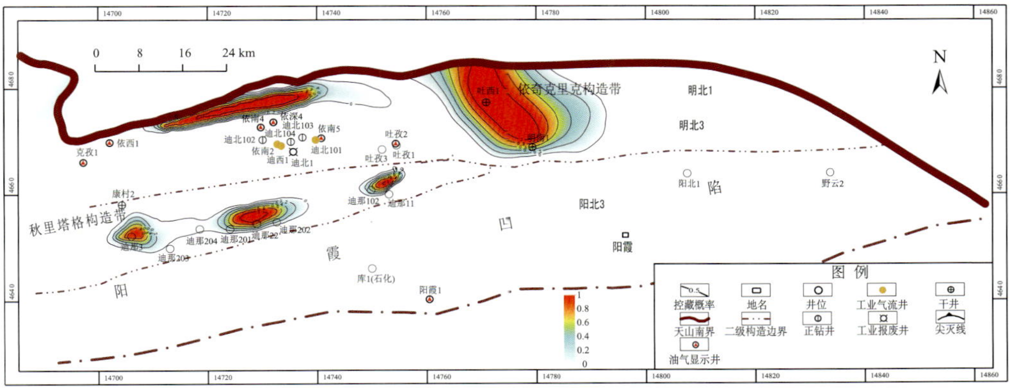

(a) 12Ma

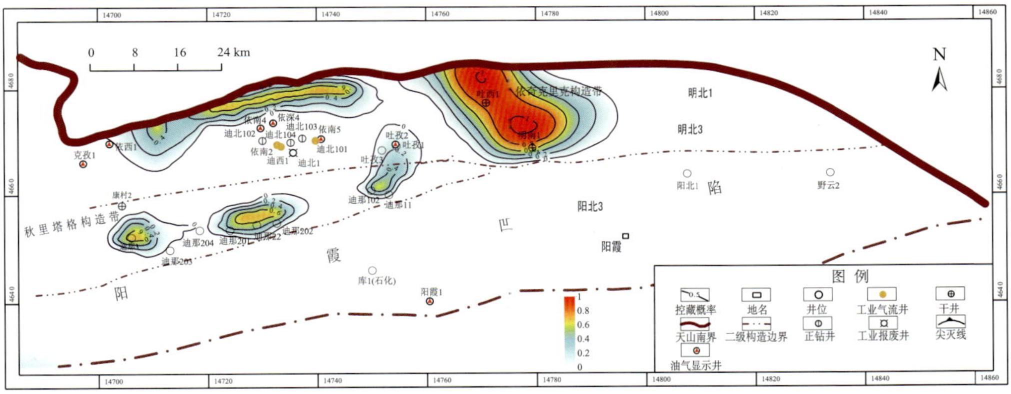

(b) 5Ma

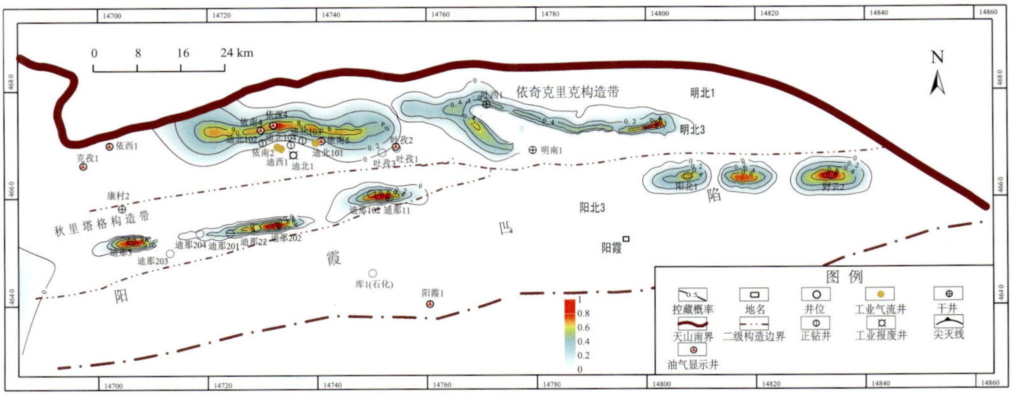

(c) 现今

图 3-11 库车坳陷东部白垩系古隆起控藏概率模式图

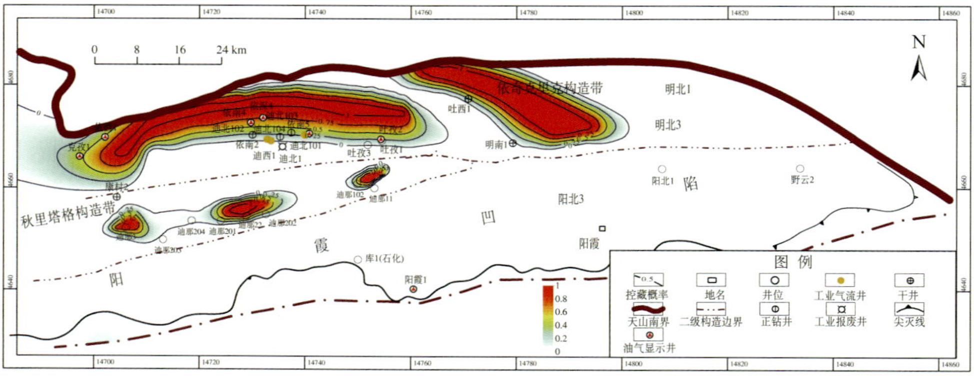

(a) 12Ma

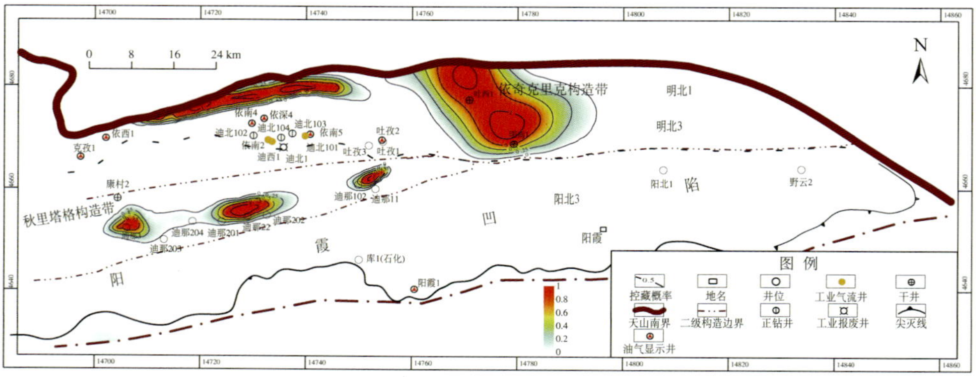

(b) 2Ma

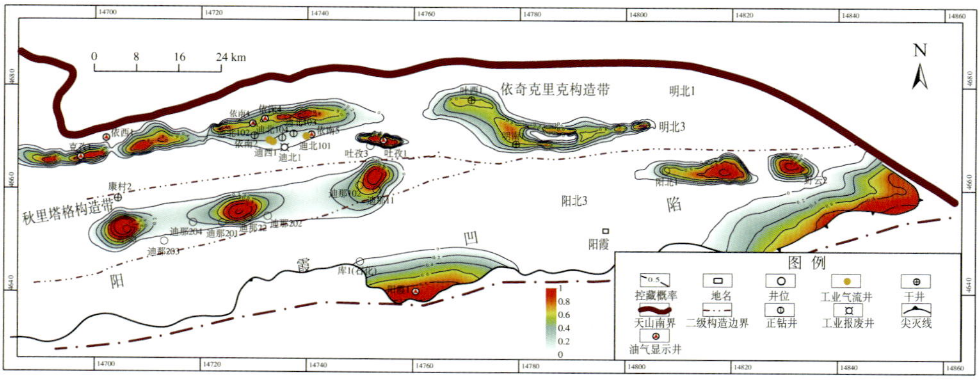

(c) 现今

图 3-12 库车坳陷东部侏罗系阳霞组古隆起控藏概率模式图

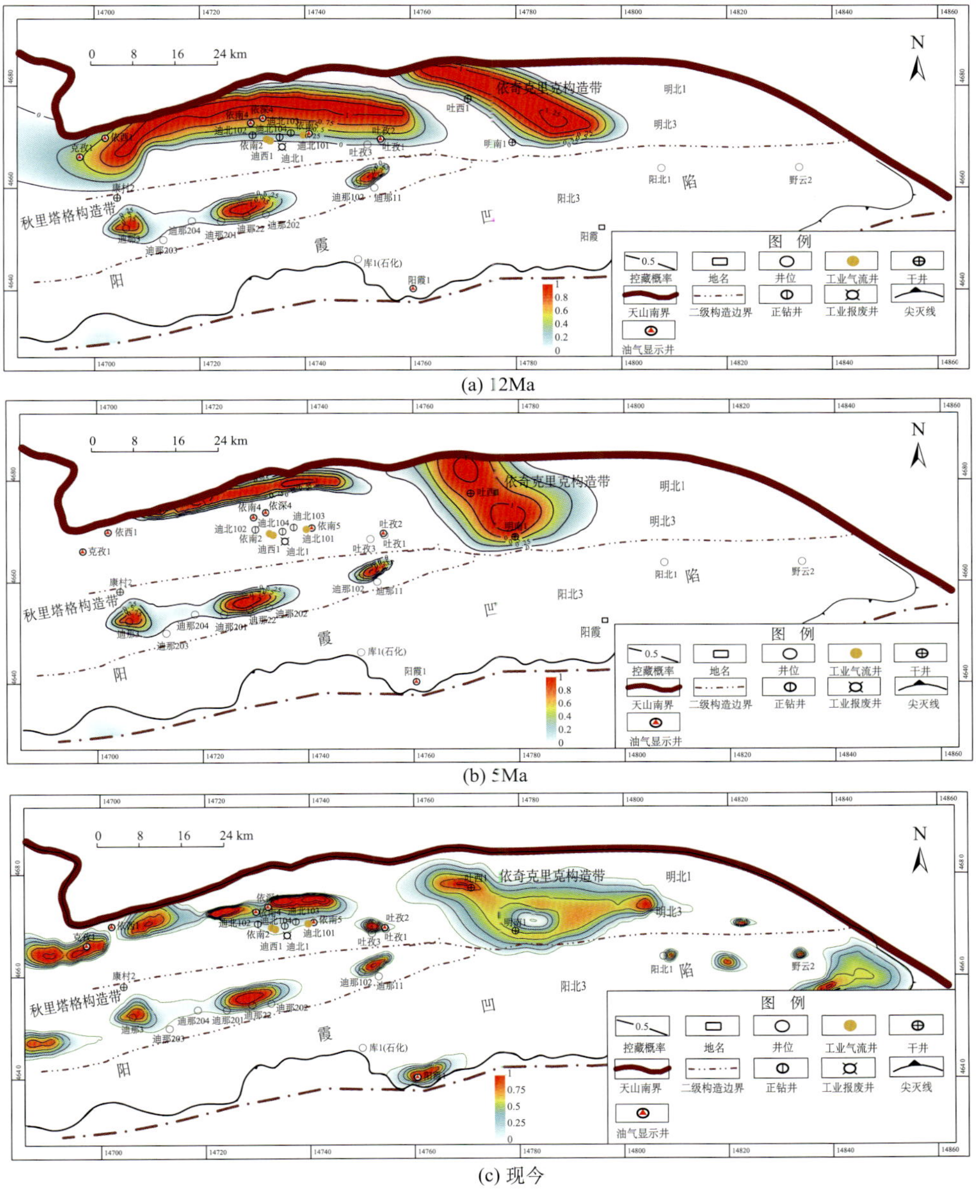

图 3-13 库车拗陷东部侏罗系河合组古隆起控藏概率模式图

五、断裂带控制着致密砂岩气藏的形成和分布

库车拗陷的形成与分布受断裂的控制，油气藏的形成与分布大多也与断裂有密切关系。断裂对大多数油气藏的形成与分布有重要的控制作用，其基本模式表现为近断裂油气藏圈闭含油气性好，油气产量高，随着远离断裂，圈闭的含油气性逐渐变差。

断裂在油气藏形成过程中起到运移通道的作用，近年来的研究表明，超压体系内流体的运移和释放随着断裂系统的幕式开启而呈幕式突破。深部烃源岩生成的油气往往具有异常高的地层压力，流体在顺断裂带向上运移的过程中往往伴随着以压力为主的能量释放，能量释放后的油气则一般沿断裂输导体系分布，表现出地层压力沿着错综复杂的断层得以释放，形成许多相对低压的泄压带，成为油气有利的聚集带。离断裂带越近，圈闭的含油气性越好。

断裂在油气藏形成过程中起到改善储层的作用，库车坳陷经历了多期构造变形作用，发育了多期的深大断裂并形成了裂缝系统，裂缝的发育程度与开启性对油气藏储层孔渗性能的改善起到了至关重要的作用。

库车坳陷发育与边界山系走向一致的逆冲断裂系，与山前的密集线性褶皱伴生，它们是喜马拉雅期天山和昆仑山系造山运动的产物，受边界断裂控制，同时也控制了山前构造的发育。库车坳陷断裂发育对油气成藏具有重要控制作用，若无断裂，油气无法运移；若有断裂，断裂发育层位、封闭能力决定油气能否成藏保存(图 3-14)。因此，断裂对于对库车坳陷油气藏的分布具有重要控制作用，目前已发现的油气藏大多分布在断裂带附近(图 3-15)。

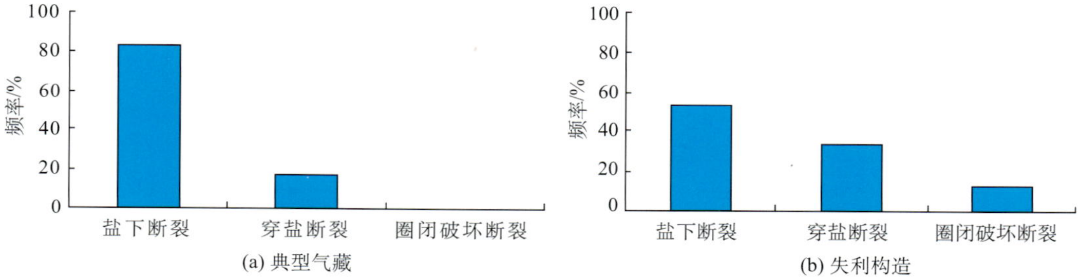

图 3-14　库车坳陷典型气藏和失利构造断裂发育特征统计图

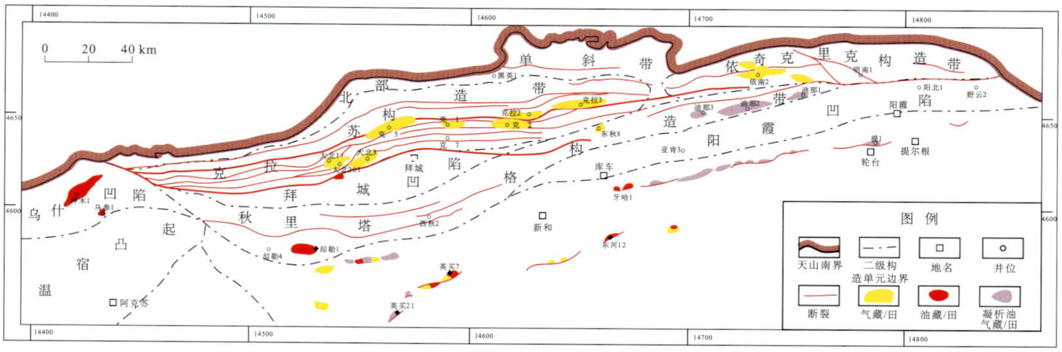

图 3-15　库车坳陷断裂与油气藏分布叠合图

六、构造稳定性控制着致密砂岩气藏的形成和分布

致密深盆气藏的形成需要平稳的构造环境，这对致密深盆气藏的形成和保存具有十

分重要的意义。构造平稳带是指地层构造活动弱，地层倾角一般小于 15°的缓坡或者凹陷带，或者具有严密有效封盖层的断裂带。具体主要表现在四方面：第一，在平稳的构造环境下，才能孕育有利于大量天然气形成和排运的煤系地层；第二，研究区只有在平稳的构造环境下，才能保障沉积砂体大面积分布；第三，致密深盆气藏形成后的大规模断裂与抬升作用会导致气藏中的天然气向浅部运移，而破坏气藏，因此在无顶部盖层而仅靠力平衡封闭的致密深盆气藏不能发育在构造活动过于强烈的环境中；第四，若在储层顶部发育良好盖层，且盖层范围内断层断距小于盖层厚度，断层输导性则仅限于活动时期。相对于漫长的地质历史过程，调整只是短暂的、局部的，且无破坏，该情况下也可形成致密深盆气藏。例如，加拿大阿尔伯达盆地前寒武纪至中生代的所有地层，长期处于稳定环境下，地层分布广泛，岩相均一，虽然构造活动使局部地层发生抬升，但构造平稳带分布广泛，有利于特大规模的致密深盆气藏形成(王涛，2002)。国内的鄂尔多斯盆地是由古生代和中新生代内陆拗陷叠合而成的克拉通盆地，沉积地层稳定，广泛分布于盆地大面积的范围内，盆地主体几乎无断层，是典型的稳定构造环境构成的构造平稳带(袁政文等，1996)(图 3-16)。

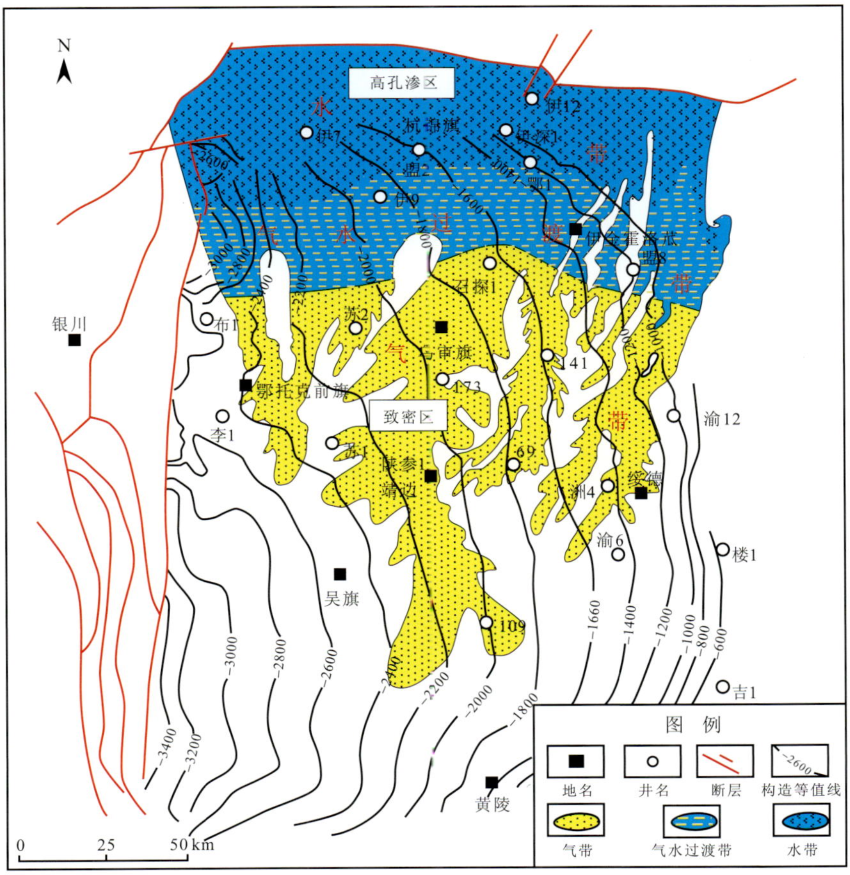

图 3-16 鄂尔多斯盆地下二叠统山 2 段气水分布图(王涛，2002)

关于构造带在致密深盆气藏形成过程中的作用，王涛(2002)曾经将致密深盆气藏形成的构造条件描述为：地层倾角小于15°，未发育通天断层，但可以发育早期断层的稳定构造带，这里将完全错断储层的断裂带排除在外。实际情况中，区域盖层情况下断裂带对致密深盆气藏的形成具有控制作用。因此，针对库车坳陷的地质条件，构造平稳带除稳定构造带外，还应包括区域性盖层所覆盖的范围。库车坳陷发育有稳定且封盖性能极强的古近系膏盐岩、泥岩区域盖层。虽然库车坳陷断裂非常发育，但区域盖层的存在使未切穿区域盖层的断层在活动的时候起到二级膨胀带的作用。仅对致密深盆气藏的充注方式进行调整，对气藏的形成无破坏性影响。因此，构造平稳带不仅包括传统的坳陷和斜坡部位，还包括部分被有效封盖的冲断带。

库车坳陷古近系区域盖层是白垩系巴什基奇克组砂岩储层、侏罗系阿合组和阳霞组的良好盖层，若被断层完全错断而破坏，早期气藏内的天然气则沿断裂向上运移，并在浅部圈闭中成藏；若未被断层完全错断则可保持纵向封闭性，限制断层的输导，使其成为二级膨胀带。因此，库车坳陷致密深盆气藏的构造平稳带所包含的范围是构造稳定带与断层未完全错断的古近系盖层分布的范围(图3-17)。

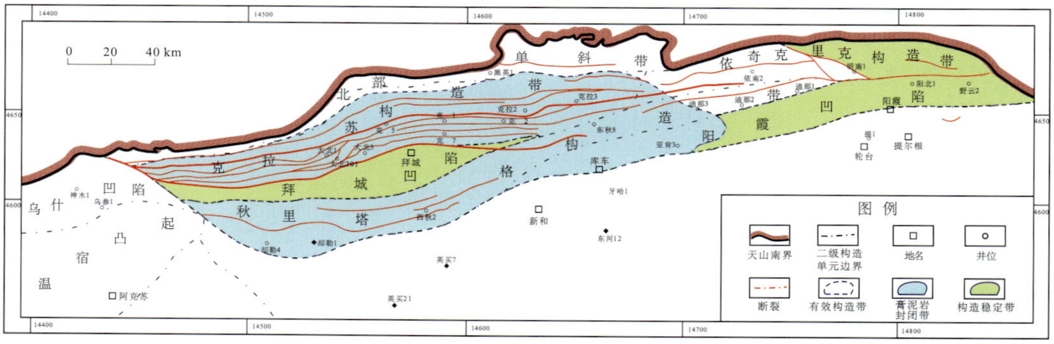

(a) 白垩系

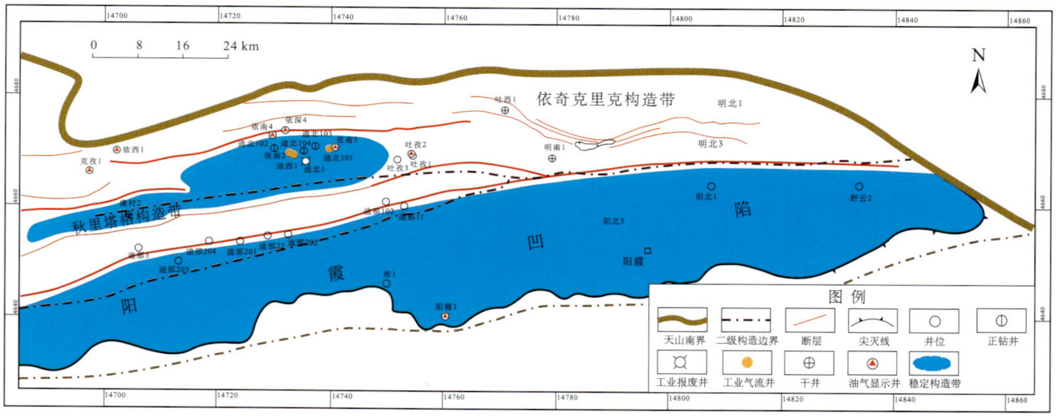

(b) 侏罗系阿合组

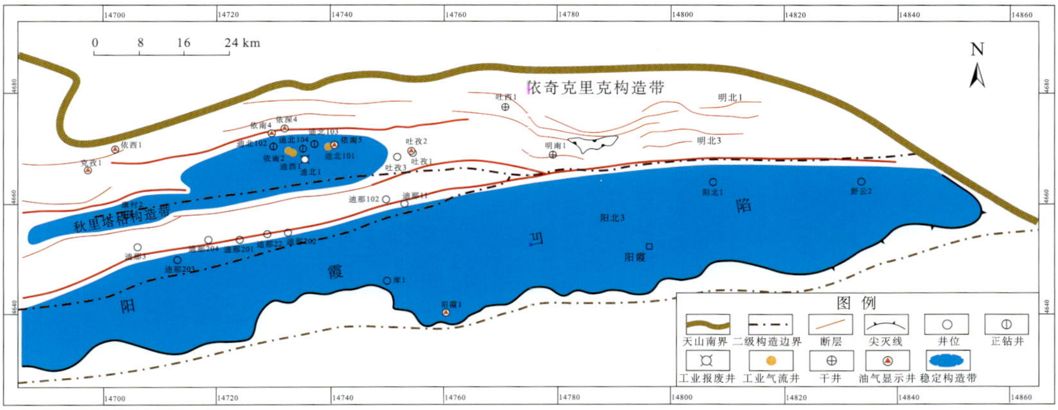

(c) 侏罗系阳霞组

图 3-17 库车坳陷东部不同层系构造稳定带平面图

第二节 库车坳陷致密砂岩气藏成因分类与判别标准

一、致密砂岩气藏成因分类

国内外诸多学者针对致密砂岩气藏提出了分类方案，但这些分类主要是针对其地质特征，在致密砂岩气藏分类时应当抓住成因这一根本问题。因此，在库车坳陷典型致密砂岩气藏剖析的基础上，依据致密砂岩气藏的动力特征，并结合烃源岩生排烃高峰期、储层致密期、成藏期、分布特征等将致密砂岩气藏分为致密常规气藏、致密深盆气藏和致密复合气藏(图 3-18)(庞雄奇等，2013)，此三种类型致密砂岩气藏在特征上具有较大的差异性。

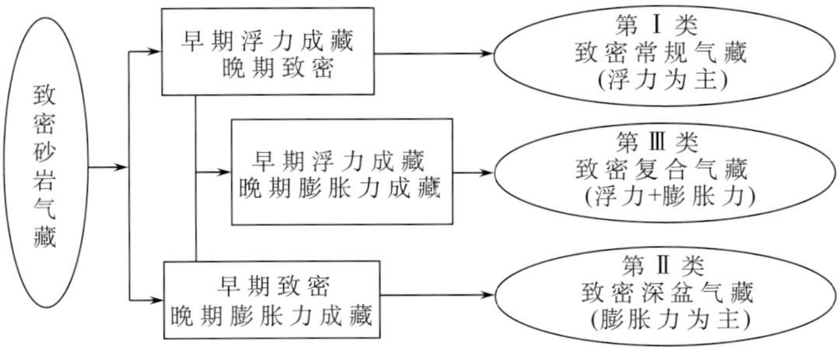

图 3-18 致密砂岩气藏分类图

二、各类致密砂岩气藏判别标准

致密常规气藏的形成可分为两个阶段，第一阶段为常规气藏形成阶段，此时储层未致密，天然气主要在浮力作用下运移至圈闭中聚集成藏，第二阶段为气藏致密化阶段。因此，致密常规气藏判别标准是“四高、两小、一分离”。“四高”是指高点汇聚、高位封盖、高孔富集、高压成藏；“两小”是指气藏通常含气分布面积小、储量规模小；“一分离”是指气藏与烃源岩通常彼此分离，不直接接触。

致密深盆气藏的形成是在储层致密化之后，大量天然气从源岩中排出后直接进入相邻的致密储层，此时浮力不起主导作用(宋岩等，2013)，主要受毛细管力和分子体积膨胀力作用，不断向外排驱孔隙水并拓展分布的范围，形成连续和广泛分布的致密深盆类气藏。因此，致密深盆气藏判别标准是“四低、两大、一紧邻”。“四低”是指低拗汇聚、低位倒置、低孔富集、低压稳定；“两大”是指气藏分布发育面积和气藏储量规模通常很大；“一紧邻”是指气藏与烃源岩紧密接触，不能分离。

致密复合气藏的形成分为三个阶段：第一阶段为常规气藏形成阶段；第二阶段为致密深盆气藏形成阶段，这一阶段可能比第一阶段晚但也可能同时进行，主要是在盆地深部的中心区或斜坡带或边缘区形成致密深盆气藏；第三阶段是在埋藏过程中，常规气藏变成为致密常规气藏，致密深盆气藏范围不断扩大并将致密复合气藏全部覆盖而形成一个更大的统一的致密复合气藏。因此，致密复合气藏的判别标准是“四高、四低、两大、一紧邻”。“四高、四低”是指高点富气与低点富气共存、高孔隙聚气与低孔隙聚气共存；高压气层与低压气层共存；高产气层与低产气层共存。“两大”是指气藏分布面积大、资源储量规模大。“一紧邻”是指含气目的层与烃源岩层紧密相邻。

第三节　库车坳陷致密砂岩气藏地质特征与成因机制

一、致密常规气藏的地质特征与成因机制

（一）致密常规气藏的基本概念

致密常规气藏是成因和产状特征类同于常规气藏的致密砂岩气藏，储层致密化过程发生在烃源岩生排烃高峰期天然气充注之后，天然气大规模运移聚集发生在储层致密化之前。致密常规气藏是由常规气藏深埋之后因储层压实致密转化而来的，分布特征类同于常规气藏，可分为构造相关的和地层岩性相关的两种类型。

致密常规气藏主要具有以下地质特征：需要有良好的气源条件，但气源条件相对于先致密后成藏型气藏要宽泛的多，且气藏聚集位置与烃源岩明显分开，可近源成藏也可远源成藏；储层在成藏时并非致密，而是由于受后期成岩演化或构造挤压而变得致密，后期构造运动在储层内部形成裂缝发育带可改善储层物性；需要有良好的顶封盖层；圈闭类型主要为背斜型，气藏的形态和大小通常与构造等高线密切相关，通常分布在构造高点，主要围绕古隆起、古圈闭分布；具有自生自储、远源它储等多种生储盖组合形

式；成藏动力主要为浮力；气水关系为正常的气上水下，分布服从重力分异原理，具有统一底水或边水的气水分布特征；压力特征表现为异常高压，主要有生烃增压、岩石致密化导致的孔隙体积缩小、构造强烈挤压的应力传递等机制；晚期构造运动可形成与古构造、古圈闭为背景的多种类型复合圈闭，气藏形态也可变得复杂多样，且在纵向上分布比较广泛。

致密常规气藏的形成分为两个阶段(庞雄奇等，2013)，第一阶段为常规气藏形成阶段，此时储层未致密，油气主要在浮力作用下运移至圈闭中聚集成藏。第二阶段为储层致密化阶段，致密常规气藏的最基本地质特征是产状同常规气藏，即与烃源岩不接触、分布范围局限、存在油气水边界、探井产能高且压力异常高(图 3-19)。

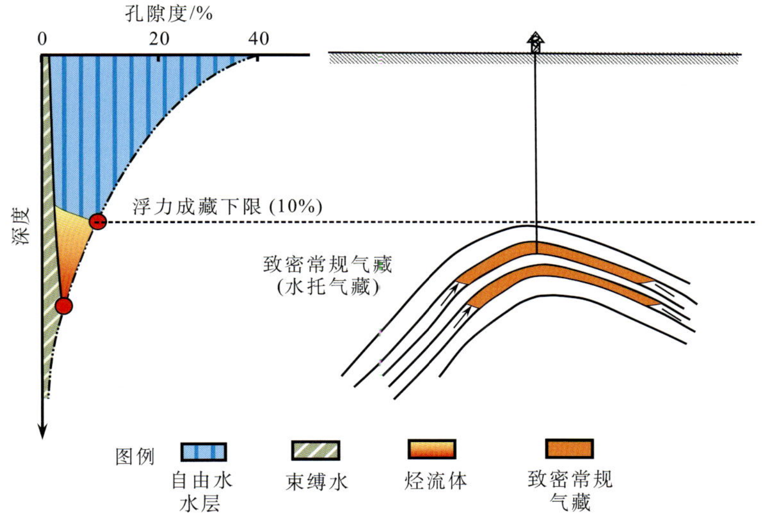

图 3-19　致密常规气藏形成机制与分布特征图(庞雄奇等，2013)

(二) 致密常规型气藏的地质特征

以迪那 2 气藏为例，阐述致密常规气藏的地质特征。

1. 构造特征

迪那 2 气藏位于库车坳陷秋里塔格构造带东部迪那-东秋区带上的一个局部构造(图 3-20)，含气层位为古近系苏维依组与库姆格列木群，含气面积 103.56km^2，天然气地质储量 1659.03×10^{8}m^3，凝析油地质储量 1277.90×10^{4}t；天然气可采储量 1078.37×10^{8}m^3，凝析油可采储量 702.85×10^{4}t。迪那 2 气田是继克拉 2 气田后在塔里木盆地发现的第二个地质储量上千亿立方米的大气田，也是中国最大的整装凝析气田。迪那 2 气藏的发现进一步证实库车坳陷属于一个富气坳陷(马玉杰等，2003，2004)。

迪那 2 构造为吉迪克盐下一个东西向展布的长轴背斜，具有南陡北缓的特点。背斜

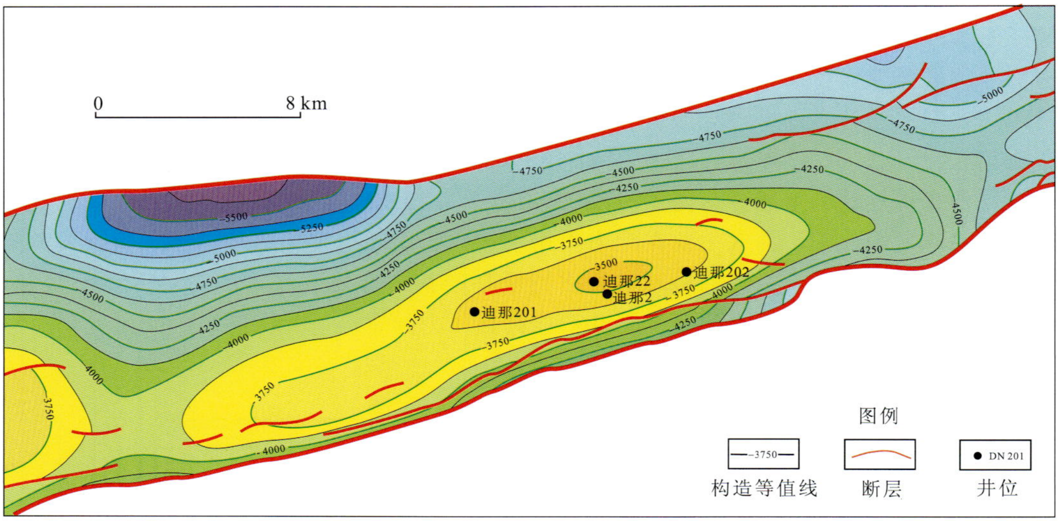

图 3-20　库车拗陷迪那 2 气藏古近系顶面构造构造及含气面积图(朱光有等，2012)

东西长 30km，南北宽 4.5km，长宽比 6.7：1。北翼地层倾角 15°～35°，南翼 22°～40°。东翼地层倾角大，梯度陡，西翼相对平缓(图 3-21)。迪那 2 号构造的形成与演化主要受迪北断裂和东秋里塔格断裂这两条北倾逆冲大断裂的控制，南部的东秋里塔格断裂是控制迪那构造推覆体的主控断层，在燕山期开始发育，喜马拉雅期继续活动，喜马拉雅末期定型；北部的迪北断裂发育并定型于喜马拉雅期，把迪那 2 号推覆体切割为二，断层下盘为迪那 2 号构造，上盘为迪那 4 号构造。此两条大断层向上均消失于膏泥岩层，向下切入基底，沟通了油源，是油气垂向运移的最佳通道(马玉杰等，2003；颜文豪等，2009；朱光有等，2012)。

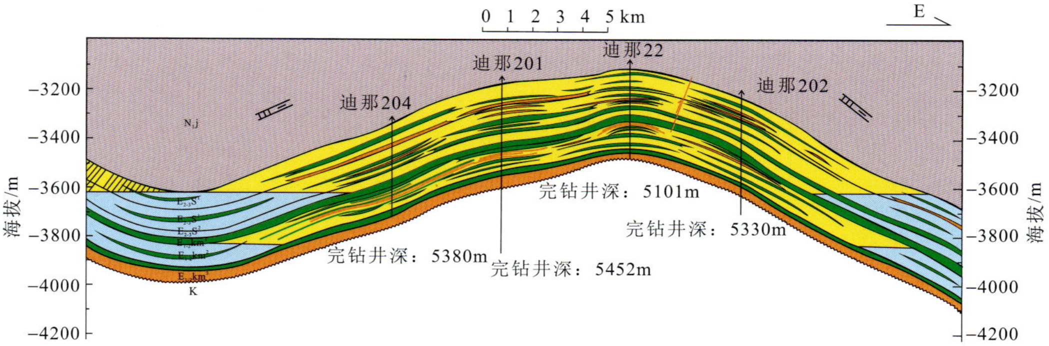

图 3-21　库车拗陷迪那 2 气藏古近系东西向气藏剖面图(朱光有等，2012)

2. 烃源岩和油气源特征

迪那 2 构造靠近现今的阳霞凹陷，具有侏罗系和三叠系的多套烃源岩，包括三叠系的黄山街组和塔里奇克组、侏罗系的阳霞组和克孜勒努尔组等，有机质丰度较高，目前均处于成熟-高成熟阶段，具有很好的生烃潜力，为迪那 2 气藏的形成提供了较好的物质基础。

3. 储层特征

迪那 2 气藏储层主要分布在古近系苏维依组与库姆格列木群，主要为一套扇三角洲前缘水下分流河道、河口坝、席状砂体沉积及扇三角洲平原辫状河道沉积。储集性能相对较好，储层侧向分布较为稳定。储层以粉砂岩、细砂岩为主，其次为含砾砂岩、砂砾岩；以岩屑砂岩为主，其次为长石岩屑砂岩，长石以钾长石为主，其次为斜长石，岩屑含量较高，平均为 58%，以岩浆岩岩屑含量最高。常见的杂基为泥质、铁泥质；胶结物以碳酸盐居多，偶见少量膏质、硅质胶结物。碎屑颗粒呈次棱-次圆状，分选中等-好，呈点-线接触，孔隙式胶结为主，基底式胶结为辅。储层总体具有结构成熟度中等偏高、成分成熟度较低的特点。迪那 2 气藏储层孔隙类型以原生粒间孔为主，其次为粒间及颗粒溶孔、微裂缝、微孔隙，储集类型为孔隙型(图 3-22)。

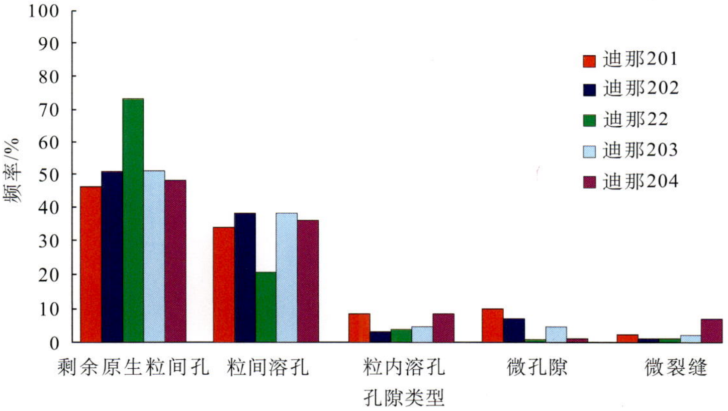

(a)

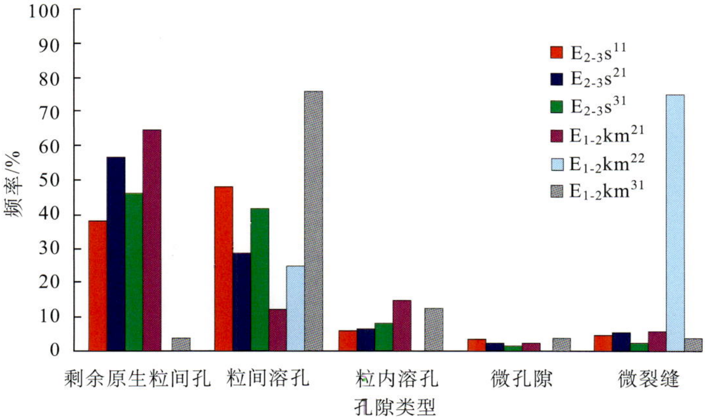

(b)

图 3-22 库车拗陷迪那 2 气藏各单井古近系储集空间统计图

迪那 2 气藏储层总厚度为 195～230m，储层厚度大，总体上属于低孔低渗和低孔特低渗储层，其中，苏维依组物性相对较好，平均孔隙度为 5.07%～8.97%，平均渗透率为 $0.43\times10^{-3}\sim1.11\times10^{-3}\mu m^2$；库姆格列木群物性相对较差，平均孔隙度为 3.15%～4.9%，平均渗透率为 $0.05\times10^{-3}\sim0.09\times10^{-3}\mu m^2$（图 3-23）。

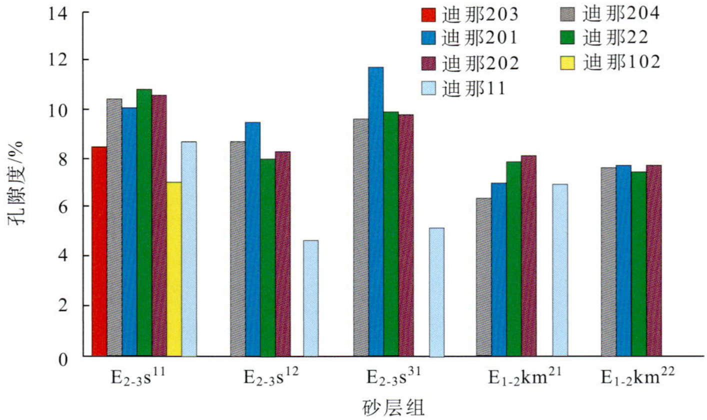

(a) 孔隙度

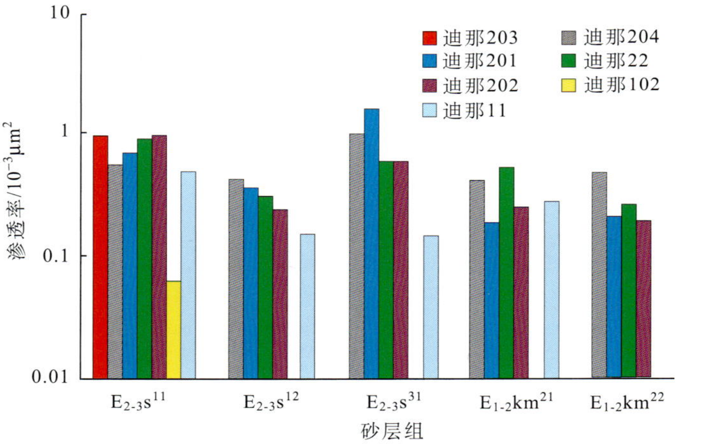

(b) 渗透率

图 3-23　库车坳陷迪那 2 气藏各单井不同层系物性统计分布图

迪那 2 气藏古近系储层裂缝极其发育，裂缝发育的平均密度一般为 1～2 条/m；但裂缝的延伸距离较远，缝长可达 1～2m；缝宽一般为数毫米，一般为白云质和膏质充填-半充填-未充填；铸体薄片观察见到很多微裂缝，并可见沿裂缝附近溶蚀孔隙发育（图 3-24）。裂缝的发育使得孔隙连通性好，提高了储层渗透能力，可使储层的孔隙度提高 0.1%～1.0%，渗透率提高 1～2 个数量级。

4. 盖层特征

吉迪克组发育的区域上分布十分稳定、厚度巨大的巨厚膏盐岩、膏泥岩为区域性优

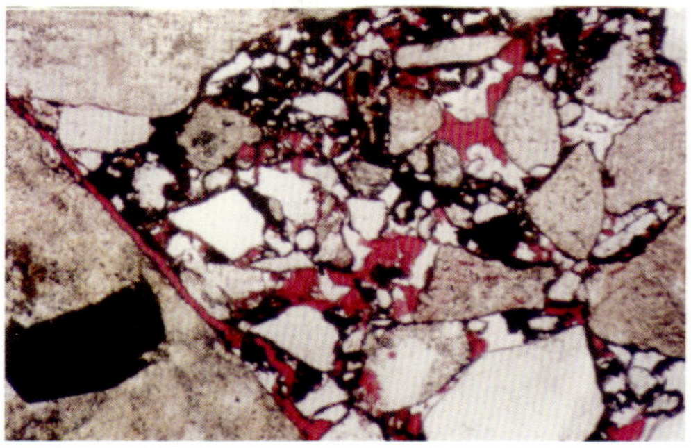

(a) 迪那201井，4861.65m，$E_{2-3}s^1$，砂质砾岩，残余原生粒间孔，粒缘缝，面孔率2.4%，Φ=5.29%

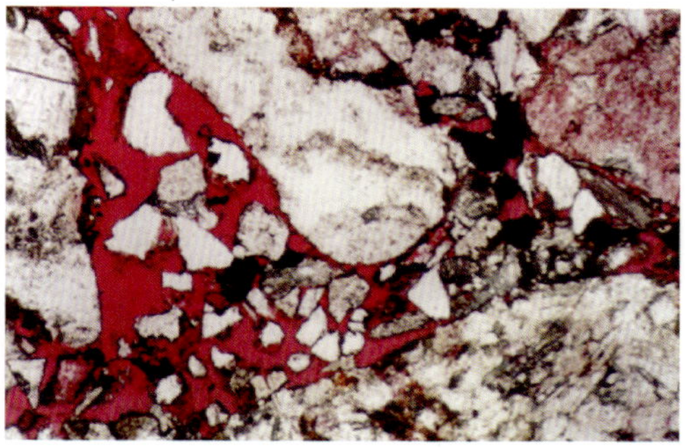

(b) 迪那201井，4885.64m，$E_{2-3}s^2$，砂质砾岩，残余原生粒间孔，粒内溶孔，面孔率2.9%，Φ=5.96%

图 3-24 库车拗陷迪那 2 气藏古近系储层典型铸体薄片照片

质盖层，其中，膏盐岩厚 800～1000m，膏泥岩厚一百多米，为蒸发盐湖沉积，是一套分布范围广泛的优质盖层，覆盖于古近系扇三角洲砂岩储层之上，组成良好的储盖组合(孙冬胜等，2004)。

5. 流体特征

迪那 2 气藏属于典型凝析气藏，原油具有密度低(0.8g/cm³)、黏度低(50℃时动力黏度为 0.7442～1.1mPa·s)、凝固点低(－6.0～6.0℃)、含硫低(0.02%～0.06%)和含蜡中等(3.9%～10.87%)的特点(朱光有等，2012；杨海军和朱光有，2013)，同时重排化合物、伽马蜡烷、Ts 未知化合物(Ts 与 Tm 之间)含量较高，Pr/Ph 较高，C_{19}～C_{21} 三环萜烷化合物分布模式为 $C_{19}<C_{20}>C_{21}\approx C_{23}$，这些特征表明原油属于陆相成因(图 3-25)。迪那 2 气藏的原油碳同位素很重，全油$\delta^{13}C$为－23.9‰～－23.1‰，饱和烃

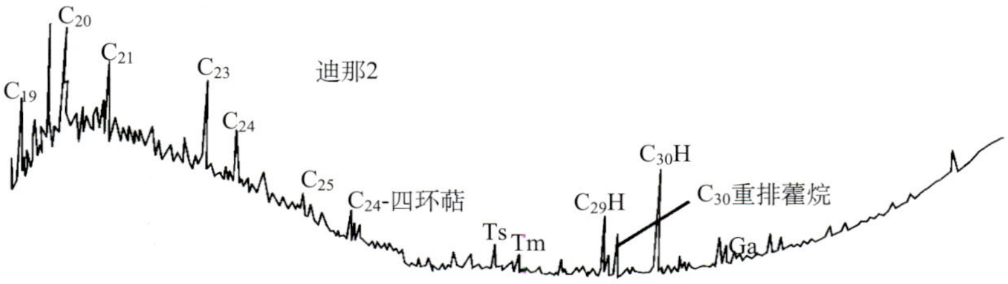

(a) 甾烷特征图

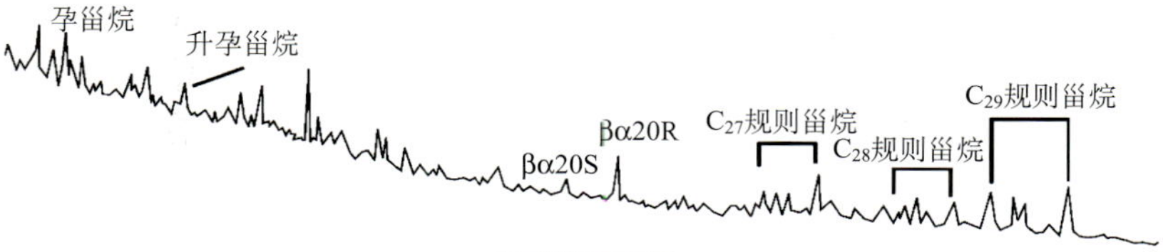

(b) 萜烷特征图

图 3-25 库车拗陷迪那 2 气藏原油甾、萜分布图

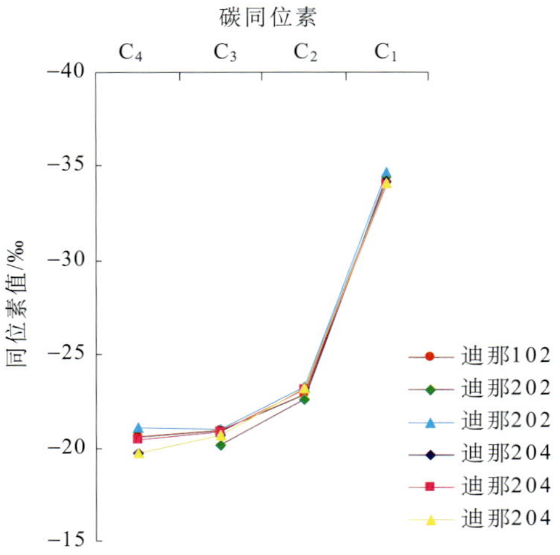

图 3-26　库车坳陷迪那 2 气藏碳同位素对比图

$\delta^{13}C$ 为－25.5‰，芳烃 $\delta^{13}C$ 为－24.6‰，非烃 $\delta^{13}C$ 为－25.6‰。同位素分馏原理表明，侏罗系煤的干酪根同位素值在－24‰左右，形成原油碳同位素应该接近或略轻于干酪根碳同位素，因此迪那 2 气藏凝析油属于典型的煤成油，同时结合 C_{24} 四环萜烷、C_{30} 萜烷类、C_{29} 萜烷类、C_{30} 重排藿烷等特征，表明原油是来自于阳霞凹陷侏罗系煤系烃源岩。

迪那 2 气藏的天然气属于湿气，甲烷平均含量为 87.7%，重烃气平均含量为 10.58%，非烃含量低，平均为 0.97%，酸性气体含量很低，不含 H_2S，天然气中烷烃气碳同位素比较重，其中，$\delta^{13}C_1$ 为－34.7‰～－34‰，$\delta^{13}C_2$ 为－23.3‰～－22.6‰，$\delta^{13}C_2$ 均大于－28‰。按照梁狄刚等(2002)划分标准，表明迪那 2 气藏具有典型煤型气的特征(图 3-26)，主要来自侏罗系煤系烃源岩。

6. 温压特征

迪那 2 气藏地层压力为 105～106MPa，压力系数为 2.14～2.29，压力梯度为 0.29MPa/100m，地层温度为 129～138℃，地温梯度为 2.26℃/100m，属正常温度超高压气藏(马玉杰等，2003；朱光有等，2012)。

（三）致密常规气藏的成因机制

1. 构造演化史

迪那 2 号背斜的形成和发展演化与喜马拉雅运动息息相关，构造雏形形成于新近纪库车期，定型于第四纪。古近纪末(23Ma)，构造挤压导致迪那低幅度背斜形成。直到康村期(12Ma)，背斜南部的大断层开始形成并活动，但总体构造活动不强烈，断裂开启性较弱，此时迪那背斜幅度仍然较缓，但总体沉积比较稳定，地层没有遭受大规模的剥蚀。库车期(5Ma)沉积以来，南天山造山运动加剧，东秋里塔格断裂和迪北断裂开始发育，受两条断层夹持控制的秋里塔格构造带开始形成，迪那构造的雏形也开始显现，其背斜抬升幅度显著增大。库车末期至第四纪(3～2Ma)，喜马拉雅运动的造山作用达到高峰，受其影响，库车前陆盆地进入构造运动最活跃的时期，形成了现今的东秋里塔格大断裂、迪北断裂夹持迪那背斜的构造格局。因此，迪那 2 圈闭的形成时间也是在 3Ma 以来，晚期快速充注是迪那 2 气田形成的一个重要特点，从而形成高效大气田。

2. 油气充注史

利用包裹体岩相学观察表明，迪那 2 气藏薄片样品中油气包裹体丰度不高，包裹体主要发育在石英次生加大边和后期切穿石英颗粒及其加大边的裂缝中，少量分布在方解石胶结物中；烃类包裹体一般多为不规则形、次圆形，大小一般为 2～10μm，颜色主要为发蓝色和蓝白色荧光，相态主要为气液两相包裹体，也发育单一气相包裹体（图 3-27）。

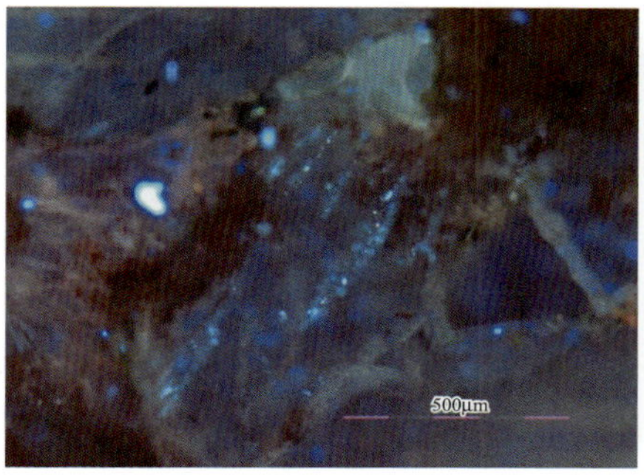

(a) 迪那22井，4992m

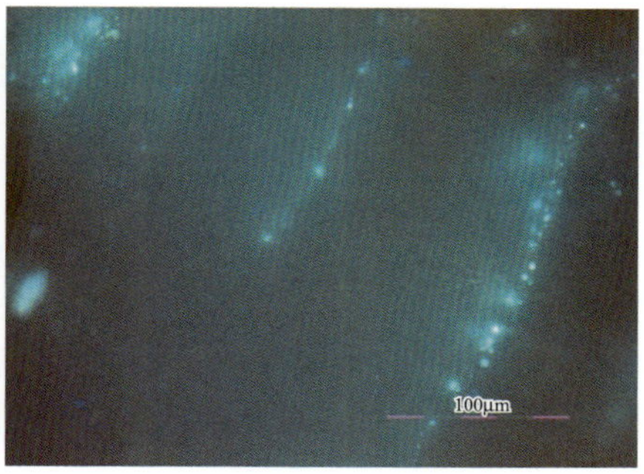

(b) 迪那22井，4992m

图 3-27　库车坳陷迪那 2 气藏典型包裹体照片

根据包裹体岩相学观察特征和均一化温度特征，迪那 2 气藏存在两期油气充注（图 3-28）。第一期主要分布在切穿石英次生加大边的裂缝中，主要为发育蓝色、蓝白色荧光的气液两相包裹体，与烃类包裹体共生的同期盐水包裹体均一化温度为 60～90℃，表明此期主要为吉迪克期（23～16Ma）的油气充注事件，以油充注为主。第二期主要分布在切穿石英颗粒及其加大边的晚期裂隙和方解石脉中，主要发育蓝色荧光和较大气相的气-液两相和湿气包裹体，与烃类包裹体共生的同期盐水包裹体均一化温度为 110～140℃，表明此期主要为库车期到现今（5～0Ma）的天然气充注事件。

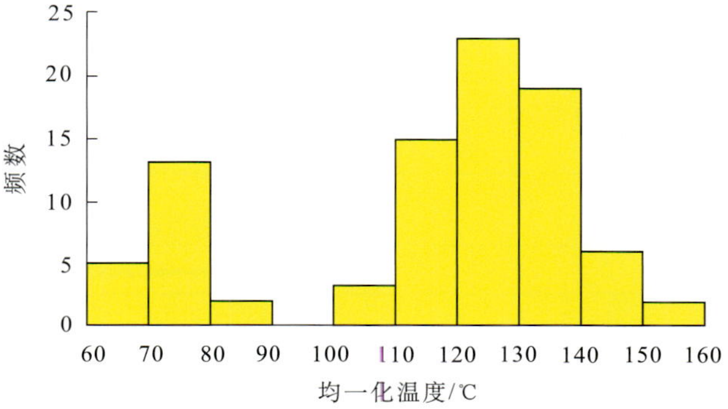

图 3-28　库车坳陷迪那 2 气藏与烃类包裹体共生的盐水包裹体均一化温度分布图

3. 储层物性演化史

用沉积-成岩-构造一体化预测模型恢复储层孔隙度演化史（张荣虎等，2011），以迪那 201 井为例说明迪那 2 气藏的孔隙度演化史。迪那 201 井古近系致密砂岩储层以粉砂

岩的厚度最大，其次是细砂岩，两者占到了80%以上。利用厚度加权平均得到孔隙度与埋深关系预测模型为

$$\Phi_{模型}=25.235e^{-0.0003H}+12.058e^{-0.0002H} \tag{3-6}$$

式中，H 为埋深(m)；$\Phi_{模型}$ 为预测模型。

迪那201井古近系发育扇三角洲平原分流河道、扇三角洲前缘分流河道、扇三角洲前缘席状砂等砂体，最大埋深为5187m。迪那2气藏古近系储层自中新世开始遭受构造作用，在上新世以来构造挤压作用达到最大(图3-29)。研究表明，研究区最大古构造应力为63MPa左右，储层颗粒以线接触为主，表明具有一定的构造挤压减孔。前人针对库车坳陷研究表明，平均每增加100MPa的水平构造应力，相当于埋深增加1800m，可使砂岩的孔隙度降低10.51%(寿建峰和朱国华，1998)，因此，利用预测模型约束值确定的构造减孔量为2%～3%。研究区溶蚀作用主要发育在上新世以来，此阶段烃类大量充注，有机质排烃产生的有机酸对长石及部分易溶岩屑进行溶蚀，薄片镜下观察溶蚀作用相对不发育，溶蚀孔隙度为1.2%～3.8%，利用预测模型约束值确定溶蚀增孔

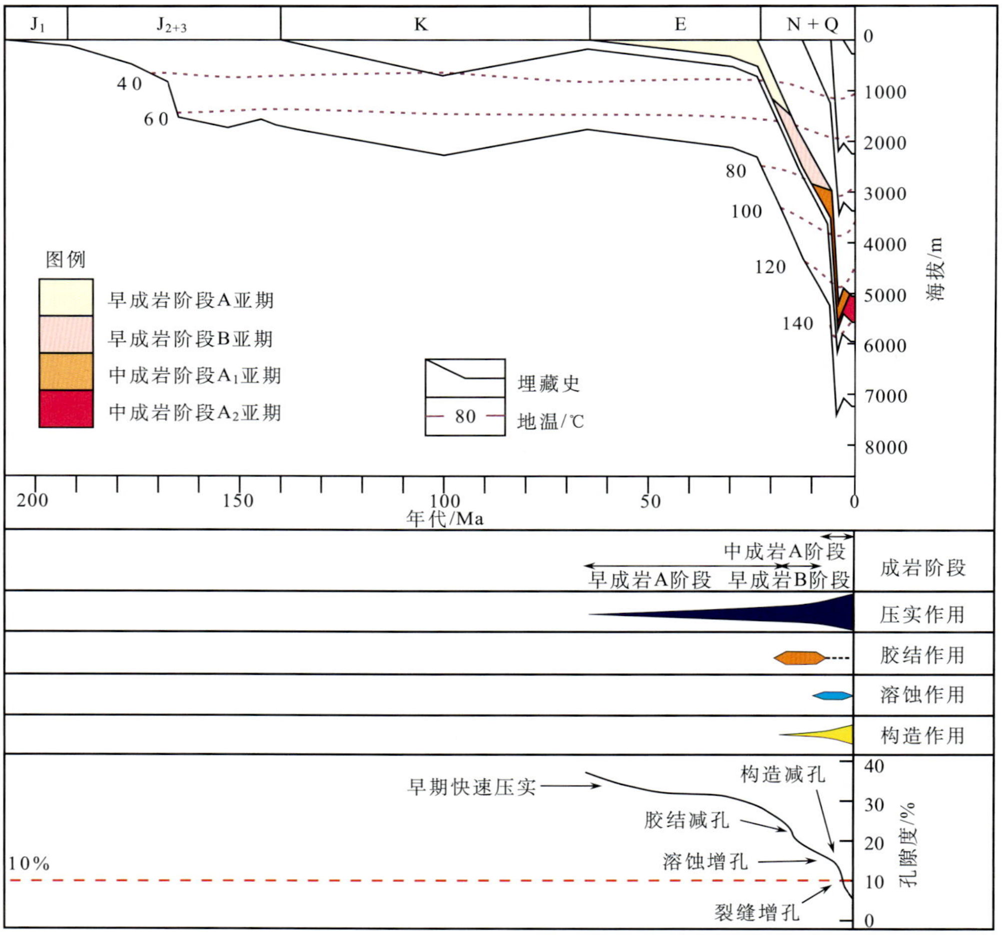

图3-29 库车坳陷迪那2气藏苏维依组储层孔隙度演化示意图

为 2%。研究区胶结作用主要发生在中新世，胶结物主要为碳酸盐，含量较高，含量为 6%～8%，利用模型约束值确定胶结减孔为 3%～4%；同时研究区裂缝较为发育，裂缝增孔量可达 0.5%。

综合研究表明，迪那 2 气藏古近系储层经历了长期浅埋—短期深埋的埋藏过程，其埋藏历史主要经历了三个阶段：23Ma 以前的浅埋藏阶段、23～5.3Ma 的深埋藏早期阶段和 5.3Ma 至今的深埋藏晚期阶段。23Ma 之前，迪那 2 气藏古近系储层埋深较浅，储层孔隙度主要受到压实作用的影响，此阶段压实作用较弱，因此孔隙度下降缓慢，在 23Ma 时，孔隙度降低至 28%左右；23Ma 以来，由于区域构造环境的影响，储层迅速深埋，此阶段强烈的压实作用导致孔隙度下降，同时胶结作用也导致储层孔隙度进一步降低，在 5Ma 时，孔隙度降低至 12%左右；5Ma 以来，压实作用不断增强，构造挤压作用也导致孔隙度进一步下降，此阶段是最主要的生烃阶段，有机质排出的有机酸产生的溶蚀作用可在一定程度使孔隙度增加，同时构造挤压作用产生的裂缝可增加孔隙度 0.5%。在多种作用的综合影响下，迪那 2 气藏古近系储层孔隙度在 2Ma 左右时下降到 10%以下，储层致密化。现今孔隙度下降至 5.2%～6.2%，与测井解释平均孔隙度 5.8%能够较好地吻合(表 3-1)，表明利用此沉积-成岩-构造一体化预测模型预测的储层孔隙演化结果是可靠的。

表 3-1 库车拗陷迪那 2 气藏苏维依组储层孔隙度预测结果表

迪那 201 井	预测结果
层位	$E_{2-3}s$
最大埋深/m	5187
岩性	粉、细砂岩为主
刚性颗粒含量/%	35～68
公式模型平均压实减孔量/%	27.6～28.6
平均溶蚀增孔量/%	2
平均裂缝增孔量/%	0.5
平均构造挤压减孔量/%	2～3
平均胶结减孔量/%	3～4
原始孔隙度/%	37.3
预测平均孔隙度/%	5.2～6.2
实际平均孔隙度/%	5.8

4. 成因机制及成藏过程

综合天然气充注史、储层孔隙度演化史之间的关系，表明迪那 2 古近系气藏天然气大量充注时间为库车期到现今(5Ma 以来)，古近系储层在西域组沉积初期(2Ma)致密化，即迪那 2 古近系气藏天然气大量充注时间早于储层致密化时间，天然气在浮力作用下进入古近系储层中，在构造高部位形成天然气藏；之后随着气藏埋深不断加大，储层致密化，形成致密砂岩气藏，因此，迪那2气藏属于先成藏后致密的致密常规气藏。

古近纪末(23Ma)，构造挤压导致迪那低幅度背斜形成，该时期烃源岩尚未开始大规模排烃，因此未能成藏；康村期(12Ma)以来，背斜南部的大断层开始形成并活动，但总体构造活动不强烈，此时迪那背斜幅度仍然较缓，沉积比较稳定，而三叠系、侏罗系烃源岩相继进入了排油高峰，古近系、白垩系储层尚未致密，因此在迪那低幅度背斜圈闭的古近系、白垩系储层中聚集成藏；库车期(5Ma)以来，强烈的构造运动使得东秋里塔格断裂和迪北断裂开始发育，迪那构造的雏形也开始显现，由于迪那2气藏南部阳霞凹陷埋深急剧增大，三叠系、侏罗系烃源岩先后进入排气高峰，而此时古近系储层尚未致密，过成熟阶段欠压实作用和生烃作用使深部源岩层形成了超高压，使之具有较大的过剩压力，前期形成的低幅度构造油气藏受到来自深部天然气的气侵作用，古近系气藏规模显著增大，但仍为低幅度的油气藏；西域期(2Ma)以来，喜马拉雅运动的造山运动到达了高峰，该地区形成较大幅度的断背斜构造，而随着埋深进一步增大，古近系、白垩系及侏罗系储层都已经完全致密化，同时强烈构造运动导致迪那2背斜构造幅度增大、断裂进一步发育演化，气藏遭受调整改造，形成了现今的迪那2气藏。

（四）致密常规气藏形成分布主控因素

1. 直接盖层的控油气作用

库车坳陷发育多套生储盖组合，其中，新近系吉迪克组膏泥岩盖层对于聚集在古近系和白垩系的油气具有良好的保护作用；侏罗系克孜勒努尔组泥岩为阳霞组天然气的聚集成藏提供封堵作用；阳霞组泥岩为下伏的阿合组致密天然气的聚集提供良好的封盖条件。目前库车坳陷已发现的气藏均分布在对应的直接盖层分布范围之内，但在山前带和抬升剥蚀带等地区，盖层往往不能保持较好的封盖性，导致含气性较差，如依深地区的依深4井。

2. 有利沉积相带的控油气作用

不同类型沉积相带的岩性组合及其所经历的成岩作用不同，对油气分布的控制作用也不同。采用不同沉积相赋不同数值的方法来表征相控油气作用，通过统计不同沉积相中已发现油气藏个数或储量，建立相与成藏概率之间的定量化标准。对于特定的目的层中发现油气藏个数或储量最多的沉积相赋值为1，未发现油气藏沉积相赋值为0，其他沉积相则根据已发现油气藏个数与发现油气藏个数最多沉积相做一个比值，这个比值就代表该沉积相的相对控藏概率。研究表明，扇三角洲平原、前缘亚相和辫状河三角洲平原、前缘亚相是库车坳陷有利于成藏的沉积相带。

3. 古隆起的控油气作用

古隆起具有长期稳定发育的背斜背景，多期油气充注形成普遍含油的格局，生、储、盖良好配置造就了油气资源优化运聚，后期稳定埋藏具备优越的油气保存条件等因素。因此，古隆起是大油气田勘探所关注的有利领域，在国内外大型古隆起上都发现了大油气田。古隆起影响多套储层的油气聚集，古隆起及其斜坡是大油气田的主要富集区。库车拗陷目前发现的油气藏中，除了迪北深盆气藏不受隆起控制以外，其他气藏均在隆起范围内发育。

4. 烃源灶的控油气作用

烃源岩对油气分布的控制作用主要体现在有效烃源岩控制着油气的成藏期次、油气的分布范围和油气的烃源潜力。有效烃源岩控制油气成藏期主要体现在：烃源岩只有大规模排烃才能满足运移路径上的大量损耗后成藏，因此烃源岩大量排烃期控制着油气成藏期，主要成藏时期对应于或者稍晚于烃源岩的大规模排烃时期。有效烃源岩控制油气分布范围主要体现在：烃源岩对油气田（藏）的形成和分布具有重要的控制作用，该控制作用体现在排烃强度和排烃距离两个方面（图 3-30）。有效烃源岩控制油气的资源潜力主要体现在：烃源岩是油气藏形成的物质基础，其形成演化控制着油气的规模，烃源灶内油气生成总量决定着研究区油气资源总量。

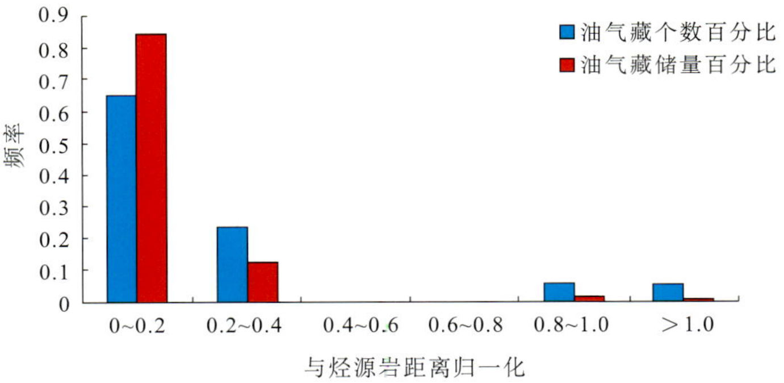

图 3-30 库车拗陷有效烃源岩控制着油气分布范围的示意图

（五）致密常规气藏形成和分布发育模式（T-CDMS 模式）

目前已发现的致密常规气藏均受烃源灶（S）、古隆起（M）、有利的沉积相带（D）、有效的区域盖层（C）四大要素控制。四大要素在纵向上的有序组合决定着油气成藏的层位；在平面上的叠加复合决定着油气成藏的范围；在地史过程中的同时联合决定着油气成藏的时间，将四大要素的这种综合控藏作用概称为功能要素组合成藏，即 T-CDMS 致密常规气藏与常规天然气预测模型（庞雄奇等，2012）。四个地质成藏要素自上而下依照 C、D、M、S 次序出现，最有利于油气生排运聚成藏。最下面的烃源灶（S）生成油气后，它们排出源岩层，在浮力作用下向上运移。古隆起（M）的背景条件为油气自下而上运移创造了条件，古隆起顶部既是位能最低的部位，也是油气向上运移汇聚的中心部位。古隆起周边发育各种高孔渗的沉积相（D），为油气自古隆起周边向顶部运移时提供了圈闭条件，有利油气成藏，聚集后的油气由于受到了上覆区域盖层（C）的封盖作用而能够保存下来（图 3-31）。

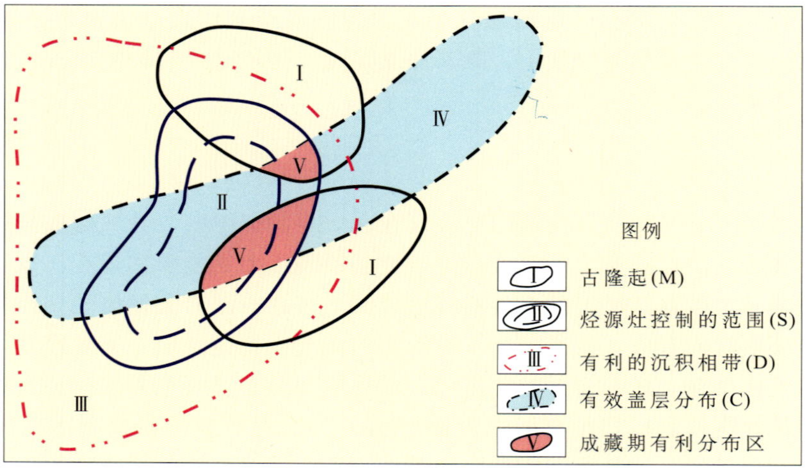

图 3-31 “先成藏后致密”型致密天然气藏有利区带预测模型示意图

二、致密深盆气藏的地质特征与成因机制

（一）致密深盆气藏的基本概念

致密深盆气藏主要分布在构造低凹区、盆地或凹陷的较深部位和斜坡部位，分布特征不同于常规气藏，此类气藏的形成发生在烃源岩生排烃高峰期天然气充注之前，在储层致密化以后，大量天然气从烃源岩中排出后直接进入相邻的致密储层，形成连续和广泛分布的气藏，浮力不起主导作用，主要在非浮力作用下运聚成藏，气体分子膨胀力作用为主要成藏动力，不断向外排驱孔隙水并拓展分布的范围，此类气藏可分为凹陷中心对称分布(美国怀俄明州红漠盆地气田、新墨西哥圣·胡安气田)、前陆侧缘斜坡分布(阿尔伯达艾尔姆华士气田、怀俄明州绿河气田)和构造斜坡分布(阿尔伯达牛奶河气田、阿巴拉契亚盆地东俄亥俄州克林顿砂岩气藏)三种类型。

致密深盆气藏总体上具有以下地质特征：煤系烃源岩生烃潜力大，生排气高峰出现的地质时代较晚且持续时间较长，为天然气成藏提供了充足物源基础；稳定的构造背景，地层平缓(地层倾角较小，一般不超过 15°)、褶皱和断裂不发育的深凹带和斜坡带有利于富集保存，构造简单且断裂、裂缝及微裂缝不发育，构造运动强烈地区，断裂和裂缝的发育可使气藏遭受破坏；紧邻烃源灶，气藏形态、大小和边界不受构造等高线的控制，气藏分布主要受砂体控制，致密储层大面积连续广泛分布；成藏时储层物性已经变得致密；顶、底封盖都重要，可以是常规意义上的盖层，也可以不需要常规意义的盖层，但天然气聚集不受盖层控制；气藏内部缺少统一的气水边界，储层物性条件差而得以保持，在剖面上表现为不服从重力分异原理的气水倒置关系，即同一储层中从下倾部位的饱含气层向构造上倾方向气水过渡带再向上渐变为饱含水带，无明显的底水和边水，水动力条件比较微弱；天然气聚集不受浮力控制；探井产能低但储量巨大；不需要传统意义上的常规圈闭条件，主要形成生烃补给与散失平衡的动态圈闭，气聚集主要受气和水之间的动力平衡控制；源储一体，具有“自生自储”特征，初次运移距离极短，整体排驱水运移；致密储层内部通常发育一些相对高孔渗的砂体，即“甜点”；压力可为异常高压，也可为异常低压，随着演化阶段的变化而变化，稳态情况下内部压力低于静水压力，且气藏内低压最为稳定。

近年来，国内外诸多学者对致密深盆气藏的成藏机制进行了研究。最早有学者认为此类特殊的、非常规的气藏属于由于水动力原因而形成的“悬挂式”气藏。Masters(1984)认为，气水相对渗透率的变化可以为这种气藏提供遮挡条件，水饱和度高可以形成水堵，水饱和度为60%时，岩石对气几乎完全不渗透，从而在含气部位上方形成水堵封闭。Gies(1982)研究认为这种气藏具有动态特征，它实际上不存在封堵条件，而是气体不断散失和持续补给的动平衡结果。Brown 等(1982)认为这种气藏是由毛细管力造成的，即进入低渗透岩石中的天然气，在克服孔隙中充满水的毛细管压力之前，它们不会发生运移，只有随着天然气的不断补给，下倾部位的孔隙压力增大，气体才会克服毛细管限制力向上倾方向运移。张金亮和常象春(1995)认为这种气藏成藏机制有别于常规气藏，主要是依靠界面阻力封堵油气，故储层越致密越有利于形成聚集。庞雄奇等(2003a)认为气藏具有低凹汇聚、低位倒置、低孔富集、低压稳定的特征，储层的致密化程度是形成稳定气水倒置的决定性因素，直接决定了此类气藏是否存在以及圈闭的范围，同时将成藏机制总结为力平衡(供气热膨胀力＋气体浮力＝毛细管力＋静水压力)和物质平衡(赋集气量＝源岩供给气量－盖层散失气量－气水边界散失气量)两种机制，力平衡决定着可能成藏的最大分布范围，即可确定其最小埋藏深度；物质平衡控制着圈闭含气范围，即圈闭范围、有利区带边界。

致密深盆气藏的形成是在储层致密化以后，大量油气从源岩中排出后直接进入相邻的致密储层，此时浮力不起主导作用，油气充注主要受体积增大和受热膨胀作用，不断向外排驱孔隙水并拓展分布的范围，形成连续和广泛分布的致密深盆类油气藏(庞雄奇等，2013)(图3-32)。

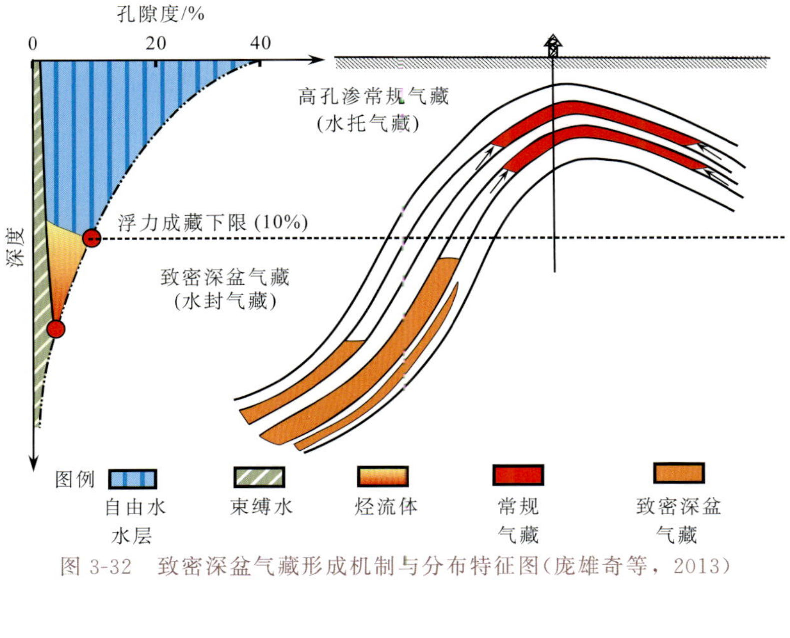

图3-32 致密深盆气藏形成机制与分布特征图(庞雄奇等，2013)

（二）致密深盆气藏的地质特征

以迪北气藏为例，阐述致密深盆气藏的地质特征。

1. 构造特征

迪北气藏位于库车坳陷克拉苏-依奇克里克构造带东部的依南断鼻构造上，北依依奇克里克背斜，南临秋里塔格构造带东部（图 3-33）。依奇克里克构造带对迪北气藏的发育具有控制作用，依奇克里克断裂上盘为依奇克里克构造带，发育多个东西向的长轴背斜；下盘为迪北斜坡带，迪北构造即为发育于依奇克里克断裂下盘的一大型断鼻，该断鼻向南倾伏，走向近东西向，东西长约 28km，南北宽约 5km，以海拔－2600m 为闭合圈，面积 98km^2，幅度 1600m。控制依南断鼻的断裂为一条北倾的逆断层，近东西走向，断层自三叠系断至古近系，断裂落差最大约 450m，形成于喜马拉雅期，对依南断鼻的发育与形成有重要影响（刘玉魁等，2004）。总体上，迪北地区构造较为简单，构造圈闭不太发育，地层较为平缓，有利于致密砂岩气大面积成藏（图 3-34）。

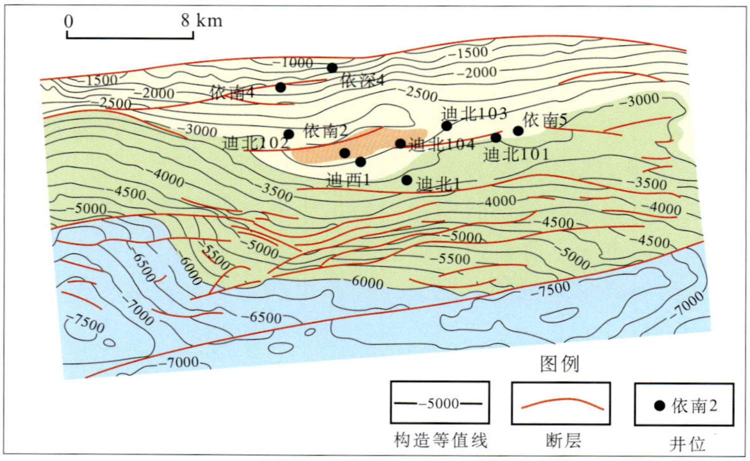

图 3-33　库车坳陷迪北气藏侏罗系顶面构造图（据庞雄奇等，2014b）

2. 烃源岩特征

迪北气藏具有多套烃源岩，主要分布在三叠系的黄山街组和塔里奇克组、侏罗系的阳霞组和克孜勒努尔组，烃源岩主要为暗色泥岩、炭质泥岩及煤层，总体上具有厚度较大、分布广、有机质丰度高的特征，侏罗系烃源岩 R_o 值分布范围为 0.75%～1.01%，处于生油高峰阶段，三叠系烃源岩 R_o 值分布范围为 0.92%～1.23%，处于生油高峰到生凝析气阶段，为该地区大规模发育致密砂岩气藏提供了良好的物质基础。

3. 储盖特征

迪北气藏储层主要为下侏罗统阿合组，其次为阳霞组。下侏罗统主要为高水位背景下的辫状河三角洲沉积（图 3-35），其中，阿合组主要为辫状河三角洲平原水下分流河

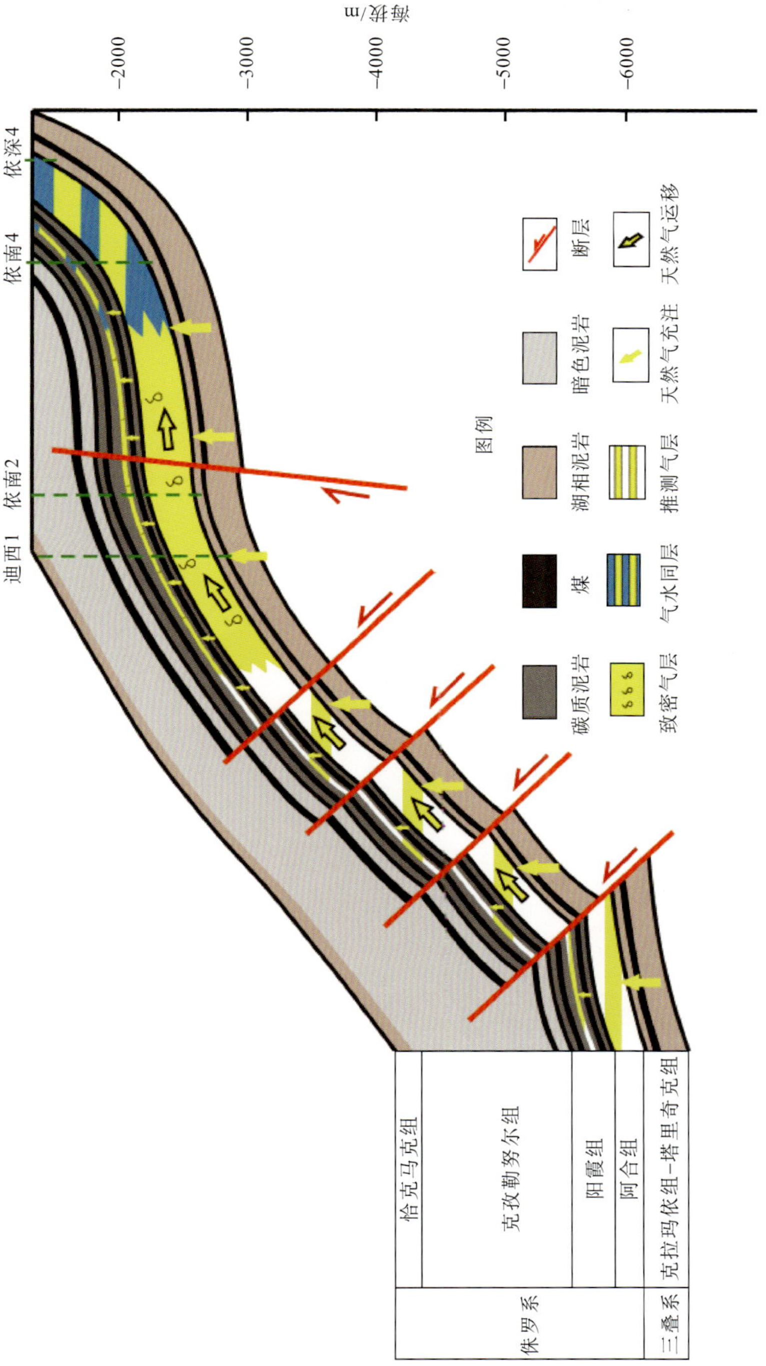

图 [redacted] 库车拗陷迪北气藏剖面图

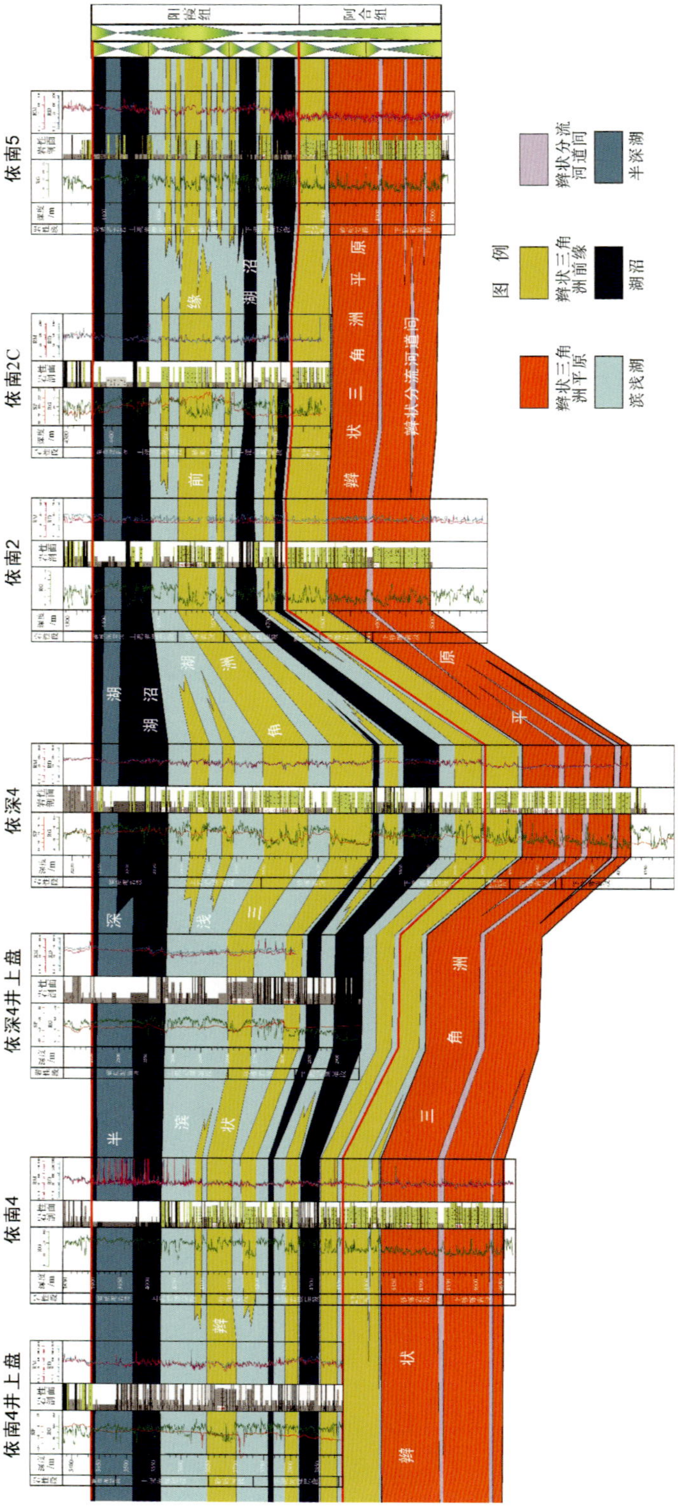

图 2.11 库车坳陷迪北气藏下侏罗统沉积相连井剖面图

道及辫状河三角洲前缘的水下分流河道、河口坝、支流间湾沉积，阳霞组主要为滨浅湖、沼泽化滨浅湖-湖沼夹辫状河三角洲前缘沉积，砂体较阿合组不发育，发育多套泥岩和煤系地层(高岗等，2002)。

迪北气藏下侏罗统阿合组和阳霞组储层以含砾粗砂岩、粗砂岩和中砂岩为主。储层成分成熟度较低，岩石类型主要为岩屑砂岩，石英含量为26.50%～54.89%，长石含量为1.93%～35.34%，岩屑含量为32.09%～54.75%，岩屑主要为变质岩屑，胶结物主要为碳酸盐矿物和黏土矿物。储层结构成熟度中等，分选较好，磨圆以次棱-次圆为主，颗粒间以线接触和线-凹凸接触为主，胶结类型主要为接触-孔隙和压嵌-孔隙式。迪北气藏基本不发育原生孔隙，主要孔隙类型为粒内溶孔、粒间溶孔、颗粒溶孔和微孔隙(图3-36)，同时裂缝较为发育，但不同单井裂缝发育极不均匀，其中，依南2井裂缝最为发育，依南4井和依深4井裂缝发育程度次之，依南5井裂缝最不发育(王鹏威等，2014)。根据岩心物性统计表明，迪北气藏储层为低孔、低渗或特低孔、特低渗储层，孔隙度基本小于12%，主要分布在2%～8%；渗透率主要为$0.01\times10^{-3}\sim1\times10^{-3}\mu m^2$(图3-37)。

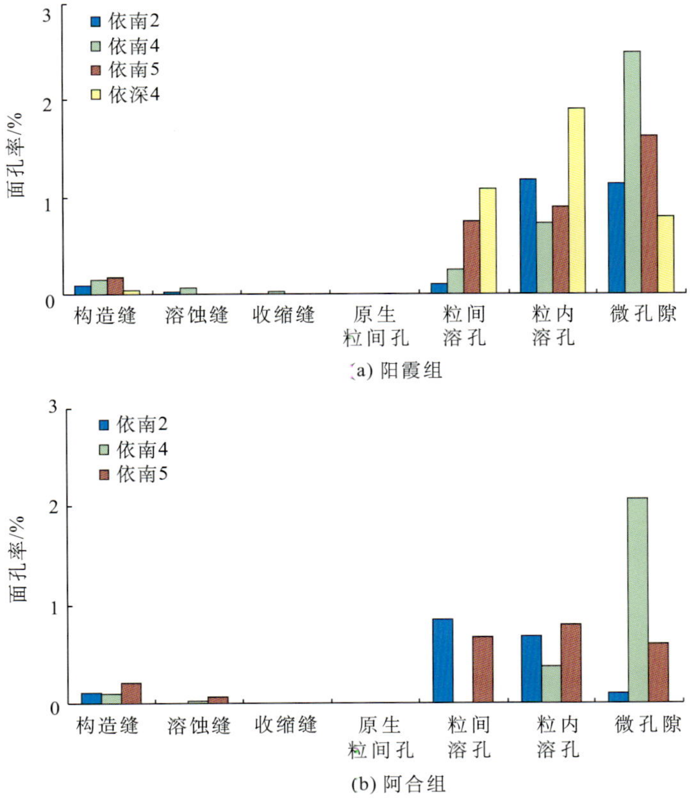

图3-36 库车拗陷迪北气藏下侏罗统孔隙类型分布图

迪北气藏发育侏罗系泥岩和新近系吉迪克组膏盐岩盖层，其中，侏罗系泥岩盖层主要分布在阳霞组、克孜勒努尔组和齐古组，具有横向分布稳定、厚度较大的特征；吉迪克组膏泥岩盖层广泛发育、厚度大，膏泥岩盖层物性很差，其封闭天然气的能力很强，

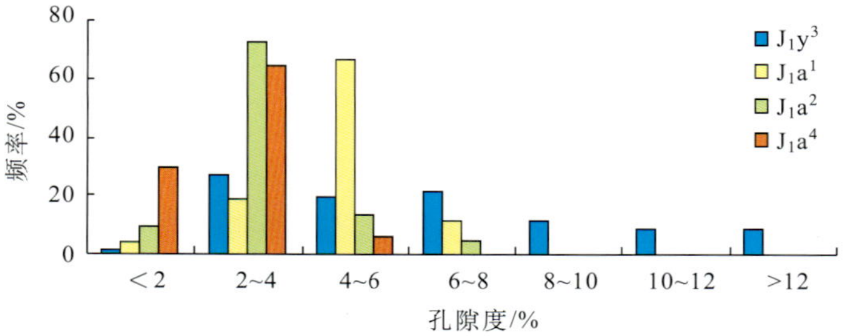

(a) 孔隙度

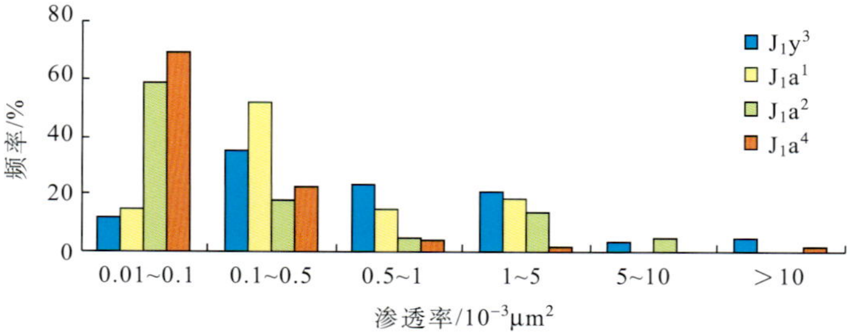

(b) 渗透率

图 3-37 库车坳陷迪北气藏下侏罗统储层物性统计图

同时膏泥岩盖层具有较强的塑性，在构造变形中不易产生断裂，有利于盖层保持较强的完整性。因此，迪北气藏的盖层封闭能力很强。

4. 流体特征

迪北气藏原油密度较低，20℃时地面原油密度为 0.7751～0.8528g/cm^3，平均为 0.814g/cm^3；黏度一般为 0.5～3.0mPa·s，属于轻质原油；含蜡差别比较大，分布在 0.87%～4.69%，平均为 2.27%；胶质和沥青质含量都比较低，其含量随密度增大而明显增加；低含硫，硫含量分布在 0.03%～0.44%，平均为 0.16%，不同井含硫量差异性明显，依南 5 井含硫量一般大于 0.1%，依南 2 井含硫量一般小于 0.1%；原油的族组成中，饱和烃含量占主导地位，相对含量在 90.61%～91.27%，芳烃含量在 5.84%～5.89%，非烃及沥青质含量低(图 3-38)。

迪北气藏天然气中烃类气体占绝对优势，其中，甲烷含量较高，一般为 88.02%～94.42%，平均为 90.88%；重烃气含量普遍较低，一般为 5.04%～7.62%；非烃含量总体较低，但变化范围大，各产层或含气层非烃含量在 0.74%～4.57%；平均干燥系数为 0.92(图 3-39)。

5. 温压特征

迪北气藏属于常温、超压、湿气藏，从压力系数来看，依南 4 和依深 4 井压力系数多分布在 1.4 左右，而依南 2 和依南 2C 井的压力系数多分布在 1.75 左右，表明自斜坡

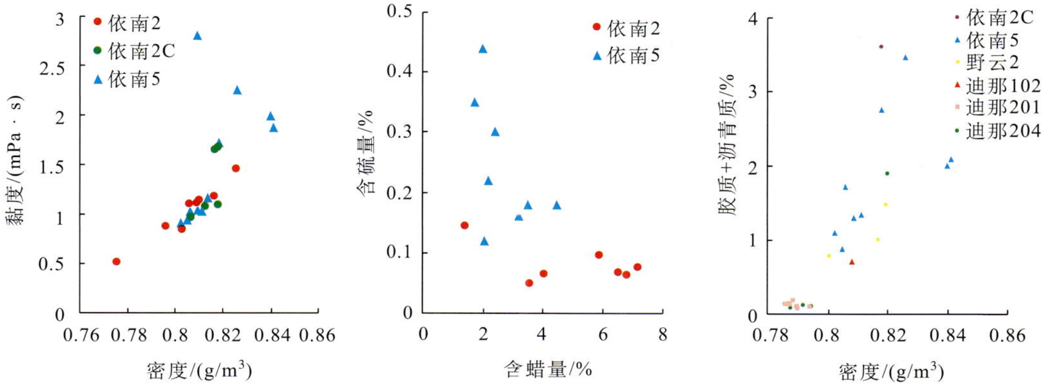

(a) 黏度-密度关系　(b) 含硫量-含蜡量关系　(c) 胶质+沥青质-密度关系

图 3-38　库车坳陷迪北气藏原油性质统计图

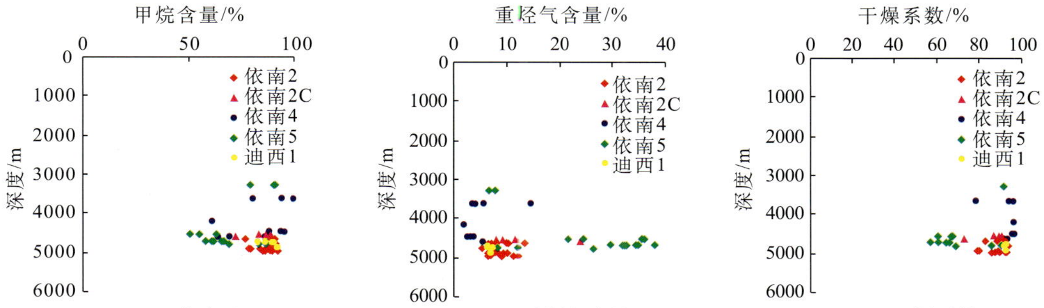

(a) 甲烷含量　(b) 重烃气含量　(c) 干燥系数

图 3-39　库车坳陷迪北气藏天然气性质统计图

区到隆起区具有泄压的特征。同时地层流体压力分析表明，迪北气藏水层的压力梯度大于气层的压力梯度(图 3-40)，即在水层之下的气层中出现了相对于上覆水层压力的异常低压，这一现象为典型的致密气压力特征(姜振学等，2000；Law，2002)。

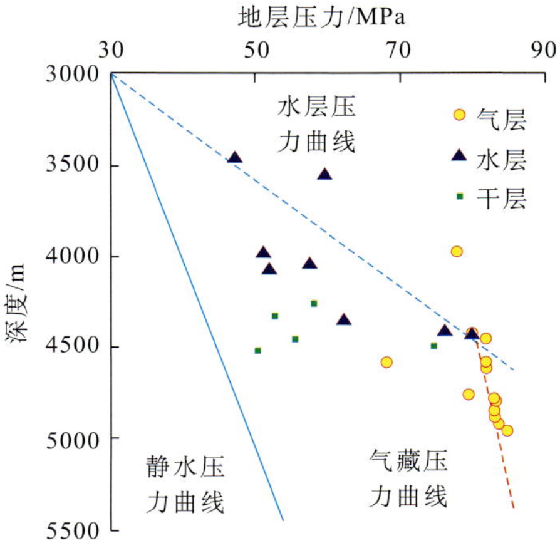

图 3-40　库车坳陷迪北气藏流体压力特征统计图

（三）致密深盆气藏的成因机制

1. 构造演化史

迪北气藏的构造演化与喜马拉雅运动息息相关，喜马拉雅运动是库车坳陷构造和圈闭形成的主要动力，喜马拉雅运动划分为 3 期，对应的时间分别为渐新世末、上新世末和早更新世末，其构造挤压强度依次由弱变强，在喜马拉雅运动晚期达到高峰，是该区构造的主要变形期和定格期，也是该区油气成藏的主要时期。喜马拉雅早期，构造开始活动，此时期发生沉积间断，白垩系顶部遭受剥蚀；古近系沉积之初(65Ma)到吉迪克组沉积之初(23Ma)，构造进入较为稳定期，以稳定沉积为主；康村组沉积(即 12Ma)以来，南天山造山运动加剧，在向南挤压作用下形成一系列推覆构造，同时由于受到挤压作用的影响，产生穿入基底的断层；库车组沉积(5Ma)以来，喜马拉雅晚期运动使深部构造变形加剧，圈闭基本形成；西域组沉积(即 2Ma)至今，挤压作用最为强烈，从而产生大量通天断层，同时由于强烈的构造挤压，迪北地区发生剥蚀现象，尤其在依深 4 井，剥蚀量可达到数千米。

2. 油气充注史

包裹体岩相学研究表明，依南 2 井侏罗系致密砂岩储层岩性为含砾砂岩，矿物以石英为主，镜下裂缝不发育，样品中油气包裹体不丰富，主要发育于石英次生加大边内侧。包裹体镜下观察表明，迪北地区主要发育气-液两相、单一气相、单一液相的烃类包裹体，同时也发育大量与烃类包裹体共生的盐水包裹体。烃类包裹体主要有发蓝-黄色荧光气-液两相包裹体和发蓝色荧光气-液两相包裹体，发浅黄色荧光的烃类包裹体成熟度较低，发蓝白色荧光的烃类包裹体成熟度较高，分别是不同期次的产物，反映了具有两期充注的特征。在镜下可见不同颜色的烃类包裹体的相互切割关系，主要可见蓝白色烃类包裹体切割浅黄色烃类包裹体(图 3-41)。

通过对迪北气藏下侏罗统储集层样品开展系统的包裹体岩相学观察，发现迪北气藏下侏罗统储集层中主要发育两期包裹体，分别对应于两期充注事件：①第Ⅰ期为在石英次生加大边内侧和石英颗粒内裂纹中发育的发浅黄色、淡黄色荧光的烃类包裹体，多为椭圆状，气液比较小，反映了早期成熟油气的充注，与其共生的同期盐水包裹体均一化温度主峰范围为 100～115℃，表明其为形成于吉迪克期到库车期(23～12Ma)的油气充注事件；②第Ⅱ期为在穿石英颗粒裂纹和石英颗粒内裂纹中发育的发蓝色荧光气液两相包裹体，主要为椭圆状和不规则状，气液比较大，反映了高成熟轻质油气的充注，此期包裹体相比第Ⅰ期包裹体更为发育，反映此期充注强度较大且成岩环境有利于形成流体包裹体，与此期油气包裹体共生的同期盐水包裹体均一化温度主峰范围为 120～135℃，表明其为形成于库车期到现今(5～0Ma)的天然气充注事件(李峰等，2014)。

3. 储层物性演化史

利用沉积-成岩-构造一体化预测模型恢复了迪北气藏储层孔隙度演化史(张荣虎等，2011)。迪北致密砂岩气藏依南 2 井阿合组储层主要为辫状河三角洲平原分流河道沉积，由于目的层段具有多种粒度，因此 $\Phi_{模型}$ 的构建采用不同岩性含量加权平均的方法，以便更加精确地反映实际储层的孔隙度演化过程。通过加权平均可计算得到迪北气藏的 $\Phi_{模型}$：

$$\Phi_{模型} = 14.194e^{-0.0003H} + 21.067e^{-0.0002H} \tag{3-7}$$

迪北地区的侏罗系阳霞组和阿合组均属于长期浅埋后短期深埋型储层，其埋藏历史

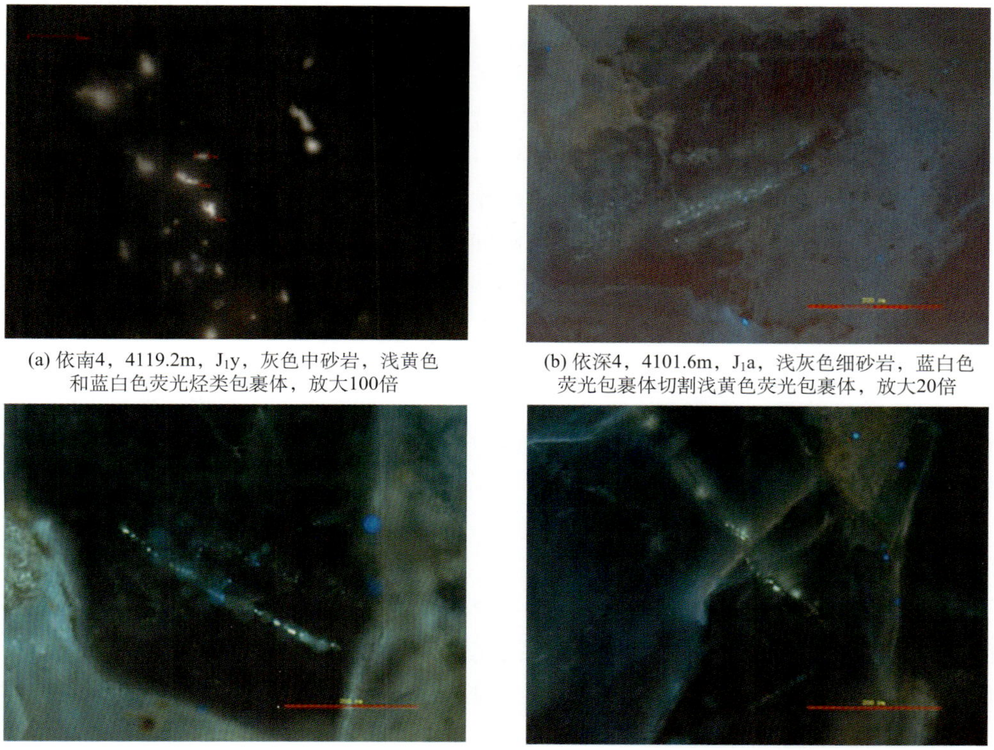

(a) 依南4，4119.2m，J_1y，灰色中砂岩，浅黄色和蓝白色荧光烃类包裹体，放大100倍

(b) 依深4，4101.6m，J_1a，浅灰色细砂岩，蓝白色荧光包裹体切割浅黄色荧光包裹体，放大20倍

(c) 依深4，3999m，J_1a，浅灰色含砾粗砂岩，蓝白色荧光包裹体切割浅黄色荧光包裹体，放大20倍

(d) 依深4，2711.49m，J_1y，浅灰色砂砾岩，蓝白色荧光包裹体切割浅黄色荧光包裹体，放大20倍

图 3-41 库车坳陷迪北气藏下侏罗统储层典型包裹体照片

主要经历了三个阶段：23Ma 以前的浅埋藏阶段、23～5.3Ma 的深埋藏早期阶段和从 5.3Ma 至今的深埋藏晚期阶段。储层在浅埋藏阶段的孔隙度演化主要受压实作用影响而减小，压实率一般为 40%～60%；该阶段溶蚀作用较弱，主要有煤系地层产生的有机酸对储层的溶蚀作用。深埋藏早期阶段以少量的溶蚀作用为主，胶结作用和压实作用较弱，溶蚀作用主要为早期碱性环境下石英和岩屑的溶蚀及后期有机酸沿断裂的注入导致的长石和岩屑的溶蚀。深埋藏晚期阶段以晚期的胶结作用和交代作用为主，主要表现为铁白云石胶结物充填部分孔隙。

迪北地区构造强烈，依南 2 井侏罗系构造应力可达 105.4MPa，薄片镜下观察表明颗粒压溶作用明显，也进一步说明构造挤压对孔隙度影响较大，利用模型约束条件确定构造减孔量 6%～9%；胶结物含量较低，以黏土胶结为主，平均含量在 6%～8%，胶结减孔量 3%～4%；溶蚀作用相对不发育，确定溶蚀增孔量 1%～2%，裂缝较为发育，但裂缝对孔隙度影响较小，裂缝增孔量小于 0.5%(李卓等，2013)。

在孔隙度演化模型和增孔、减孔量确定的基础上恢复了物性演化过程：吉迪克组沉积之前(23Ma 之前)，储层受到的成岩作用主要为早期压实作用、高岭石胶结作用，同时早期碳酸盐胶结物发育受到抑制，局部发育粒间溶蚀。该时期颗粒间主要为点接触，主要发育粒间孔和少量次生孔，各种成岩作用的综合影响可使孔隙度由原来的 40％降低到 21.7％～23.1％；吉迪克组沉积时(23～12Ma)，储集层快速深埋，储层受到的成岩作用主要为胶结作用、溶蚀作用和构造挤压导致的压实作用，胶结作用主要为硅质胶结和少量碳酸盐胶结，同时高岭石和蒙脱石转化为伊利石，颗粒间的接触关系主要为点-线接触，局部为凹凸接触，孔隙度降至 12.1％～12.8％；康村组沉积时(12～5Ma)，储层主要受到的成岩作用为溶蚀作用和胶结作用，硅质胶结物和少量碳酸盐胶结物较为发育，同时构造挤压作用进一步增强，颗粒间接触关系主要为线-凹凸接触，孔隙度进一步下降，在 8Ma 左右时孔隙度下降到 10％以下，储层致密化，康村组沉积末期降至 6.8％～7.3％；库车组沉积以来(5Ma 至今)，储层主要受到的成岩作用为构造挤压导致的强烈压实作用，同时由于生烃作用导致较强的溶蚀作用，溶蚀孔隙增加，同时构造挤压产生裂缝也可在一定程度上改善储层物性，颗粒间接触关系为线-凹凸接触，局部表现为缝合线接触，在多种成岩作用的影响下，孔隙度演化到现今的5.0％～5.6％，与实测平均孔隙度 5.2％能较好地吻合。

4. 成因机制及成藏过程

综合天然气充注史、储层孔隙度演化史之间的关系，表明迪北气藏天然气大量充注时间为库车期到现今(5Ma 以来)，侏罗系储层在前康村期(约 8Ma)致密化，即迪北气藏侏罗系气藏储层致密化时间早于天然气大量充注时间，其成因类型属于先致密后成藏型致密深盆气藏，但晚期遭受调整改造。

古近纪(23Ma)以来，迪北地区的三叠系烃源岩进入了排油期，当时储层未致密，在依奇克里克低幅度背斜仅聚集了少量原油。随着后期的快速深埋和构造挤压作用，迪北地区阿合组和阳霞组储层在前康村期开始致密，到库车期(5Ma)已经完全致密，孔隙度约为 7％；库车期(5Ma)以来，由于快速埋深，三叠系源岩高成熟，开始排出大量的天然气，同时侏罗系源岩也进入了排烃高峰期，排出了大量的油气，天然气以湿气为主，进入下侏罗统储层中，在迪北地区形成了大规模的致密深盆气藏。由于天然气的充注，早期聚集的少量原油发生气侵，并逐渐被驱替到致密深盆气圈闭以外或沿断裂散失。此时，构造活动不强烈，断层未断穿上覆新近系吉迪克组膏泥岩盖层，未对致密深盆气藏的形成造成显著影响。致密深盆气藏范围包括整个迪北地区和迪北以南的构造下倾部位。库车末期至第四纪西域期，该构造开始强烈变形，依奇克里克大背斜抬升幅度显著增大，依深 4 大断裂活动强烈，断穿至地表，且南部相关断裂形成，将下侏罗统储层与浅部储层和地表连通，因此构造高部位依南 4 井区的原型构造气藏遭受调整破坏，油气沿断裂向上运移，逐渐散失，致密深盆气藏范围受构造调整减小，形成现今气藏(邢恩袁等，2011)。

(四) 致密深盆气藏形成和分布的主控因素

1. 稳定的构造(P)是深盆气富集保存的前提

致密深盆气藏一般都发育在构造稳定带范围内，形态、大小和边界不受构造等高线的控制。传统的构造稳定带一般是斜坡带和深凹带，但是对于构造运动相对较弱的地区，如深大断裂不发育的斜坡和成藏期前无大断裂、成藏后发育小规模断裂但未破坏其直接盖层的区域也属于构造稳定的区域。

2. 深盆圈闭(L)是深盆气富集的场所

致密深盆气藏不需要传统意义上的圈闭条件，力平衡界面是该类圈闭的最大边界，圈闭类型主要为生烃补给与散失平衡的动态圈闭，动态性特征较强。同时，在致密深盆气藏圈闭的内部通常发育一些相对高孔渗的砂体（“甜点”）形成一些圈闭类型，一般以岩性圈闭、成岩圈闭、裂缝圈闭为主。

3. 有利的沉积相(D)是致密深盆气大面积分布的保证

致密深盆气藏由于运聚方式为活塞式，浮力在运移过程中基本不起作用，因此其分布不受构造等高线控制，而主要受控于砂体的分布。因此，有利的沉积相是致密深盆气大面积分布的保证。

4. 气源充足(S)是致密深盆气成藏的动力因素和物质基础

充足的气源是致密深盆气藏的物质基础，此类气藏对烃源岩条件要求相对苛刻一些。要求烃源岩有机质含量高、干酪根类型以Ⅲ型为主、演化程度高、分布面积大、厚度大等，而且更关键的是生、排气高峰出现的地质时代较晚且持续时间较长，乃至现今仍有较强的生气能力，这是致密深盆气藏动态圈闭具有一定规模并能保存至今的最重要的物质保证。

（五）致密深盆气藏形成和分布发育模式(T-LPDS 模式)

目前已发现的致密深盆气藏均受烃源灶(source)、有利的沉积相带(deposition)、储层致密界限(limited)、构造稳定带(plane)四大要素控制。四大要素在纵向上的有序组合决定着油气成藏的层位（图 3-42）；在平面上的叠加复合决定着油气成藏的范围；

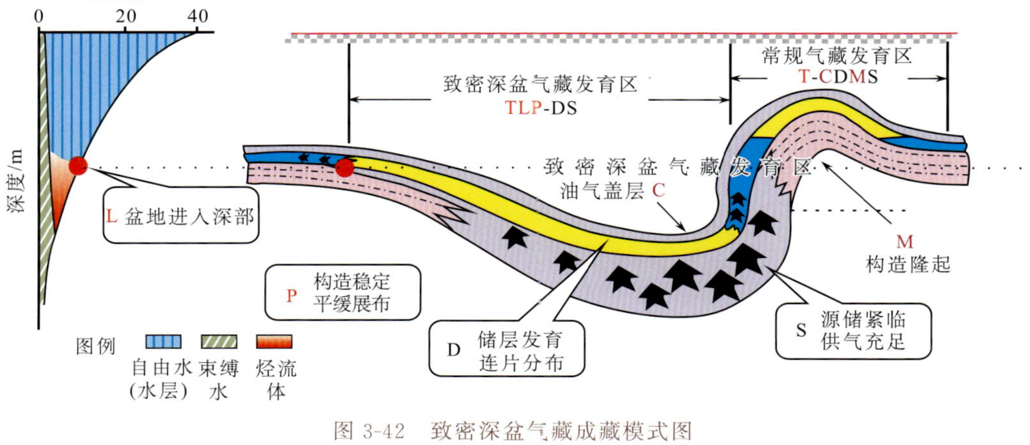

图 3-42　致密深盆气藏成藏模式图

在地史过程中的同时联合决定着油气成藏的时间，将四大要素的这种综合控藏作用概称为功能要素组合成藏，即 T-PLDS 致密深盆气藏预测模型(图 3-43)。

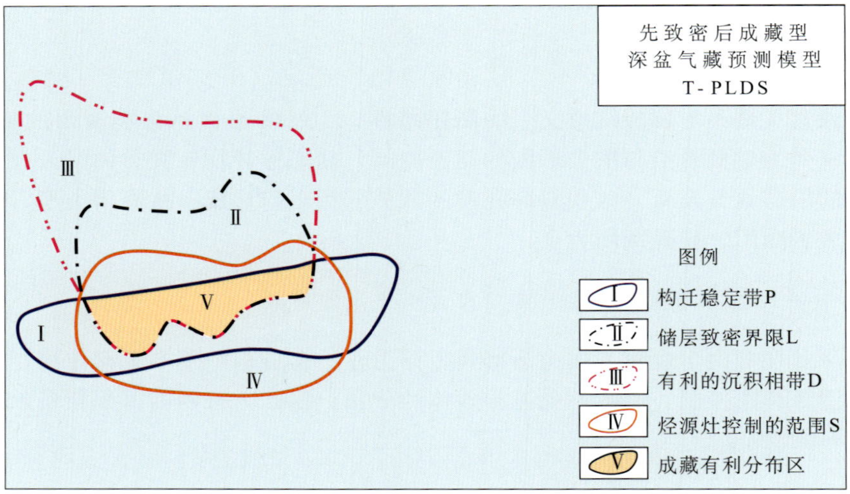

图 3-43　致密深盆气藏预测模型图

三、致密复合气藏的地质特征与成因机制

（一）致密复合气藏的基本概念

致密复合气藏是广泛分布在深凹区、背斜带和斜坡区的非常规致密砂岩气藏，此类气藏是早期在浮力作用形成的致密常规气藏和晚期非浮力作用下形成的致密深盆气藏在盆地深部条件下叠加和复合的结果，也包括经后期断裂或裂缝改造形成的浮力调整后的深盆型致密砂岩气藏，如晚期凹中隆等。

致密复合气藏具有两者复合的特征，即具有致密常规气藏高点汇聚、高位封盖特征，也具有致密深盆气藏低凹汇聚、低孔富集的特征；以多种不同动力机制为主要运聚动力，由浮力作用与气体分子膨胀力作用叠加复合形成，成藏动力早期为浮力，晚期为毛细管力与分子膨胀力之和；储量通常巨大；此类气藏的有效范围是致密深盆气藏的圈闭范围与常规圈闭的溢出点构造等高线所包围的范围的交集；具有较复杂气水分布规律、整体含气、位于常规圈闭中的致密砂岩气藏类型，存在气藏内部高处低处油气共存、高压低压油气共存、高孔低孔油气共存、早成与晚成油气共存的复杂油气地质现象。

致密常规气藏形成于储层致密化之前并在后期作用下致密化，致密深盆气藏形成时间为储层致密化之后，因此，在成藏时间上先后有别，形成致密复合气藏是多期排烃、不同类型的气藏叠加成藏的结果；晚期构造调整作用可产生断裂和裂缝发育带，可改善储层物性，同时浮力可在一定程度上起作用，可调整局部的气水分布关系，可形成调整改造成因的致密复合气藏。

致密复合气藏具有致密常规气藏和致密深盆气藏复合成因，且随着埋藏深度加大和压实作用增强，不同类型致密砂岩气藏可以相互转换。因此，致密复合气藏的成因机制为：早期排烃阶段，天然气在浮力作用下在构造高点聚集形成常规气藏，且随着埋深的加大，压实作用或构造挤压作用的增强使储层发生致密化；储层致密化之后，在烃源岩晚期排烃阶段可形成致密深盆气藏；随着埋深进一步增大，常规气藏转变为致密常规气藏，同时早期在构造凹陷、斜坡部位形成的致密深盆气藏与此阶段在构造隆起部位形成的致密常规气藏叠加，形成致密复合气藏。因此，不同类型的致密砂岩气藏可在平面上复合连续和纵向上叠加。

致密复合气藏的形成分为三个阶段(庞雄奇等，2013)。第一阶段为常规气藏形成阶段，这一阶段形成的常规气藏可以是背斜类、地层类，也可能是岩性类；第二阶段为致密深盆气藏形成阶段，这一阶段可能比第一阶段晚但也可能同时进行，主要是在盆地深部的中心区或斜坡带或边缘区形成致密深盆气藏；第三阶段是在埋藏过程中，常规气藏变成为致密常规气藏，致密深盆气藏范围不断扩大并将致密砂岩气藏全部覆盖而形成一个更大的统一的致密复合气藏(图 3-44)。

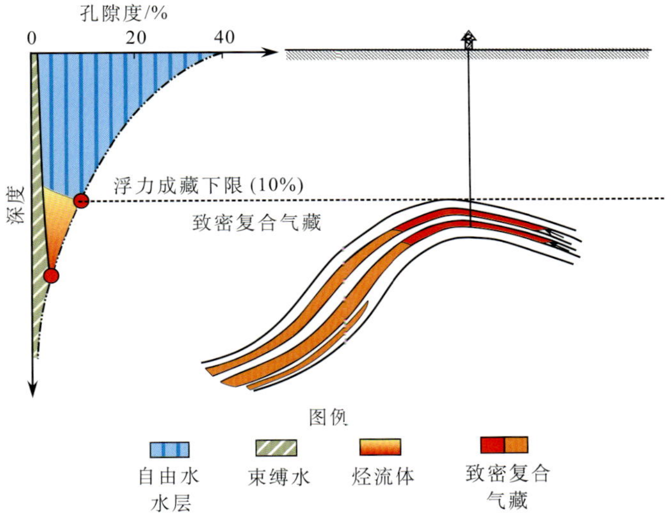

图 3-44 致密复合气藏形成机制与分布特征图(庞雄奇等，2013)

(二) 致密复合气藏的地质特征

以大北 3 气藏为例，阐述致密复合气藏的地质特征。

大北 3 井是库车拗陷第一口在 7000m 以下的盐下构造获得高产气流的井，完钻井深为 7090.88m，自古近系底砂岩至白垩系巴什基奇克组砂岩段，气测显示较好，测井解释为差气层与气层。在白垩系巴什基奇克组 7058.0～7090.88m 井段测试，利用 6.0mm 油嘴求产，日产气 41.6862×10^4 m^3，获得了高产气流。

1. 构造特征

大北 3 气藏位于库车拗陷的克拉苏构造带西段，分布在吐孜玛扎逆冲断裂下盘，北与吐孜玛扎地面背斜以逆冲断层相接，南与秋里塔克构造带以拜城凹陷相隔。大北地区主要发育古近系盐下构造，这些构造是多个断层转折褶皱叠加形成的双重构造。大北3构造表现为近北东向的短轴背斜，轴向为南西—北东向，与南北两翼断层走向基本一致，背斜长轴为13.8km，短轴为5.3km，长短轴之比为2.6∶1，圈闭面积为56.3km²。大北3构造发育东西两个局部高点，其中西高点为全局高点，东高点为一局部高点。大北3号构造南、北翼分别发育拜城北断裂、克深南断裂两条区域性逆断层，两条断裂均为南西—北东走向的北倾逆断层，自古生界基底向上切割中生界，消失于古近系膏盐层中，平面上近北东向展布，与克拉苏构造带走向基本一致，其中拜城北断裂是控制构造形成的主控断裂(图3-45)。

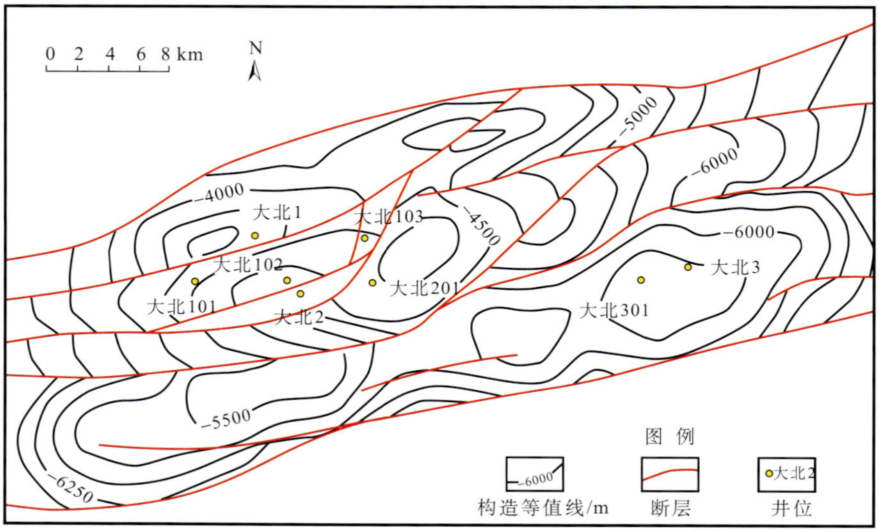

图3-45 库车坳陷大北地区白垩系顶面构造图

2. 烃源岩特征

大北3构造靠近拜城凹陷，具有良好的烃源岩条件。烃源岩主要分布在三叠系黄山街组、塔里奇克组和侏罗系恰克马克组、阳霞组和克孜勒努尔组，其中三叠系黄山街组和侏罗系恰克马克组为湖相烃源岩，三叠系塔里奇克组和侏罗系阳霞组、克孜勒努尔组为煤系烃源岩。烃源岩有机质丰度较高，其中侏罗系阳霞组顶部烃源岩镜质体反射率R_o为1.6%～1.8%，目前处于高成熟阶段，具有较好的生烃潜力，为大北3气藏的形成提供了较好的物质基础。

3. 储盖特征

大北3气藏气层分布在古近系库姆格列木群底砂岩段、白垩系巴什基奇克组。主要沉积相类型为辫状河三角洲前缘和扇三角洲前缘亚相(刘春等，2009)。储层成分成熟度较低，岩石类型主要为岩屑长石砂岩，以细粒、中粒为主，石英含量为40%～45%，平均为41.4%；长石含量为30%～36%，平均为31.9%，以钾长石为主，斜长石仅占

1%；岩屑含量高达24%～31%，平均为26.7%，以岩浆岩岩屑为主。填隙物含量较高，其中杂基主要为铁泥质和泥质(2%～5%)，胶结物主要为方解石(10%～15%)，含少量的硅质(<1%)，呈孔隙式胶结。储层结构成熟度低-中等，分选中等-好，磨圆以次棱角状为主，颗粒以点-线接触为主。孔隙类型为裂缝-孔隙型，其中孔隙主要为原生粒间孔，次为粒间、粒内溶孔及微孔隙。

根据岩心观察分析，大北地区目的层段裂缝较为发育，主要发育高角度裂缝。构造裂缝可分为三期(图3-46)，其中第二期和第三期为有效裂缝，裂缝被方解石半充填-未充填，第一期裂缝全充填方解石，为无效裂缝，此三期裂缝分别形成于喜马拉雅早、中、晚期。早期裂缝被充填的主要原因是裂缝密度小，连通性差，胶结物容易在裂缝内沉淀，而后两期有效裂缝的发育密度大，连通性好，可较大程度地改善储层物性，尤其是可提高储层的渗透率1～2个数量级，如大北101井储层基质渗透率只有0.08×10^{-3} μm^2，而裂缝发育带的渗透率可达$1.25\times10^{-3}\mu m^2$，裂缝的发育对晚期天然气充注产生了巨大影响。

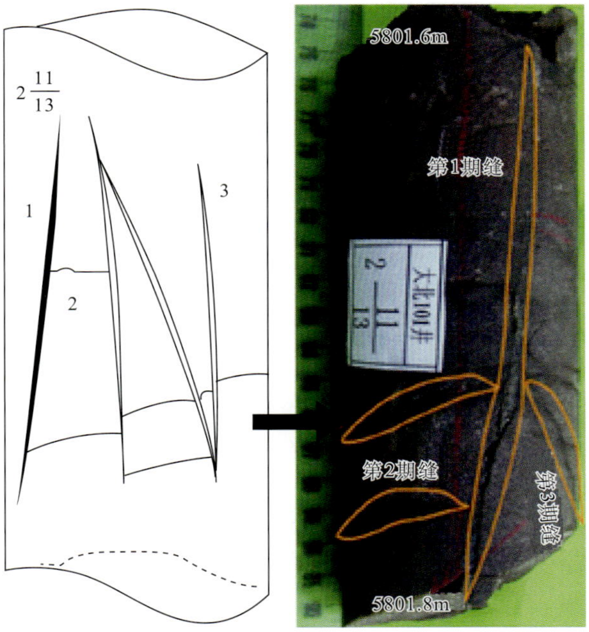

图3-46 库车坳陷大北地区巴什基奇克组储层裂缝发育特征(张荣虎等，2008)

大北3气藏储层岩心孔隙度最大值11.2%，最小值0.85%，平均值5.15%，绝大部分孔隙度小于10%；渗透率最大值$3.46\times10^{-3}\mu m^2$，最小值$0.02\times10^{-3}\mu m^2$，平均值$0.13\times10^{-3}\mu m^2$，绝大部分储层渗透率小于$0.1\times10^{-3}\mu m^2$(图3-47)。整体上，大北地区储层属于特低孔、低渗储层。

大北3气藏盖层是一套区域上分布十分稳定的、厚度达1073m的古近系库姆格列木群膏盐岩-膏泥岩段盖层，其中膏盐岩厚356m，膏泥岩厚717m，为蒸发盐湖沉积，

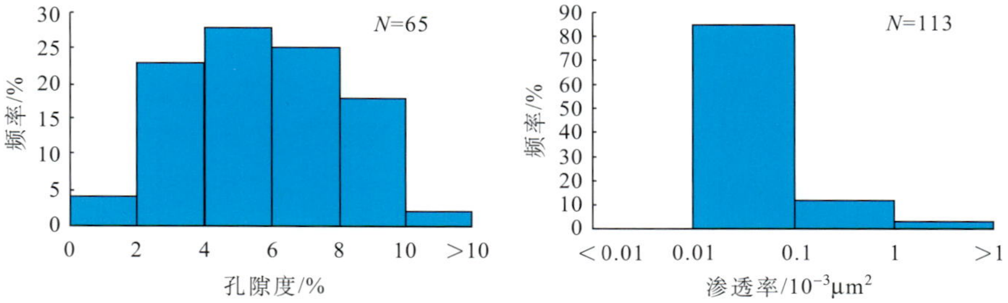

图 3-47　库车坳陷大北 3 气藏白垩系巴什基奇克组岩心物性统计图

是一套分布范围广泛的优质盖层，与古近系库姆格列木组底砂岩、白垩系巴什基奇克组砂岩组成一套良好的储盖组合(刘春等，2009；王波等，2011)。

4. 流体特征

大北 3 气藏的甲烷含量为 96.9%～97.2%，平均为 97.05%，乙烷含量为1.23%～1.24%，平均为 1.235%，丙烷含量为 0.089%～0.092%，平均为 0.091%，干燥系数为 0.98～0.99，平均为 0.985，天然气相对密度较低，为 0.5718～0.5723g/cm^3，平均为 0.5721 g/cm^3。氮气含量为 0.79%～1.17%，二氧化碳含量为 0.439%～0.499%，不含硫化氢。总体上具有甲烷含量高、相对密度低、非烃含量低的特征。

5. 温压特征

大北 3 气藏只对古近系库姆格列木组底砂岩 7058.00～7090.88m 井段测试了一次，地层压力为 119.039MPa，压力系数 1.72，气藏中部地层温度 146.8℃，地温梯度 2.08℃/100m，属于常温超高压干气气藏。

大北 3 井只测试了一次，测试井段 7058～7090.88m，有效产层为古近系底砂岩。测试时压力计下深 7043.21m，二关井实测稳定地层压力 119.039MPa，折算压力系数 1.72，地层温度 146.8℃，地温梯度 2.08℃/100m，压力梯度 0.301MPa/100m，为常温高压系统。

(三) 致密复合气藏的成因机制

1. 构造演化史

构造演化研究表明，大北地区构造在古近纪早期开始形成，在新近纪西域期定型，形成了现今的构造格局，大致经历了以下几个阶段：白垩纪末期，此时白垩系顶部抬升遭受剥蚀，为古隆起发育阶段；古近纪为弱伸展构造相对稳定阶段；到新近纪康村末期为宽缓背斜形成阶段；新近纪库车期以来是逆冲断层形成期，逆断层形成一系列断背斜圈闭，为断背斜发育阶段。

2. 储层物性演化史

研究结果表明，大北地区白垩系巴什基奇克组储层经历了长期浅埋，短期深埋的埋藏过程，成岩作用达到了中成岩A阶段。总体上，大北地区储层物性演化可分为3个阶段(张荣虎等，2008)。

(1) 早白垩世—晚白垩世早期，此阶段埋藏历史属于浅-中埋深期，沉积物快速堆积，储层受较强的压实作用、早期方解石和石膏的胶结作用、弱的石英加大作用，原生粒间孔急剧减少，孔隙度降低至18%左右。晚白垩世中期，该区逐渐抬升遭受剥蚀，直到古新世早期才接受沉积，此阶段遭受的压实作用、胶结作用相对减弱，同时较强的表生溶蚀作用可在一定程度上改善储层物性，孔隙度为20%左右。至古近纪末期，埋深可达1500m，由于受持续压实作用、石英、长石次生加大及方解石胶结作用的影响，孔隙度大大降低，但是渐新世油气的初次注入，带来了一定的酸性水，可产生溶蚀作用，改善储层物性，在多种作用综合影响下，孔隙度演化为12%～14%。

(2) 中新世末，即吉迪克组—康村组沉积期，此阶段埋藏历史属于深埋早期，埋深最大可达4500m，成岩阶段处于早成岩B期晚期，由于受到深埋压实、晚期方解石胶结、石英次生加大等作用，孔隙度进一步降低，同时晚期气体注入带来的少量酸性水产生的溶蚀作用，孔隙度降至8%～12%。

(3) 上新世以来，即库车组沉积期，此阶段埋藏历史属于深埋晚期，埋藏深度可降至6000m以下，成岩阶段处于中成岩早期，此阶段深埋压实的减孔作用相对减弱，强烈的构造挤压作用可导致孔隙度一定程度的降低，但可产生裂缝并在一定程度上改善储层物性，晚期天然气大量充注带来的酸性水可导致溶蚀作用的产生，同时，晚期方解石胶结、交代作用和石英次生加大等成岩作用可导致储层致密化，在多种作用的综合影响下，形成现今孔隙度为6%～10%(图3-48)。

3. 油气充注史

大北3井未取心，因此利用大北1气藏流体包裹体分析研究区油气充注历史。研究区古近系、白垩系砂岩储层样品中的烃类包裹体较少，主要为气态烃包裹体，也发育少量气液两相烃类包裹体，包裹体主要分布在石英次生加大边、石英颗粒内裂纹和穿石英颗粒裂纹中呈串珠状分布，以次圆形为主，个体较小，基本小于10μm。通过均一温度测试结果表明，与烃类包裹体共生的盐水包裹体均一温度主要有三个分布区间：分别为70～80℃、80～110℃和110～150℃，分别对应着康村期(12～5Ma)、库车期(5～2.5Ma)和库车晚期(2.5～1Ma)至今，其中前两期盐水流体包裹体与大量的油包裹体伴生，且第二期烃包裹体中气油比较高，气态烃占50%以上，对应原油和早期天然气的充注期；第三期盐水流体包裹体与大量的气态烃包裹体伴生，对应的是天然气的充注成藏期(图3-49)。

4. 成因机制与成藏过程

根据大北地区成藏史分析，表明研究区存在早油晚气的充注史(图3-50)。白垩纪

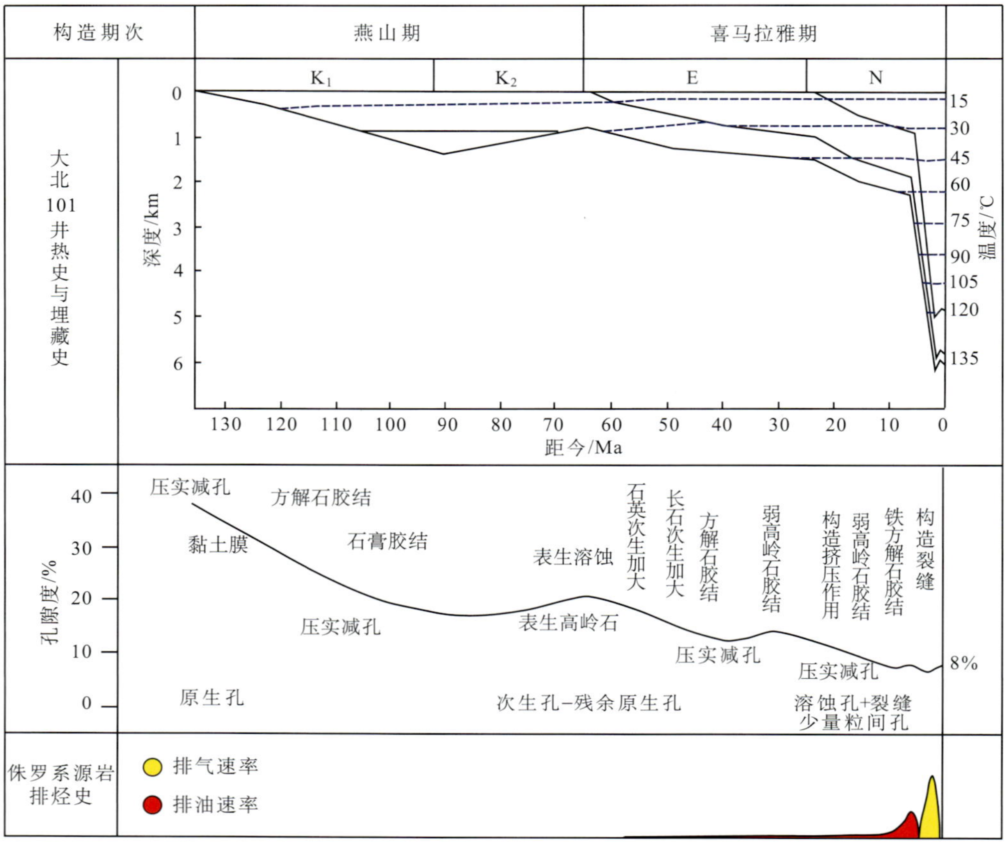

图 3-48 库车坳陷大北 3 气藏巴什基奇克组储层孔隙度演化与排烃史匹配关系图

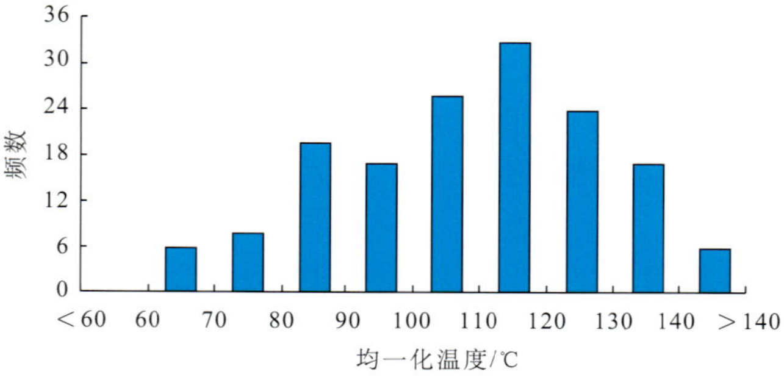

图 3-49 库车坳陷大北 1 气藏与烃类包裹体伴生的盐水包裹体均一化温度统计图

末期，由于构造抬升作用，大北地区白垩系遭受剥蚀，形成局部的地层缺失。在古近系膏盐岩层与膏泥岩层沉积后，大北地区古隆起进一步抬升，此时下部三叠系与侏罗系烃源岩进入早期排烃阶段，在古隆起顶部形成一定量的常规油藏，由于侏罗系煤系地层以生气为主，因此油藏顶部有一定高度的气顶；进入吉迪克组沉积期，随着白垩系储层埋深的增大，部分储层致密化，在斜坡部位可形成深盆油藏。康村期是两套源岩排烃的关键时期，该时期两套源岩先后进入排油高峰，并且侏罗系源岩排气量也逐渐增大，该时期的深盆油藏内溶解了大量的气态轻烃，油藏状态为凝析油藏，气油比高、地层压力高，随着油藏的扩大，与早期形成并且已经致密化的致密常规油气藏发生了叠加，形成了复合型油气藏，局部地区有残留的地层水。至今，由于晚期喜马拉雅运动的强烈改造作用，在大北地区形成大量的有效裂缝，将该地区致密储层改造为渗透性能接近常规储层的裂缝性致密储层，晚期的高成熟干气在浮力作用下在断块、断背斜顶部形成常规型致密砂岩气藏，而早期的复合型致密油气藏被调整或破坏，残留的油气藏保存在现今储层中的致密无裂缝部分中。

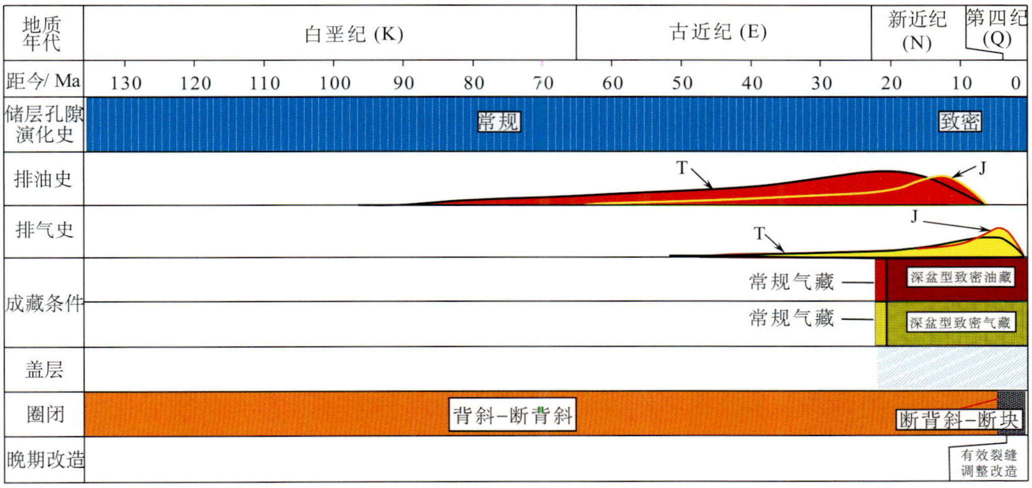

图 3-50　库车坳陷大北 3 气藏成藏事件图

综上所述，大北含气区的分析表明，该气藏是典型的早期常规型致密砂岩油藏与深盆型致密砂岩油藏叠合形成复合型致密砂岩油藏，又在晚期注气和构造调整的共同作用下，形成了构造调整成因的致密复合砂岩气藏，局部的边水推测是残留地层水被调整后的结果。

（四）致密复合气藏形成分布主控因素

由致密复合气藏的成因可知，致密复合气藏是早期浮力作用下形成的致密常规气藏与晚期生烃膨胀力作用下的致密深盆气藏叠加而形成的。因此，致密复合气藏的形成与分布受致密常规气藏和致密深盆气藏的区域性盖层(C)、平稳的构造区带(P)、力平衡边界(L)、有利的沉积相带(D)、古隆起(M)与烃源灶(S)六大功能要素的联合控制。同时，致密复合气藏在形成过程中气藏充注状态、圈闭类型、水动力等条件对其产状特征有不同影响，因此上述影响因素决定了致密复合气藏是一种气水分布规律较复杂、整体含气的致密砂岩气藏类型。

（五）致密复合气藏形成和分布发育模式

平稳的构造区带、区域性盖层、力平衡边界、有利的沉积相带、古隆起与烃源灶共六大要素在时间上和空间上的匹配控制着沉积盆地的油气成藏及其时空分布。六大要素在纵向上的有序组合控制油气富集的层位；六大要素在平面上的叠加控制油气富集的范围；六大要素在时间上有效地联合控制油气富集的时期或大量成藏期，即 T-PCLDMS 致密复合气藏成因模式。

致密复合气藏的预测方法是建立在致密常规气藏和致密深盆气藏预测基础之上，致密复合气藏平面上的分布范围与常规气藏的分布范围一致，但纵向上与致密常规气藏的区别是圈闭充满度高，虽然可能有残余地层水，但不可误认为是边（底）水，因为参与地层水的分布是无规律的，其下部依然含气，只是含气饱和度低于顶部储层的含气饱和度，这是由油气充注时期储层的物性决定的。这里需要强调的是，晚期调整形成的致密复合气藏不是致密常规气藏与致密深盆气藏的叠合，而是致密深盆气藏本身的晚期调整改造。因此，在致密常规气藏和致密深盆气藏两类气藏进行叠加后，还应将现今构造运动中形成的正向构造叠加进去，才是完整的致密复合气藏的平面分布预测结果。

四、各类致密砂岩气藏地质特征差异

不同类型的致密砂岩气藏地质特征具有较大的差异性（表 3-2）。

致密常规气藏主要分布于构造高部位，其基本特征是先成藏后致密，分布发育受浮力控制。致密常规气藏是浮力作用形成的常规气藏深埋之后因储层压实和成岩致密转化而来，它们形成于埋深较浅时期的构造隆起部位的高孔隙度和高渗透率储层内。当前，除了储层孔隙度和渗透率较常规油气藏的低之外，其他特征与常规气藏完全相同。因此，致密常规气藏具有高点汇聚、盖层保护、远离源灶、分布局限的特征。根据圈闭类型的不同，致密常规气藏可分为致密背斜气藏、致密断块气藏、致密岩性气藏和致密地层气藏四大类，以及它们之间的复合类型。

致密深盆气藏主要分布于深拗区或向斜带中，其基本特征是先致密后成藏，分布发育不受浮力控制。致密深盆气藏是有效源岩排出的油气进入了与源岩层紧密相邻的致密储层后，因不受浮力控制而就近聚集形成的气藏，成因机制可概括为“先致密后成藏”。由于深拗区内埋藏较深的储层最先进入浮力成藏下限，因而致密深盆气藏最先形成于深拗区并逐步向周边拓展。因此，致密深盆气藏具有紧邻烃源灶连续广泛分布、天然气聚集不受浮力和盖层控制、探井产能低但储量巨大、气藏内部缺少统一的油气水边界且产状倒置、稳态情况下内部压力低于静水压力等特征。

致密复合型气藏广泛分布于深拗区、背斜带和斜坡区，致密复合气藏是致密常规气藏与致密深盆气藏叠加复合而成，其基本特征是“先成藏后致密再成藏”，具有致密常规气藏高点汇聚、高位封盖特征，同时也具有致密深盆气藏低拗汇聚、低孔富集特征。一方面，早期在构造高部位形成的常规气藏，它们的含气面积因埋深增大和压实作用增强而向下向外增大；另一方面，后期在构造低拗区形成的致密深盆气藏随埋深增大和天然气不断进入致密储层，含气面积不断向上向外扩大。油气来源条件较好时，致密常规气藏与致密深盆气藏的含油气范围叠加复合形成一个复合型致密气藏。

表 3-2 不同类型致密砂岩气藏特征统计表

类别	详细分类	相同基本特征	分布特征	与常规气藏差异	成藏机制		
					主要动力	油气充注	储层致密
致密常规气藏	致密背斜、致密断块、致密地层、致密岩性	砂岩储层孔隙度低（小于10%，渗透率低（小于1mD），产能较低	分布特征类同常规气藏：高点汇聚、盖层保护、远离源岩、分布局限	埋深较大、储层致密、产能较低	浮力运移天然气进入高孔渗圈闭	发生在储层致密化之前	发生在天然气聚集之后
致密深盆气藏	盆地深部中心、盆地深部边缘、盆地深部斜坡	砂岩储层孔隙度低（小于10%），渗透率低（小于1mD），产能较低	分布广泛、源储一体，烃灶生排凹区富集，无需盖层，储量巨大	油气主要富集在拗陷区	毛细管力和分子膨胀力	发生在储层致密化之后	发生在天然气聚集前
致密复合气藏	深盆背斜复合、深盆断块复合、深盆地层复合、深盆岩性复合	砂岩储层孔隙度低（小于10%，渗透率低（小于1mD），产能较低	广泛分布、顶底受限，源储一体连续聚集，凹凸有利，储量巨大	油气分布不受构造隆起和盖层等条件限制	早期为浮力，晚期为毛细管力与分子膨胀力之和	早期和晚期有油气充注	发生在常规气藏聚集后

第四章 库车拗陷致密砂岩气藏发育模式与分布预测

第一节 库车拗陷广泛发育致密砂岩气藏

一、致密砂岩气藏的地质特征

（一）构造高部位砂岩体聚气，构造低部位砂岩体也可能聚气

库车拗陷的含气圈闭主要分布在克拉苏-依奇克里克构造带、秋里塔格构造带和乌什凹陷，含气面积达到1200km^2。其中，克拉苏-依奇克里克构造带含气面积占到了库车拗陷含气面积的60%以上，这是逆断层的挤压作用使得克拉苏-依奇克里克构造带和秋里塔格构造带形成了较多的有效圈闭，这些圈闭对于油气的聚集和保存起着十分重要的作用。目前发现的圈闭类型主要为构造圈闭，构造圈闭包括背斜圈闭、断背斜圈闭及断块圈闭等，其中褶皱-逆冲断层带中的背斜圈闭是主要的圈闭类型，圈闭在平面上成排成带地沿断裂展布，这些圈闭多数是与叠瓦状逆冲断层相关的褶皱或双重构造，而且处于古近系、新近系滑脱层之下，表现为以挤压作用为主的背斜和断背斜构造形态，具有面积大、数量多的特点。同时，这些圈闭普遍含气，目前发现的克拉2、克深2、迪那2、大北3、吐孜1、却勒1等油气田(藏)均属于背斜圈闭。

库车拗陷东部下侏罗统天然气多聚集在构造低部位，气藏的形态、规模和边界不受构造等高线的控制。以迪北气藏为例，圈闭幅度仅100m，而侏罗系阿合组气柱高度达256m，表明气藏明显不受低幅度构造控制；同时，构造低部位的迪西1井、依南2井均为工业气流井，而构造高部位的依南4井、依深4井多为水井，即阿合组连续砂体中出现气水倒置现象。

（二）高孔渗砂岩体储层含气，低孔渗砂岩体储层也可能含气

库车拗陷不同构造带储层物性具有较大差异性(图4-1)，克拉苏构造带物性最好，孔隙度大于12%的比例达到了60%，渗透率大于$1\times10^{-3}\mu m^2$的比例达到了65%；依奇克里克、秋里塔格及乌什凹陷等构造带整体上物性稍差，尤其是孔隙度较差，依奇克里克和乌什凹陷等构造带孔隙度小于12%的比例都达到了90%，秋里塔格构造带孔隙度小于12%的比例也达到了80%，秋里塔格构造带渗透率也较差，渗透率小于$1\times10^{-3}\mu m^2$的比例也达到了80%，但依奇克里克和乌什凹陷等构造带渗透率较好，其中依奇克里克构造带渗透率大于$1\times10^{-3}\mu m^2$的比例达到了40%，乌什凹陷渗透率大于1×

$10^{-3}\mu m^2$的比例达到了70%。

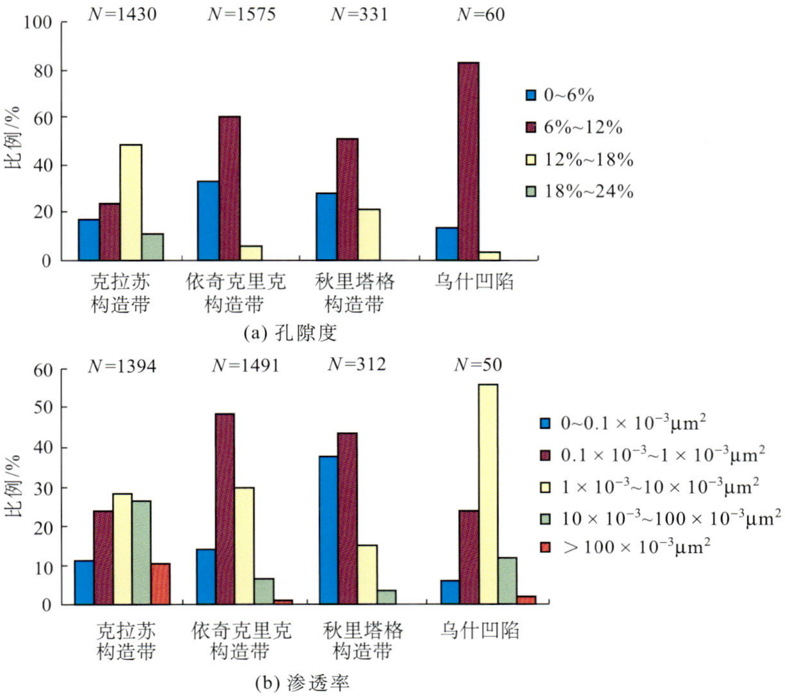

图 4-1 库车拗陷不同构造带储层孔隙度、渗透率分布图

库车拗陷的克拉、大宛和明南等地区物性较好，高孔渗砂岩体储层含气，而大北、克深、迪北和迪那等地区储层物性较差，低孔渗砂岩体储层也可能含气。

（三）紧邻源岩层砂岩体含气，远离源岩层砂岩体也可能含气

库车拗陷油气分布复杂，在紧邻源岩的侏罗系致密储层中油气可大量聚集，同时在远离源岩的白垩系和古近系致密储层中油气也可大量聚集。

致密储层紧邻烃源岩是形成致密深盆气的关键地质条件。在优越的成藏条件下，天然气经过短距离的初次运移直接进入相邻的致密储层当中，形成致密深盆气藏。迪北致密深盆气藏中，与三叠系烃源岩直接接触的下侏罗统阿合组致密储层含气性好，主要表现为致密储层普遍含气、含气饱和度较高、含气层厚度大等特征。

库车拗陷克拉苏构造带的油气主要分布在古近系巴什基奇克组和新近系库姆格列木群，油气来自侏罗系和三叠系烃源岩，断裂成为沟通下部烃源岩和上部储层的主要通道。油气沿断裂输导体系垂向运移至上部层系后，白垩系顶部和古近系底部的砂砾岩将成为油气侧向运移通道。

（四）相同层位砂岩体气藏既可显现为高压，也可显现为低压

致密砂岩气藏的压力既有异常高压又有异常低压（马新华等，2002）。致密深盆气藏一般都具有异常低压，但实际情况中除了加拿大的阿尔伯达盆地致密深盆气藏、我国鄂尔多斯盆地致密深盆气藏和吐哈盆地致密深盆气藏，具有异常低压特征，呈直线状分布之外，美国红色沙漠盆地致密深盆气藏、绿河盆地致密深盆气藏范围内还存在异常高压气藏，呈散乱状分布。这说明，致密砂岩气藏内实际上同时存在异常高压与异常低压。

鄂尔多斯盆地上古生界地层压力多见异常（图 4-2）。据 70 多口井的资料统计，压力系数小于 1 的“负压异常”占总层数的 75%，主要分布在盆地中部的主体部位；压力系数大于 1 的“高压异常”占 25%，分布于盆地的东部；盆地北部周边地区压力系数接近 1，应属常规区。这种“周边为正常压力、中部具负压、接近供气区局部又有正异常压力”的格局，正是致密深盆气藏及其外围地区压力分布的特征。至于在压力-深度图上没有回归到一条直线上，可以看作一是动态气藏的反映，二是单个砂体气藏存在的反映。

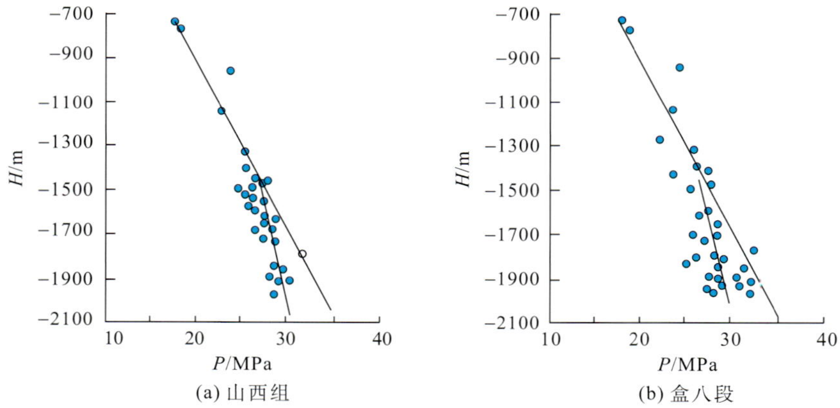

图 4-2 鄂尔多斯盆地中部、北部地区上古生界山西组、盒八段压力梯度图

二、致密砂岩气藏的成因机制

（一）纵向上多目的层段含气叠加导致致密砂岩气藏平面连片分布

我国川西坳陷蓬莱镇组气藏分布特点显示气层在井控区域的构造背斜范围内纵向上相互叠置，平面上叠合连片，目前构造高部位及其附近的井几乎全部获得工业性天然气产能，天然气在测试和试采过程中，主要是天然气产出，基本上无地层水产出，气藏表现为岩性-构造复合型油气藏（杨克明和朱宏权，2013）。

库车坳陷致密储层主要分布在侏罗系、白垩系、古近系及新近系。侏罗系阿合组和阳霞组砂岩、白垩系巴什基奇克组砂岩、古近系苏维依组砂岩和库姆格列木组底砾岩、

新近系吉迪克组底砂岩和库车组砂岩等有利储集层段在纵向上相互叠置，为致密砂岩气藏的形成与分布奠定了基础。同时，库车拗陷晚期构造挤压强烈，逆冲断层发育，断层断穿多个层位，向下断至侏罗系和三叠系烃源岩，向上断至白垩系、古近系和新近系储层，断层沟通了下覆源岩和多套储层，使得这些储层在纵向上连通，为致密砂岩气藏的发育提供了条件。

（二）平面上多类型气藏复合导致致密砂岩气藏大面积连片分布

目前发现的致密砂岩气藏在平面上多为大面积连续分布。例如，北美发现的致密深盆气藏面积都接近或超过了 $1\times10^4km^2$，其中阿尔伯达盆地艾尔姆华士深盆气藏面积为 $6.76\times10^4km^2$，大绿河盆地致密深盆气藏面积为 $2.125\times10^4km^2$，圣·胡安盆地致密深盆气藏面积为 $0.9325\times10^4km^2$。我国致密沙岩气藏已勘探面积也较大，潜在的有利勘探面积甚至超过北美地区。四川盆地上三叠统与大绿河盆地白垩系地质情况接近，已勘探致密砂岩气藏面积为 $0.6\times10^4km^2$，还有 $6.9\times10^4km^2$ 十分有利于致密深盆气藏发育的区域未被勘探；鄂尔多斯盆地北部斜坡至拗陷处的致密储层中大面积含气，勘探面积已达到约 $15\times10^4km^2$；吐哈盆地台北凹陷面积为 $1.48\times10^4km^2$，其中致密深盆气藏的潜在含气范围也占到了几乎整个凹陷范围。

库车拗陷致密储层广泛发育，基本遍布整个库车拗陷，且不同地区致密储层的致密化时间具有差异性，储层致密化时间与天然气充注时间的匹配关系决定着库车拗陷平面上发育多种类型致密砂岩气藏，如以迪那 2 气藏为代表的致密常规气藏、以迪北气藏为代表的致密深盆气藏和以大北 3 为代表的致密复合气藏等。因此，平面上不同类型气藏复合导致致密砂岩气藏大面积连片分布。

（三）地史期多源岩层多阶段供气导致致密砂岩气藏连续成片分布

库车拗陷发育多套气源岩，主要包括上三叠统黄山街组湖相烃源岩(T_3h)、上三叠统塔里奇克组煤系烃源岩(T_3t)、中下侏罗统阳霞组(J_1y)及克孜勒努尔组(J_2k)煤系烃源岩，以及中侏罗统恰克马克组湖相烃源岩(J_2q)。三叠系和侏罗系烃源岩的排油高峰分别对应于吉迪克期—康村期(23～5Ma)和康村期—库车期(12～2Ma)。

库车拗陷三叠系和侏罗系烃源岩分别排油 97.95×10^8t 和 99.09×10^8t，排油高峰都在康村期(12～5Ma)，三叠系和侏罗系烃源岩在此时期排油分别为 19.66×10^8t 和 40.46×10^8t。库车拗陷三叠系和侏罗系烃源岩分别排气 $85.29\times10^{12}m^3$ 和 $117.20\times10^{12}m^3$，排气高峰都在库车期(5Ma)，三叠系和侏罗系烃源岩在此时期排气分别为 $47.22\times10^{12}m^3$ 和 $64.37\times10^{12}m^3$，最大排气速率分别为 $15.74\times10^{12}m^3/Ma$ 和 $21.46\times10^{12}m^3/Ma$。库车拗陷无论是三叠系还是侏罗系的排气强度都超过了阿尔伯达盆地白垩系煤系地层的排气强度，为致密砂岩气藏广泛连续分布提供了气源。

三、致密砂岩气藏分布发育的主控因素

（一）烃源层的连续性与控藏边界决定了致密砂岩气藏的平面分布范围

天然气在源岩中形成之后，在满足了源岩残留(吸附、孔隙水溶和油溶(气))条件后

向储层中运移，促使天然气运移发生的主要动力是毛细管压力差。天然气在致密储层中的聚集规模随着地层压力的调整逐渐增大，当储层内气体聚集到一定量时，天然气便在气体分子膨胀力的作用下将顶部的地层水向外排驱，形成活塞式的运动方式，这一过程中烃源岩对气藏的供给量等于气藏内部的含气量与顶部散失量。由于致密深盆气藏是靠力平衡形成的动态封闭系统维持。因此，相对弱的、短暂供气的源岩不能满足形成致密深盆气藏的条件，如我国鄂尔多斯盆地上古生界总生气量为 $484\times10^{12}m^3$、最大生气速率为 $15m^3/(m^2\cdot Ma)$，阿尔伯达盆地侏罗系古生界总生气量为 $275\times10^{12}m^3$、最大生气速率为 $360m^3/(m^2\cdot Ma)$，都具有大量生气背景和较高的生气速率，且气藏都分布在烃源岩的排烃范围内，距离排烃中心越近，气藏储量越高。

烃源岩的分布控制了天然气排出的最大范围，从而控制了致密砂岩气藏的平面分布范围。库车坳陷目前已发现的油气藏中，油藏距离排烃中心最远距离 40km，而在排烃边界 20km 以外，就难以发现大规模的致密砂岩气藏。由此可知，烃源灶对致密砂岩气藏的成藏起着重要的控制作用。这种控制作用主要体现在三个方面：有效烃源岩控制着致密砂岩气藏的成藏期次，控制着致密砂岩气藏的平面分布范围，控制着致密砂岩气藏的资源潜力。库车坳陷三叠系和侏罗系烃源岩晚期排烃，并持续排烃，现今烃源岩排烃强度较大，烃源岩控制致密砂岩气成藏范围较大。

（二）浮力成藏下限和油气成藏底限决定了致密砂岩气藏的纵向发育领域

浮力成藏下限是针对浮力成藏作用而提出的地质概念，系指地层介质因埋深增大、压实作用增强而普遍使孔隙度降低、渗透率减少、孔喉半径变窄之后，浮力对油气运移成藏不再起主导作用的深度下限，通常用与深度对应的储层孔隙度、孔喉半径或渗透率来定量表征(庞雄奇等，2013)。浮力成藏作用阐明了地下油气在浮力作用下自盆地深部向浅部、自中心向边部运移的规律。因此，浮力成藏下限是同一目的层内常规气藏和致密深盆气藏形成和分布的动力学边界，国内外典型致密砂岩气藏剖析、物理模拟和数值模拟等都证明了浮力成藏下限的存在。当储层孔隙度大于浮力成藏下限时，油气主要受到浮力作用向浅部物性好的储层中运移，而不是在毛细管力作用下在储层中滞留成藏。当储层孔隙度小于此临界值时，油气不受浮力作用，而是在生烃膨胀力作用下在储层中呈整体活塞式运移。浮力成藏下限是多种因素综合作用的结果，因此，不同地区的致密砂岩气藏浮力成藏下限具有较大的差异性。

油气成藏底限系指含油气盆地油气成藏作用结束的动力学边界，或与这一动力学边界对应的埋深等临界地质条件。油气成藏底限不是储层内有油气显示存在的底限，较之油气成藏底限更深的储层内见到的油气可能是它在进入油气成藏底限之前聚集的。一般情况下，进入成藏底限之后的储层孔隙度非常小、渗透率非常低，即便目前保存有早期阶段形成的一定数量的油气，在现有技术与条件下也不可能得到商业性开采。因此，研究油气成藏底限对于确定有利勘探领域的边界范围和评价油气资源潜力并进行勘探部署都具有现实意义。

浮力成藏下限和油气成藏底界决定着致密砂岩气藏的纵向发育领域，在地表至浮力成藏下限之间的地层领域内，储层孔隙度高，已发现的天然气主要富集在正向隆起构造的高部位、区域性盖层之下的构造高点，气水关系正常，具有高点汇聚、高孔富集、高位封盖和高压成藏的特征；在浮力成藏下限至油气成藏底限之间的地层领域内，储层孔隙度较小，已发现的油气主要富集在低拗陷区内的低孔渗储层内，气水关系倒置，具有低拗汇聚、低位倒置、低孔富集、低压稳定的特征(庞雄奇等，2013)。

（三）紧邻源岩发育或通过断裂沟通的砂体决定了致密砂岩气藏的含气层位

国内外勘探实践和研究成果表明，烃源岩与致密储层的空间分布关系对致密砂岩气藏的发育具有重要的作用。

对于致密深盆气藏，烃源岩和致密储层多具有源储紧密相邻、近距离垂向运移成藏的显著特点。致密砂岩砂体分布范围广，多层砂体叠置连片，并且砂体与烃源岩构成互层，总体上具有源储紧邻的特征。致密深盆气藏表现为以渗流扩散作用为主，非达西渗流，运移距离较短，近距离垂向运移成藏缩短了天然气运移距离，提高了聚集效率。源储紧密相邻是形成致密深盆气藏的关键地质条件，也决定着致密深盆气藏的含气层位。库车拗陷下侏罗统阿合组和阳霞组储层普遍致密化，与下覆三叠系烃源岩和阳霞组—克孜勒努尔组烃源岩紧密相邻，也决定了致密深盆气藏具有在库车拗陷东部大面积分布的特征。

与常规气藏特征相似，致密常规气藏的烃源岩与储层并非紧密相邻，断裂可沟通下部烃源岩和上部储层，可作为油气垂向运移的良好通道。库车拗陷克拉苏构造带的大北1、大北3、克拉2、克深2和克深5等气藏烃源岩主要分布在三叠系和侏罗系，储层主要分布在白垩系巴什基奇克组和古近系库姆格列木组；依奇克里克构造带的迪那1、迪那2和迪那3等气藏烃源岩主要分布在三叠系和侏罗系，储层主要分布在古近系苏维依组和库姆格列木组。这些气藏均具有源储分离的特征，断裂可成为沟通下部烃源岩和上部储层的主要通道，油气沿断裂输导体系垂向运移至上部层系后，白垩系和古近系砂岩可成为油气侧向运移通道。因此，通过断裂连通烃源岩和储层决定了致密常规气藏的空间分布。

致密复合气藏广泛分布在深凹区、背斜带和斜坡区，此类气藏是早期在浮力作用形成的致密常规气藏和晚期非浮力作用下形成的致密深盆气藏在盆地深部条件下叠加和复合的结果，因此含气层位分布受到致密常规气藏和致密深盆气藏的综合影响，即紧邻源岩发育或通过断裂沟通的砂体决定了致密复合气藏的含气层位。

（四）源岩层生排油气史与深盆圈闭形成史配合决定了有利领域致密气资源潜力

烃源岩对致密砂岩气成藏具有重要控制作用，致密砂岩气的烃源岩以具有较强生烃能力的煤系烃源岩为主，有机质含量高，生气能力强，在高演化阶段仍有生气能力，没有明显生气高峰，具有持续生烃、持续充注的条件，为致密砂岩气藏的形成提供了充分的物质基础。烃源岩的分布控制了油气排出的最大范围，而油气成藏又受到烃源岩分布的影响。

致密砂岩气藏中的致密常规气藏主要成藏动力为浮力，分布在构造高部位，受常规构造、地层、岩性圈闭的控制，表现为单体型或集群式分布特征。致密深盆气藏主要成藏动力为生烃膨胀力，在深部凹陷、向斜中心或构造斜坡带下倾部位等大面积分布，表现为连续型和准连续型分布特征。因此，深盆圈闭的形成与演化是控制致密深盆气藏发育及分布的重要因素之一，它直接决定了致密深盆气藏的分布模式及资源潜力。致密深盆气藏的形成需要平稳的构造环境，这对致密深盆气藏的形成和保存具有十分突出的意义。

第二节　库车坳陷致密砂岩气藏分布预测

一、预测方法与原理及工作流程

（一）通过正演和反演结合确定致密砂岩气藏类型

以库车坳陷迪北气藏、迪那 2 气藏和大北 3 气藏为例，利用正、反演分析相结合的方法可确定库车坳陷致密砂岩气藏类型。

正演方法主要是在致密砂岩气藏圈闭特征、储层岩性及物性特征、流体性质及分布、气藏温压特征等静态特征剖析的基础上，开展致密储层物性演化史和油气充注史研究，并结合储层致密化时间和天然气充注时间的关系，厘定致密砂岩气藏的成因类型。反演方法主要是利用包裹体数据、薄片分析数据、气藏分析化验数据进行成藏期前后的地质事件推断，用以验证和校正正演结果，使其更加具有合理性和正确性，在此基础上，恢复致密砂岩气藏的成藏过程。在正演和反演研究的基础上，分析致密砂岩气藏的成藏过程和成藏机制，讨论不同地质条件下不同动力机制的成藏效应，明确致密砂岩气藏的成因类型，并建立不同成因类型致密砂岩气藏的成藏模式。

（二）通过气藏剖析和统计分析确定主控因素及其控藏临界条件

在正演与反演确定致密砂岩气藏类型和成藏过程的基础上，进一步解剖致密砂岩气藏烃源岩、储层、盖层和输导体系等地质条件，统计分析不同类型致密砂岩气藏成藏的地质因素与油气成藏的关系，研究不同地质因素的控油气作用，确定每一个地质因素控油气分布的成藏临界条件、成藏范围和成藏概率，并建立定量表征公式。

（三）基于盆地分析恢复主成藏期各类致密砂岩气藏形成的主控因素

在典型致密砂岩气藏详细剖析的基础上，利用岩心、地震、测井、录井、试油测试和分析化验等多种资料研究盆地(或凹陷)的区域盖层、沉积相、古隆起、烃源灶、构造稳定带和成藏动力学边界等地质要素平面分布及演化特征。

（四）基于 T-CDMS 模式和 T-LPDS 模式预测致密常规气藏和致密深盆气藏分布

烃源灶、古隆起、沉积相和区域盖层四大要素在时间和空间上的匹配控制着致密常规气藏的形成及分布，利用 T-CDMS 模式可预测致密常规气藏的分布。烃源灶依据油气分布门限来确定其有效范围，古隆起、沉积相和区域盖层则依据归一化的统计结果优选有利的区带作为有效范围，通过纵向上有序的叠合、平面上有效的叠加和时间上的联合匹配最后优选出现今最有利的致密砂岩气藏分布区带。

烃源灶、沉积相、力平衡边界和构造平稳带四大要素在时间和空间上的匹配控制着致密深盆气藏的形成及分布。利用 T-PLDS 模式可预测致密深盆气藏的分布，其中烃源灶依据油气分布门限确定有效范围，沉积相依据归一化的统计结果优选有利的区带作为有效范围，力平衡边界以物性致密边界为有效范围，构造平稳带以斜坡、凹陷及有效盖层(未被断裂错段的区域性盖层)分布的范围确定，它们通过纵向上有序的叠合、平面上有效的叠加和时间上的联合匹配最后优选出现今最有利的致密砂岩气藏分布区带。

（五）基于 T-CDMS 和 T-LPDS 预测结果确定致密复合气藏分布范围

致密复合气藏的成因机制是致密常规气藏成因机制和致密深盆气藏成因机制的叠加和复合。致密复合气藏形成分布的主控因素可分为两类：一类与致密常规气藏的形成和分布有关，包括区域性盖层、有利的沉积相带、古隆起与烃源灶；另一类与致密深盆气藏的形成和分布有关，包括平稳的构造区带、力平衡边界、有利的沉积相带与烃源灶。因此，综合考虑后的主控因素为平稳的构造区带、区域性盖层、力平衡边界、有利的沉积相带、古隆起与烃源灶。利用 T-PCLDMS 模式预测致密复合气藏分布，关键是要对含油气盆地已发现的油气藏的静态圈闭、储层介质、流体化学及成藏过程特征等进行剖析，结合油气钻探结果的统计分析，找出控制每一类致密砂岩气藏的主控因素及各主控因素控藏临界条件(边界、范围、概率)，在此基础上总结各要素时空组合控藏模式，并分别预测某一目的层段有利的常规气藏和致密常规气藏分布发育区，再预测出有利的致密深盆气藏分布发育区，通过二者预测结果的叠加复合预测出有利致密复合气藏分布发育区。

因此，致密复合气藏的预测方法建立在致密常规气藏和致密深盆气藏预测基础之上。致密复合气藏平面上的分布范围与常规气藏的分布范围一致，但纵向上与致密常规气藏的区别是圈闭充满度高，虽然可能有残余地层水，但不可误认为是边(底)水，因为残余地层水的分布是无规律的，其下部依然含气，只是含气饱和度低于顶部储层的含气饱和度，这是由油气充注时期储层的物性决定的。这里需要强调的是，晚期调整形成的致密复合气藏不是致密常规气藏与致密深盆气藏的叠合，而是致密深盆气藏本身的晚期调整改造。因此，在致密常规气藏和致密深盆气藏两类气藏进行叠加后，还应将现今构造运动中形成的正向构造叠加进去，才是完整的致密复合气藏的平面分布预测结果。

（六）技术路线与工作流程

以典型致密砂岩气藏为切入点，采用正演和反演相结合的方法研究库车坳陷致密砂岩气藏的形成和分布。正演研究是在恢复主要目的层生排烃史、孔隙演化史和油气充注史基础上，通过分析和研究储层致密期与天然气充注期之间的关系确定致密砂岩气藏类型；反演研究是通过对已发现致密砂岩气藏的烃源岩、储层、圈闭条件和气水关系等特征进行剖析，搞清致密砂岩气藏基本特征及形成条件。在厘定致密砂岩气藏特征和成因类型的基础上，明确其成因机制，建立不同类型致密砂岩气藏的成藏模式和预测模型，并开展不同类型致密砂岩气藏分布预测（图 4-3）。

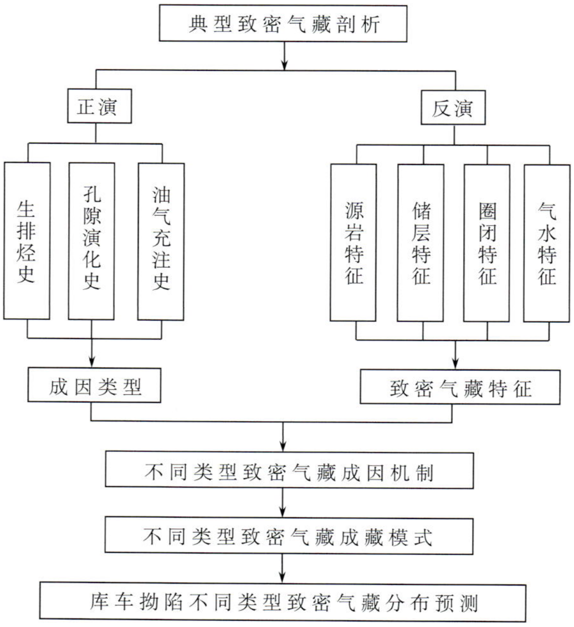

图 4-3 库车坳陷致密砂岩气藏分布预测技术路线图

二、预测结果与讨论

（一）致密常规气藏有利区预测

1. 白垩系

利用致密常规气藏要素匹配的方法和原理，将白垩系各个时期（12Ma、5Ma、现今）的 4 个要素进行合理的空间叠加，可分别得到研究区康村期、库车期和现今致密常规气藏的有利成藏区带（图 4-4(a)、图 4-4(b)、图 4-4(c)），并将各个时期的有利成藏区带进行叠加复合，可得到研究区致密常规气藏有利成藏区带（图 4-4(d)）。

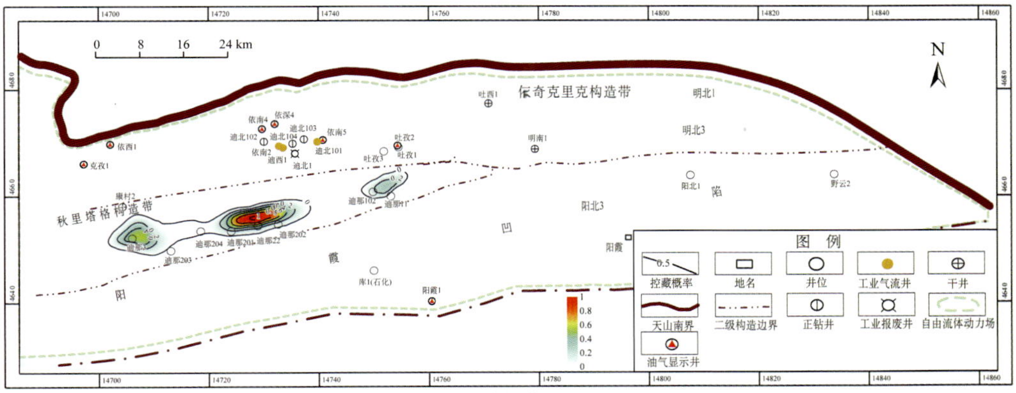

(a) 12Ma

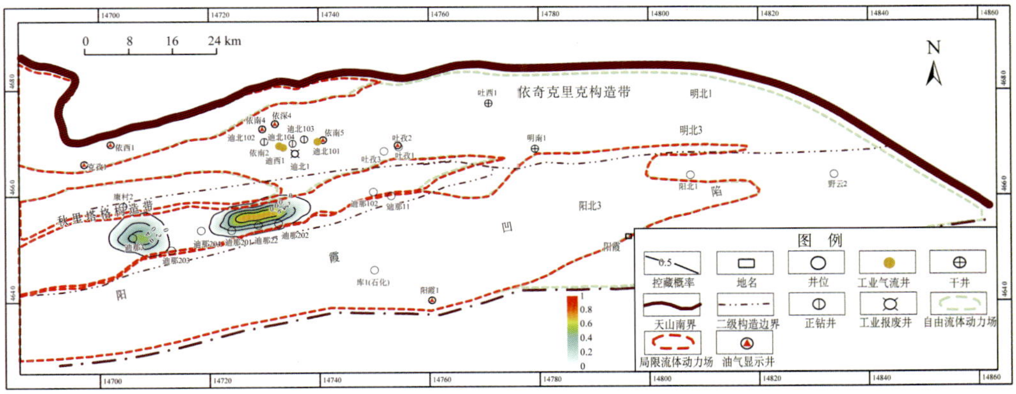

(b) 5Ma

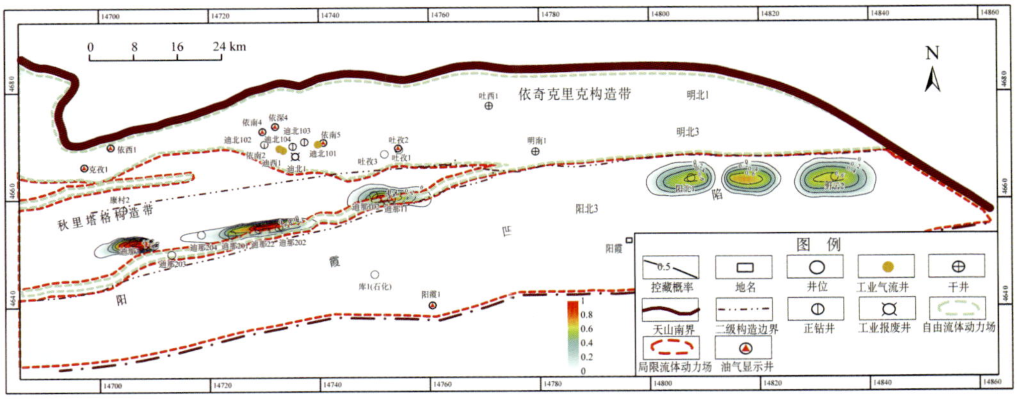

(c) 现今

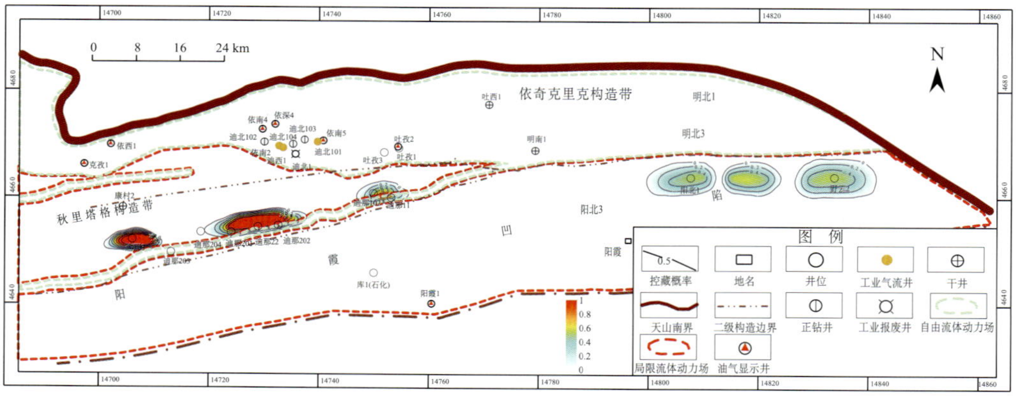

(d) 各时期叠加复合

图 4-4 库车坳陷东部白垩系常规、致密常规气藏有利勘探区带预测图

2. 侏罗系阿合组

利用致密常规气藏要素匹配的方法和原理，将侏罗系阿合组各个时期(12Ma、5Ma、现今)的 4 个要素进行合理的空间叠加，可分别得到研究区康村期、库车期和现今致密常规气藏的有利成藏区带(图 4-5(a)、图 4-5(b)、图 4-5(c))。并将各个时期的有利成藏区带进行叠加复合，可得到研究区致密常规气藏有利成藏区带(图 4-5(d))。

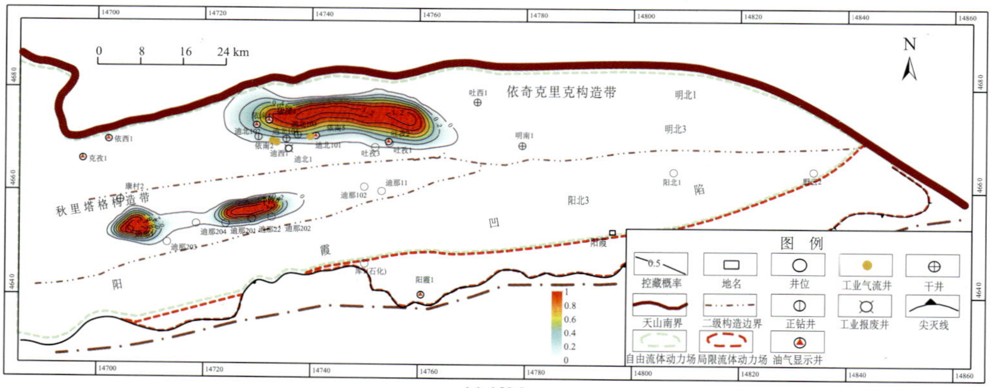

(a) 12Ma

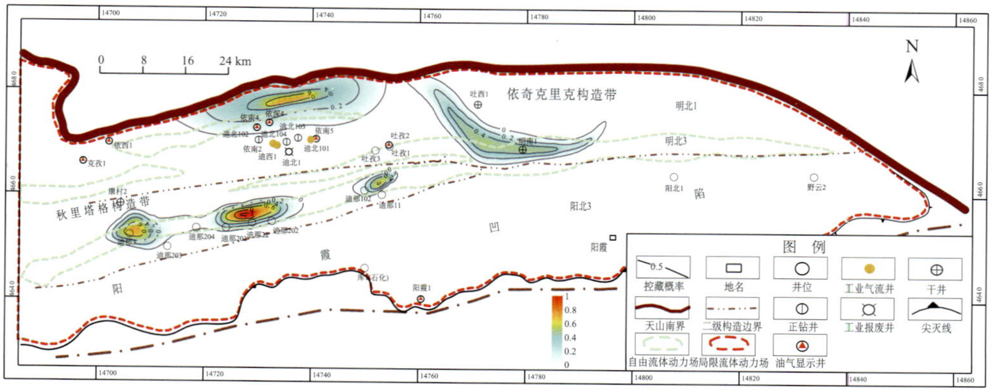

(b) 5Ma

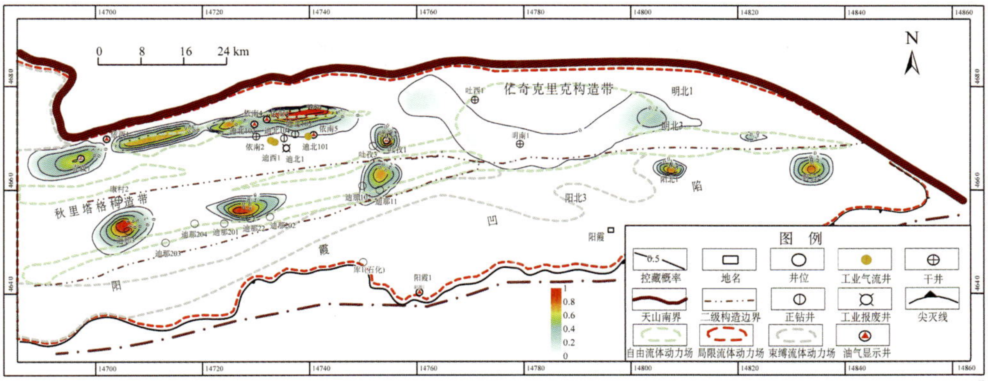

(c) 现今

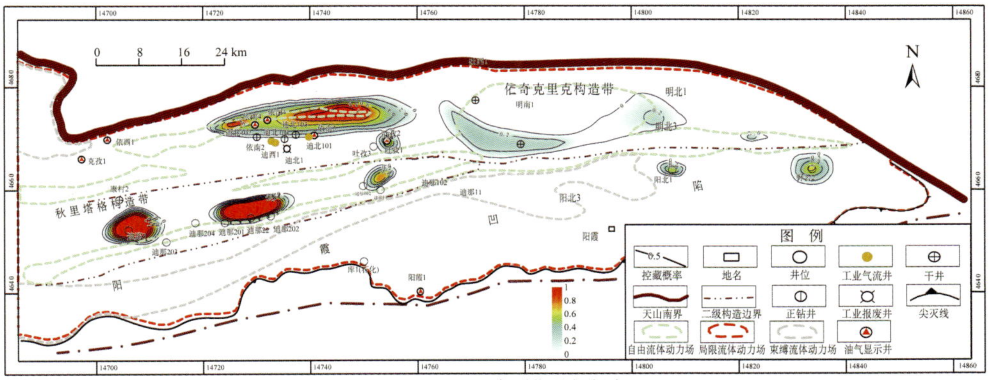

(d) 各时期叠加复合

图 4-5 库车拗陷东部侏罗系阿合组常规、致密常规气藏有利勘探区带预测图

3. 侏罗系阳霞组

利用致密常规气藏要素匹配的方法和原理，将侏罗系阳霞组各个时期(12Ma、5Ma、现今)的 4 个要素进行合理的空间叠加，可分别得到研究区康村期、库车期和现今致密常规气藏的有利成藏区带(图 4-6(a)、图 4-6(b)、图 4-6(c))。并将各个时期的有利成藏区带进行叠加复合，可得到研究区致密常规气藏有利成藏区带(图 4-6(d))。

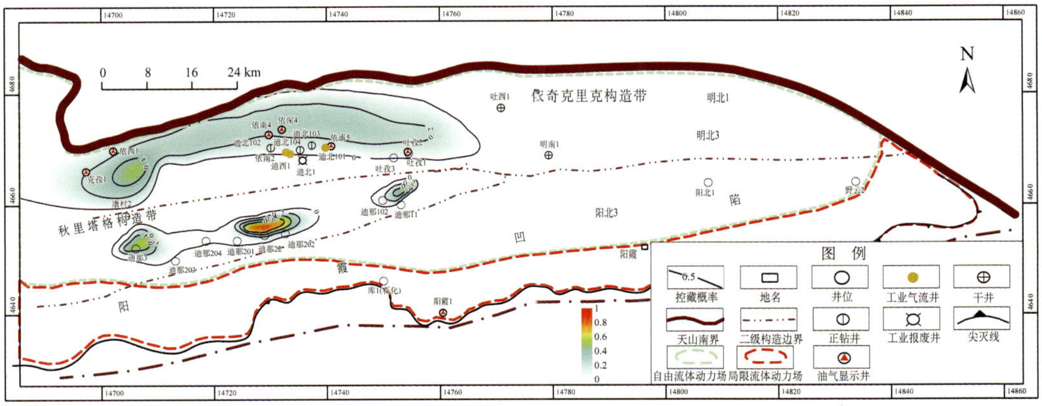

(a) 12Ma

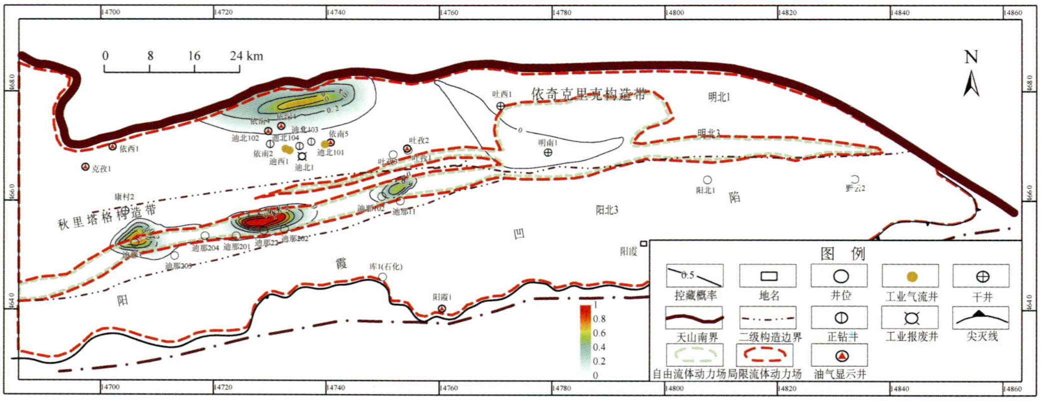

(b) 5Ma

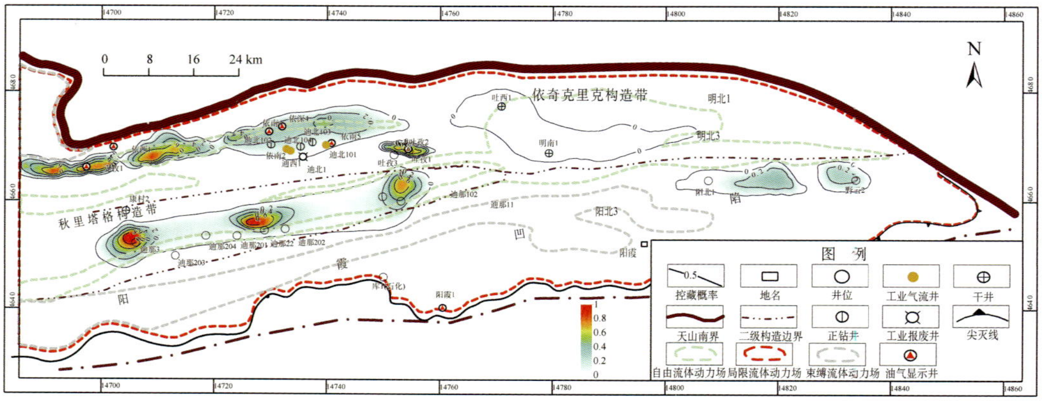

(c) 现今

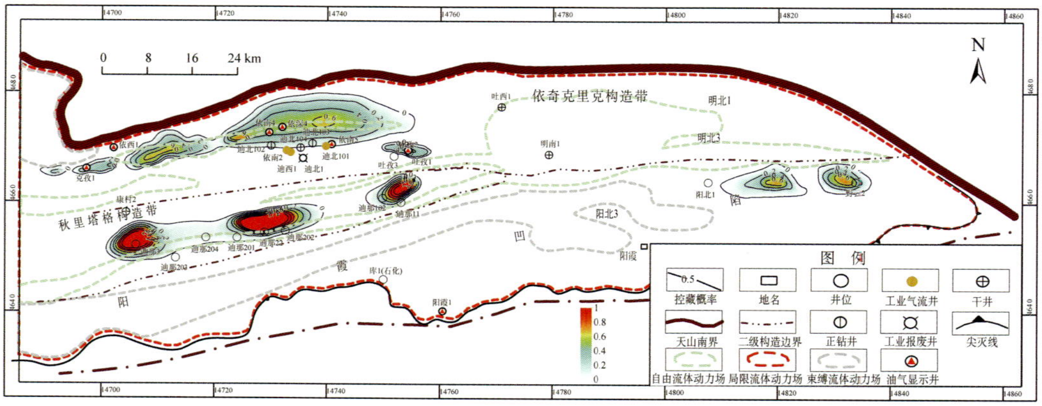

(d) 各时期叠加复合

图 4-6 库车坳陷东部侏罗系阳霞组常规、致密常规气藏有利勘探区带预测图

（二）致密深盆气藏有利区预测

1．侏罗系阿合组

利用致密深盆气藏要素匹配的方法和原理，将侏罗系阿合组各个时期（5Ma、现今）

的 4 个要素进行合理的空间叠加，可分别得到研究区库车期和现今致密深盆气藏的有利成藏区带(图 4-7(a)、图 4-7(b))，并将各个时期的有利成藏区带进行叠加复合，可得到研究区致密深盆气藏有利成藏区带(图 4-7(c))。

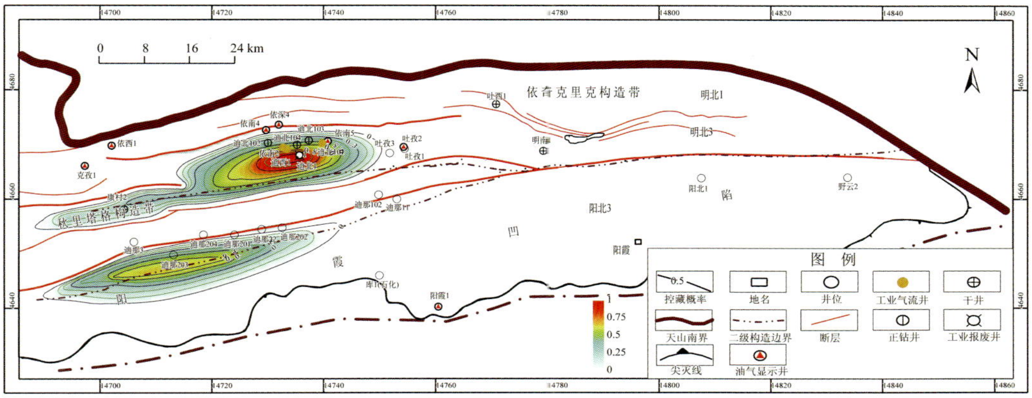

(a) 5Ma

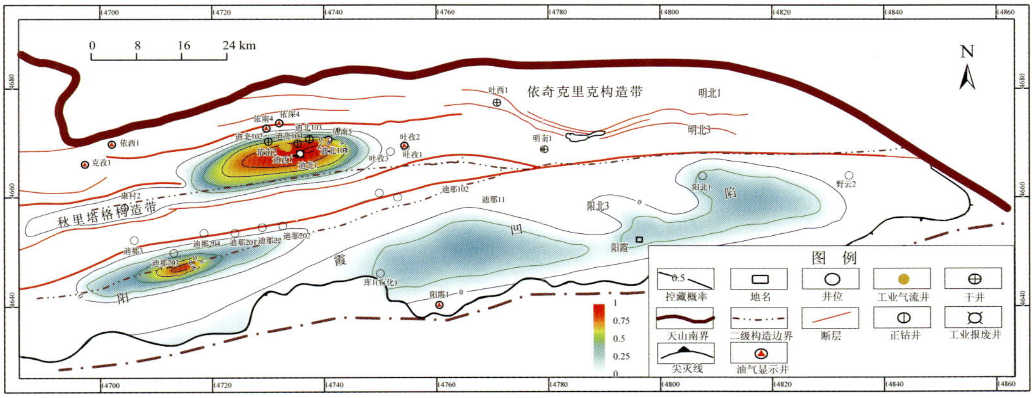

(b) 现今

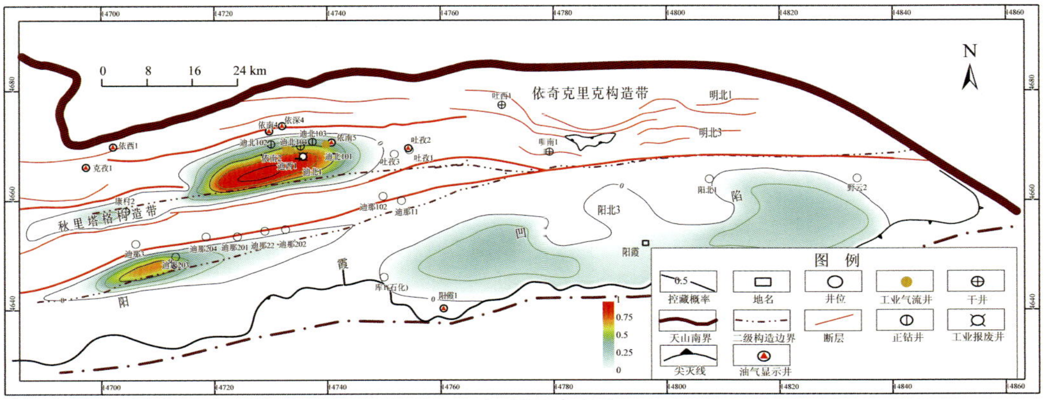

(c) 各时期叠加复合

图 4-7 库车拗陷东部侏罗系阿合组致密深盆气藏有利勘探区带预测图

2. 侏罗系阳霞组

利用致密深盆气藏要素匹配的方法和原理，将侏罗系阳霞组各个时期(5Ma、现今)的 4 个要素进行合理的空间叠加，可分别得到研究区库车期和现今致密深盆气藏的有利成藏区带(图 4-8(a)、图 4-8(b))，并将各个时期的有利成藏区带进行叠加复合，可得到研究区致密深盆气藏有利成藏区带(图 4-8(c))。

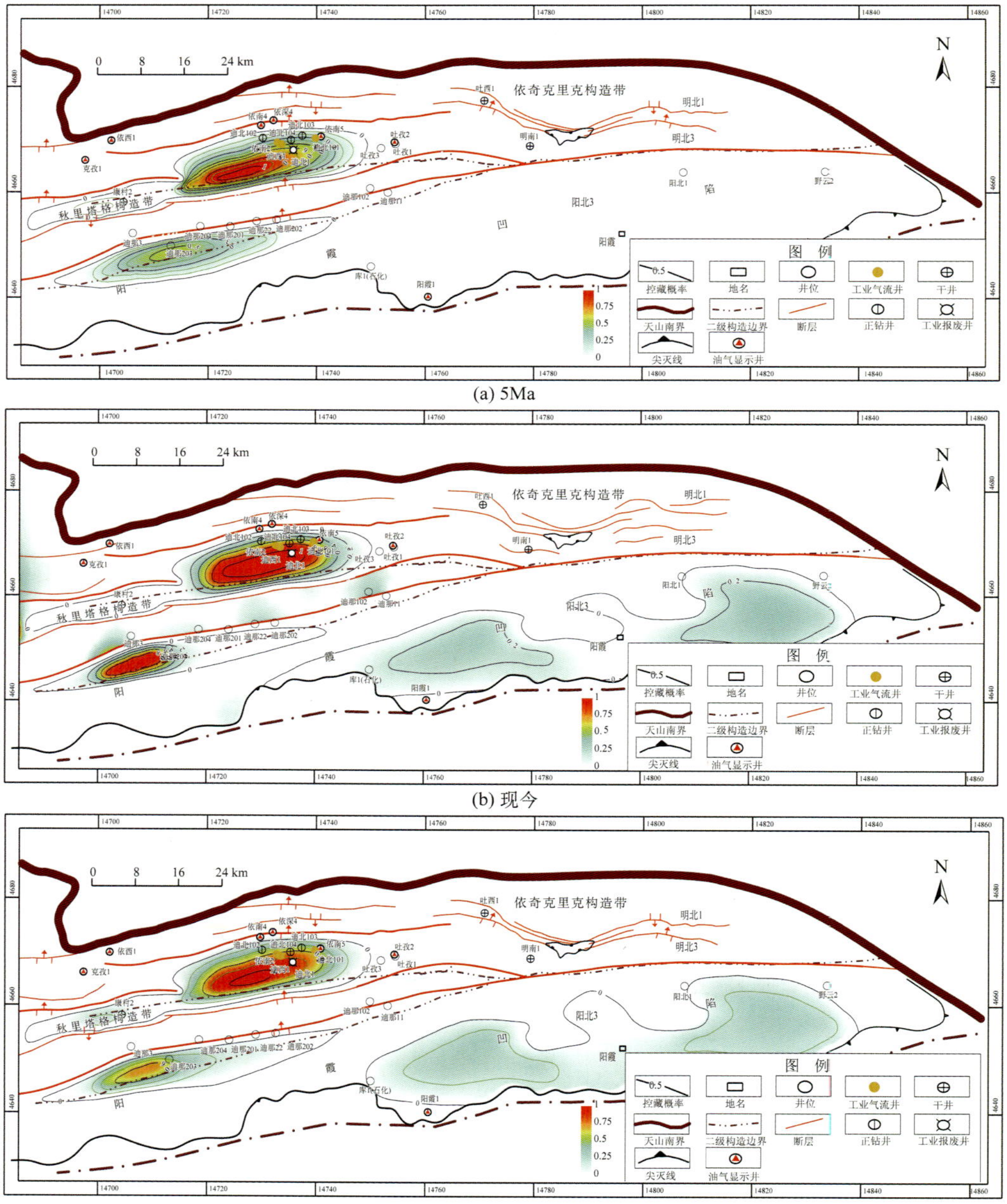

(c) 各时期叠加复合

图 4-8　库车拗陷东部侏罗系阳霞组致密深盆气藏有利勘探区带预测图

（三）致密复合气藏有利区预测

从致密复合气藏的形成机制可知，致密复合气藏的有利成藏区带既包括致密常规气藏与致密深盆气藏的直接叠加，也包括了晚期原型致密深盆气藏遭受构造活动改造的部分。由于库车坳陷侏罗系致密深盆气藏主要形成于库车期以来，因此，将侏罗系阳霞组和阿合组库车期以来的致密常规气藏和致密深盆气藏有利成藏区带预测结果进行叠加复合，可分别得到侏罗系阳霞组和阿合组致密复合气藏的有利成藏区带（图 4-9、图 4-10）。

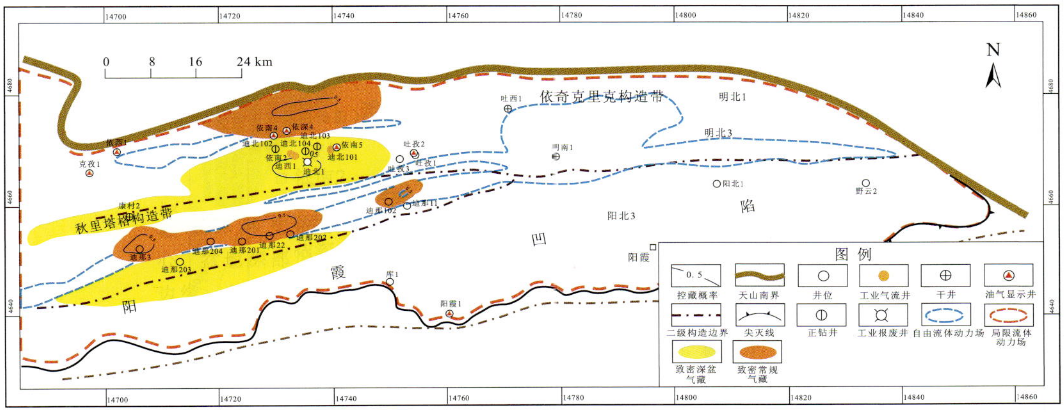

(a) 5Ma

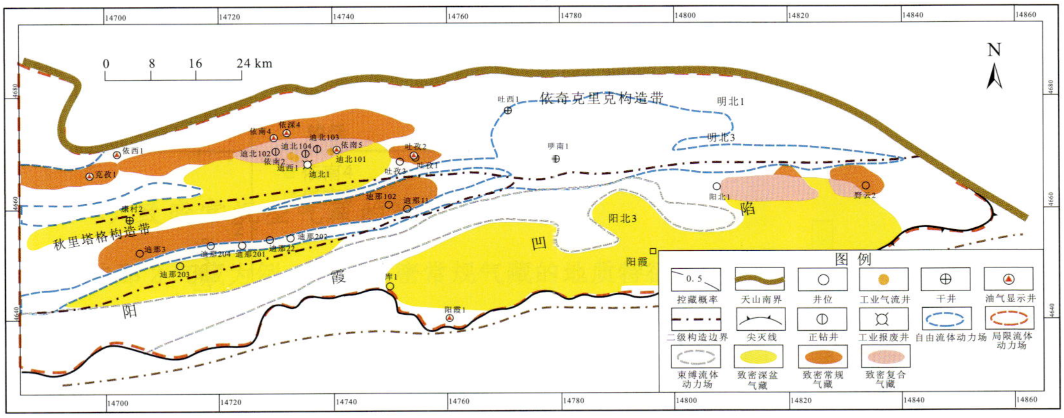

(b) 现今

图 4-9　库车坳陷东部侏罗系阳霞组四种类型气藏有利勘探区带预测图

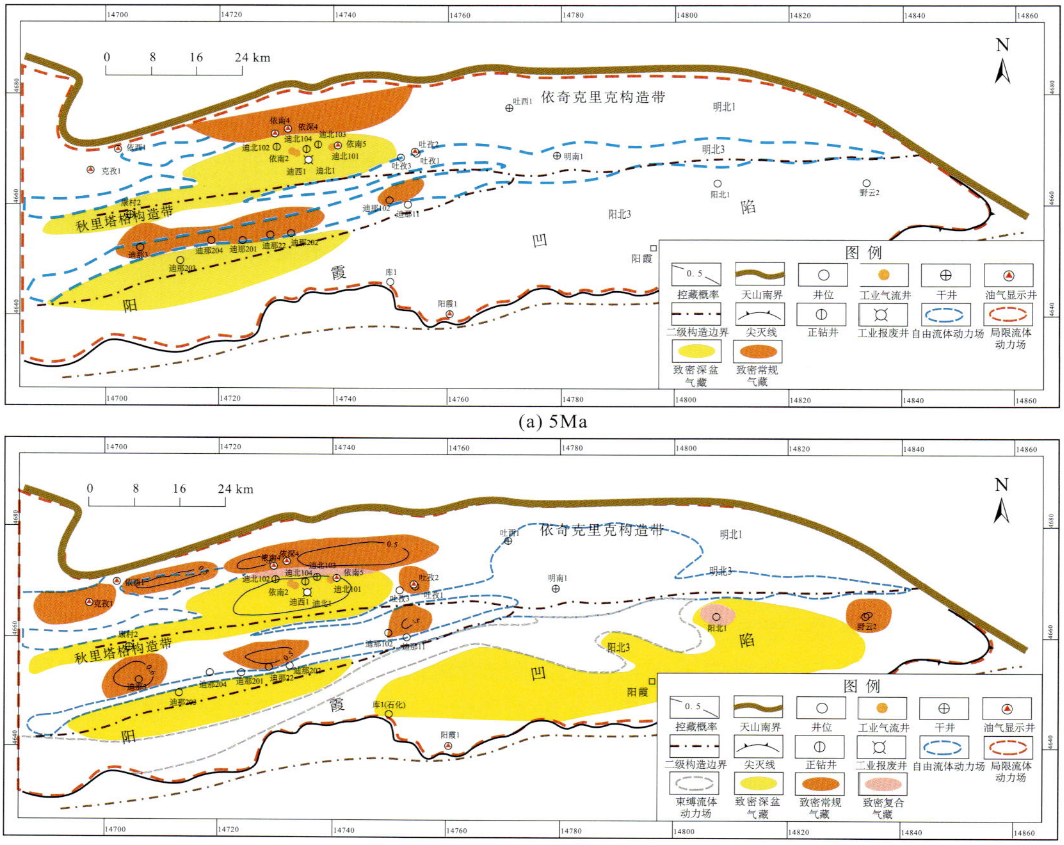

(a) 5Ma

(b) 现今

图 4-10 库车坳陷东部侏罗系阿合组四种类型气藏有利勘探区带预测图

第三节 库车坳陷致密砂岩气田资源储量评价

一、资源储量评价方法原理

蒙特卡洛(Monte Carlo)法，或称计算机随机模拟法，是一种基于“随机数”的计算方法。当系统中各个单元的可靠性特征量已知，但系统的可靠性过于复杂，难以建立可靠性预计的精确数学模型或模型太复杂而不便应用，则可用随机模拟法近似计算出系统可靠性的预计值。随着模拟次数的增多，其预计精度也逐渐增高，数学家冯·诺伊曼用摩纳哥著名赌场蒙特卡洛为这种算法命名。

在计算过程中，参数如果是不确定的值，但其取值符合一定的概率分布规律，即可运用蒙特卡洛法模拟运算，来预测最后的结果风险分布情况。蒙特卡洛法现广泛应用于金融行业的风险投资评估、金融衍生工具定价等。油气资源评价也常常使用这种模拟方法，利用蒙特卡洛法模拟计算资源量的公式为

$$Q = H\lambda_1 S\lambda_2 \Phi S_g B_o \tag{4-1}$$

式中，Q 为地质资源量($10^8 m^3$)；H 为储层厚度(m)；λ_1为有效厚度校正系数(%)；S 为含气面积(m^2)；λ_2为含气面积校正系数(%)；Φ 为储层孔隙度(%)；S_g为含气饱和度(%)；B_o为体积系数。

二、资源储量评价结果讨论

利用体积法计算资源量时，孔隙度、含气饱和度、有效厚度校正系数等参数并不是容易确定的值，也不一定满足正态分布，传统的计算方法直接给出平均值，该方法从概率的角度上讲并不科学，也不能有效评价各个参数以及计算结果的可靠性，或者风险性。

蒙特卡洛法可以根据现有的资料，拟合参数合适的分布区间和对应的概率风险，然后再迭代运算出最后的结果。蒙特卡洛法的思想本质是认为待发现资源的基本参数统计成的频率分布和已发现的实际资料符合统一分布特征，如孔隙度都满足同一个对数正态分布，校正系数都满足同一个三角分布。

库车坳陷东部地区天然气资源量计算具体的做法以侏罗系阿合组致密砂岩气藏为例，统计现有的资料，做出概率分布图(直方图或者累计曲线)，然后再拟合成为预测参数概率分布曲线(图 4-11～图 4-13)。拟合的过程可以用水晶球或者 SPSS 等软件自动生成，也可以操作者根据地质认识和主观判断自己假设。根据实际的地质情况，可以对一

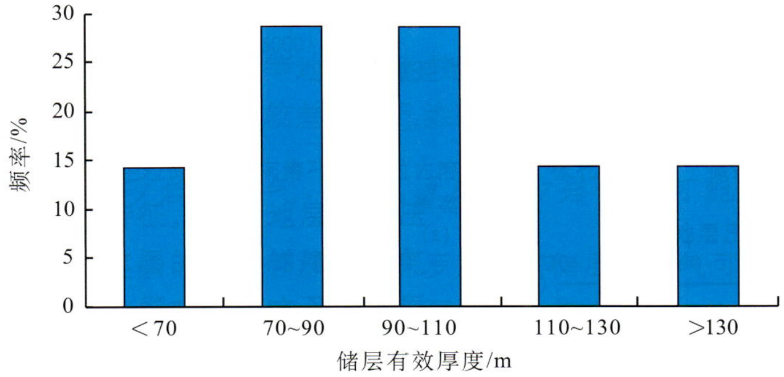

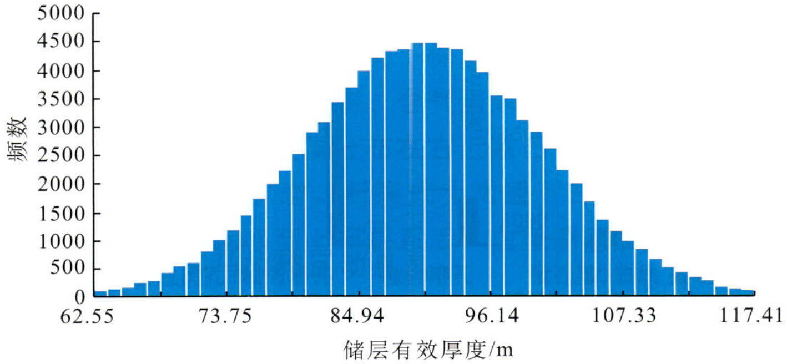

图 4-11 库车坳陷东部地区侏罗系储层厚度统计图

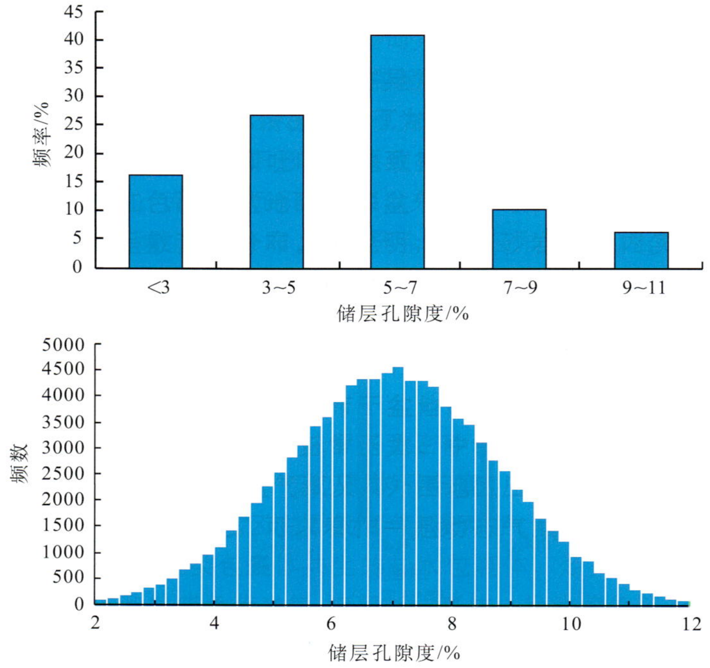

图 4-12 库车拗陷东部地区侏罗系储层孔隙度统计图

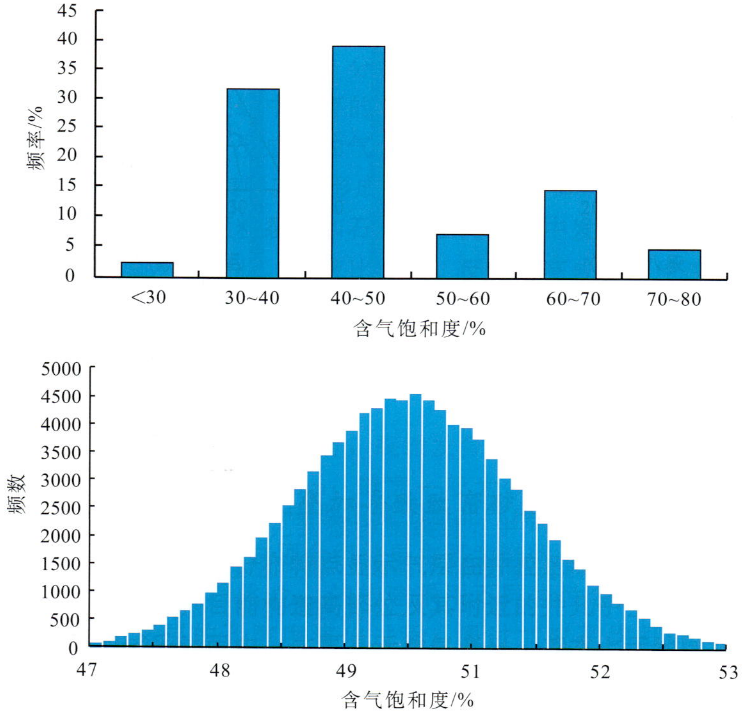

图 4-13 库车拗陷东部地区侏罗系储层含气饱和度统计图

些参数进行约束，如孔隙度认为 2%以下无效，做截断处理。对于体积系数，主要根据库车拗陷已探明气藏体积校正系数数据进行统计，获得了分布形态(图 4-14)。确定各种参数值后，即可做蒙特卡洛模拟计算资源量。

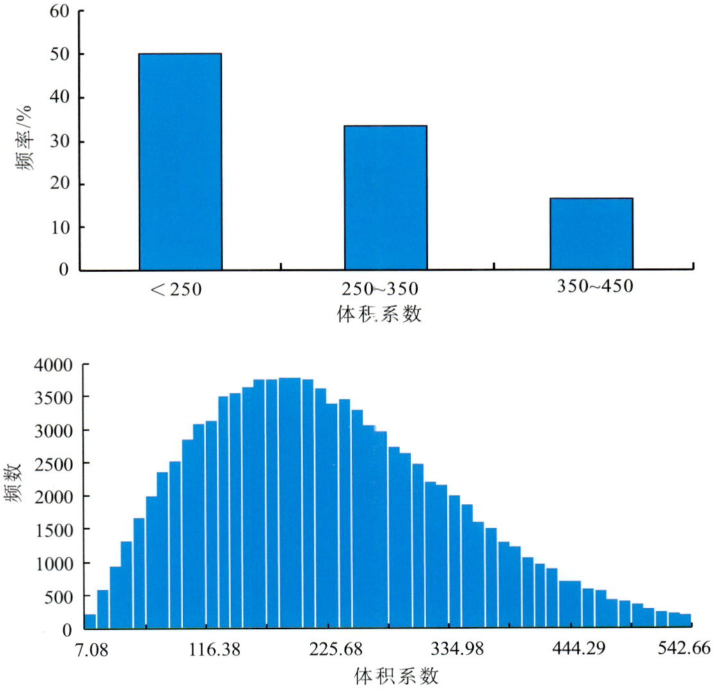

图 4-14 库车拗陷东部地区体积系数统计图

经过 5 万次模拟计算，能得到较为光滑的概率分布图和累积概率曲线，库车东部地区远景资源量为 $3.62\times10^{12}m^3$，保守值为 $2.06\times10^{12}m^3$，最乐观值为 $5.58\times10^{12}m^3$。

分层系分气藏类型的统计(表 4-1)表明库车东部地区总资源量为 $3.62\times10^{12}m^3$，最重要的目的层系是侏罗系阿合组，资源量为 $2.2\times10^{12}m^3$，占总资源量的 60.8%(图 4-15)，最重要的气藏类型是致密深盆气，资源量为 $2.48\times10^{12}m^3$，占总资源量的 68.5%(图 4-16)。

表 4-1 库车拗陷东部地区资源量计算结果汇总表

层系	气藏类型	资源量/$10^{12}m^3$		
		95%	50%	5%
白垩系	致密常规气	0.16	0.26	0.36
阳霞组	致密常规气	0.14	0.22	0.32
	致密深盆气	0.53	0.86	1.26
	致密复合气	0.05	0.08	1.26
阿合组	致密常规气	0.29	0.53	0.85
	致密深盆气	0.89	1.62	2.6
	致密复合气	0.03	0.05	0.07
合计		2.06	3.62	6.72

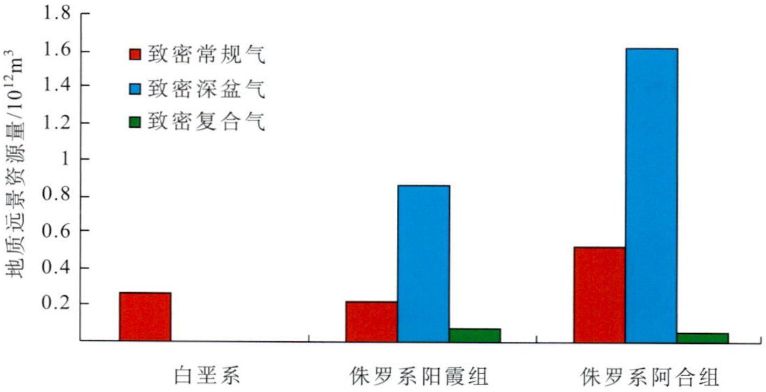

图 4-15　库车坳陷东部地区目的层系资源量直方图

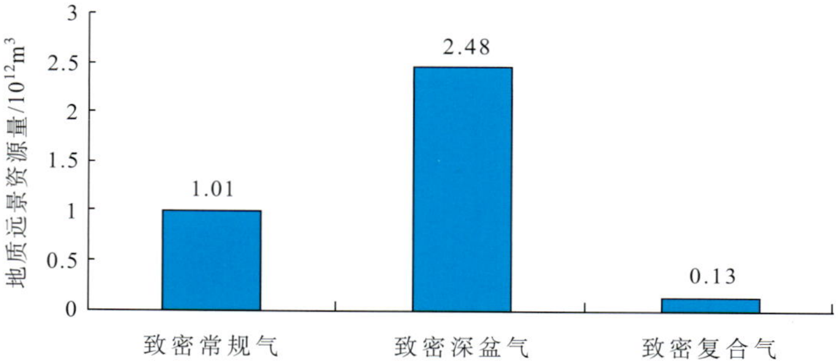

图 4-16　库车坳陷东部地区气藏类型资源量直方图

第五章 库车坳陷致密砂岩气有利目标优选与钻探成效

第一节 库车坳陷致密砂岩气富气“甜点”概念与判别标准

一、致密砂岩气藏富气“甜点”概念

“甜点”是致密砂岩气藏内部物性相对较好、含气饱和度较高的天然气局部富集区，“甜点”能够提高致密砂岩气藏产量和开采价值(张金川等，2000；Law，2002)。因此，“甜点”是致密砂岩气藏内具有工业勘探价值的具体目标，其规模大小制约着致密砂岩气藏的勘探和开发效益。但是，受地震资料品质、构造发育特征及致密砂岩储层自身成因和非均质性等复杂因素的影响，致密砂岩储层“甜点”的有效预测和精细描述是致密气勘探开发的关键。

关于“甜点”的定义，国内外学者有着类似却不完全一致的看法，1999 年美国地质调查局(USGS)把“甜点”定义为可以持续提供 30 年产量的致密砂岩气区块；Law 认为致密砂岩气藏中的“甜点”是沉积和构造作用所造成的局部高产气区(Law，2002)；张金川(2003)则将“甜点”定义为致密砂岩气藏内部孔、渗物性相对发育处的天然气富集区带。赵文智等(2004)认为“甜点”是富油气凹陷中油气相对富集于斜坡背景上的主砂带，以及有裂缝系统和鼻状隆起背景的“富块”。杨晓萍等(2007)认为“甜点”是整体致密储层中存在相对高渗、裂缝发育带或次生孔隙发育带等油气相对富集高产的区带，“甜点”储层形成条件及主控因素的研究对于致密砂岩气藏研究具有重要意义。目前“甜点”这一名词并不只限于致密砂岩气，它已经在页岩气和页岩油等非常规油气领域得到了广泛应用。因此，“甜点”可认为是在砂岩整体物性较差背景下的局部高孔高渗区，并且能够提供较高天然气日产量和持久经济产量的致密砂岩气发育区。

目前，致密砂岩气“甜点”的研究主要处在定性描述阶段，其系统分类和成因分析研究有待加强。“甜点”的发育机制可分为孔隙型和裂缝型(Law，2002)。孔隙型“甜点”主要是受沉积作用、成岩作用和构造作用控制的“甜点”，特定的沉积微相决定了储层的岩石组成和孔隙类型，机械压实作用和胶结作用控制了整体孔隙度的大小，地层水和有机酸与不稳定矿物的溶蚀作用是储层改造的重要因素。裂缝型“甜点”发育主要受裂缝发育控制，裂缝从规模上可以分为宏观裂缝和微观裂缝，其中肉眼能够识别的裂缝属于宏观裂缝，微观裂缝通常只能在镜下观察到。裂缝不仅是致密砂岩气良好的储集空间，而且是有效的渗流通道，大规模分布的天然裂缝会沟通更多的孔隙和裂缝，从而增加天然气的流动能力。裂缝从成因上可分为成岩裂缝和构造裂缝，成岩裂缝主要是成岩过程中岩

石经过压实、收缩而形成的，通常规模较小，对储层改造作用有限。构造裂缝对致密砂岩气的"甜点"发育贡献较大，构造裂缝的发育与构造演化和储层所处的构造部位有关，构造运动不仅形成了大规模的构造裂缝，同时在其影响下所形成的微裂缝对致密砂岩气储层渗透率的提高和产能的增长也起了重要作用。

邹才能等(2011)认为"甜点"的发育和分布不同程度地受构造条件、沉积相、成岩相三种因素的综合作用，同时"甜点"外良好的封盖保存条件也是至关重要的。

二、致密砂岩气藏富气"甜点"判别标准

前人研究中提出了致密砂岩气藏富气"甜点"的判别标准(Law，2002)，例如，储层渗透率大于 $0.1\times10^{-3}\mu m^2$，孔隙度大于 8%，或最大平均可采量估计值大于 $0.566\times10^8 m^3$(利用产能确定"甜点")。

"甜点"的储集空间类型一般为孔隙和裂缝，包括以孔隙为主、裂缝为辅的裂缝-孔隙型和以微裂缝为主、各类孔隙为辅的孔隙-裂缝型"甜点"。裂缝-孔隙型"甜点"要求具备的条件比较低，只要求局部区域内储层的孔隙发育，而对渗透率不作特别要求，因此自然产能比较有限，常需要特殊的储层改造才能具有工业开发价值。孔隙-裂缝型"甜点"要求的条件不但需要局部区域储层孔隙度大于 8%，且相应的渗透率大于 $0.1\times10^{-3}\mu m^2$，这样，"甜点"能够比较容易在钻井过程中检测到，自然产能也会相应提高。

通过统计致密储层中孔隙度大于 8%的层段的成分、结构、成岩作用特征及裂缝发育状况等因素，发现"甜点"发育的层段石英和长石含量更高，泥质含量更少，粒径更大，溶蚀孔隙更大，原生孔隙更发育，裂缝面孔率也更大(图 5-1)。因此，总结"甜点"的微观地质特征为：石英及长石含量高、岩屑含量低、粒度粗、泥质含量低、胶结物少、溶蚀作用强、裂缝发育。

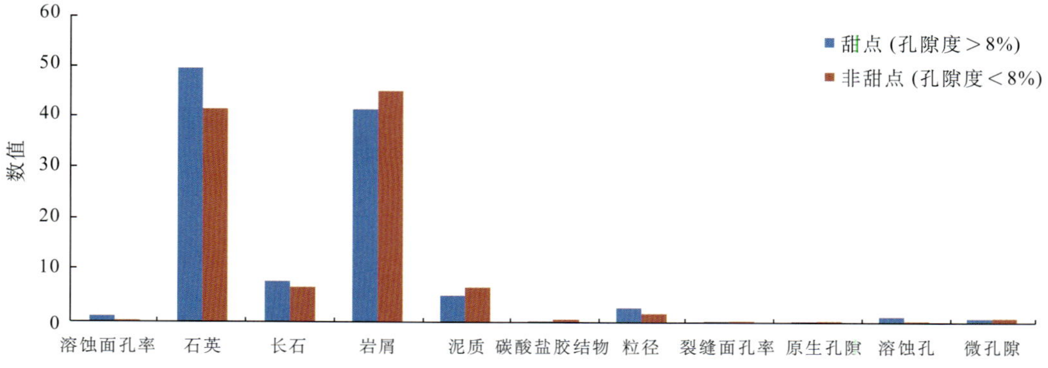

图 5-1　库车坳陷东部地区下侏罗统储层"甜点"与"非甜点"储层特征对比图

通过统计表明，在平面上，库车坳陷明南地区、吐西地区、依深地区、迪北地区石英、长石含量高，岩屑含量低，溶蚀作用强，粒径粗，碳酸盐含量低，但克孜-依西地区裂缝更发育。剖面上，阿合组长石含量更高，岩屑含量更低，泥质及碳酸盐含量更低，溶蚀孔和裂缝更发育，粒度更粗。不同层段相比，J_1a^2 长石含量更高，碳酸盐胶结

物和泥质含量更低，裂缝也更发育。从沉积微相上来看，水动力较强的辫状河道沉积和水下分流河道沉积一般物性较好，其中辫状河道沉积侧向连续性更好(图 5-2)。

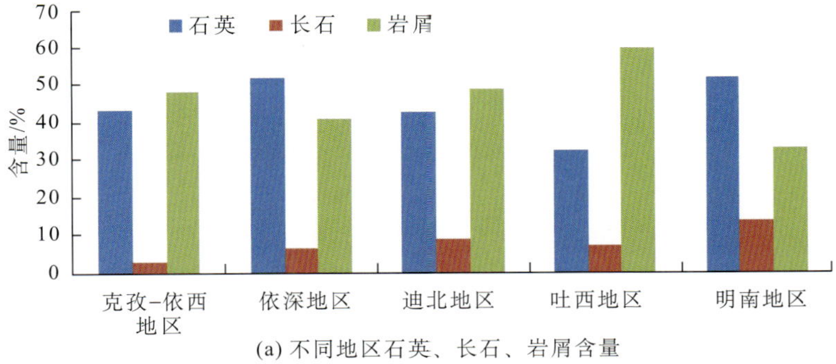

(a) 不同地区石英、长石、岩屑含量

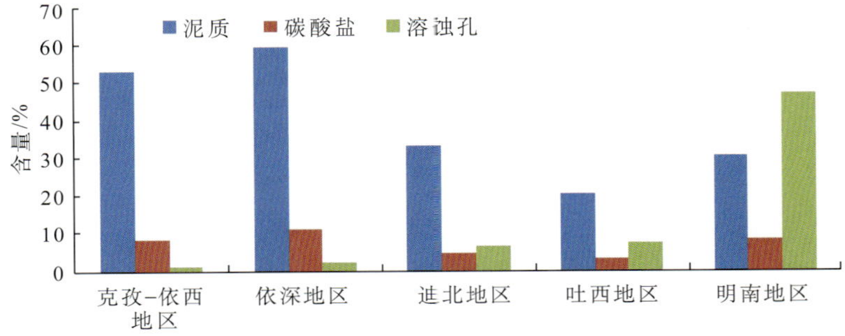

(b) 不同地区泥质含量、碳酸盐含量、溶蚀孔面孔率

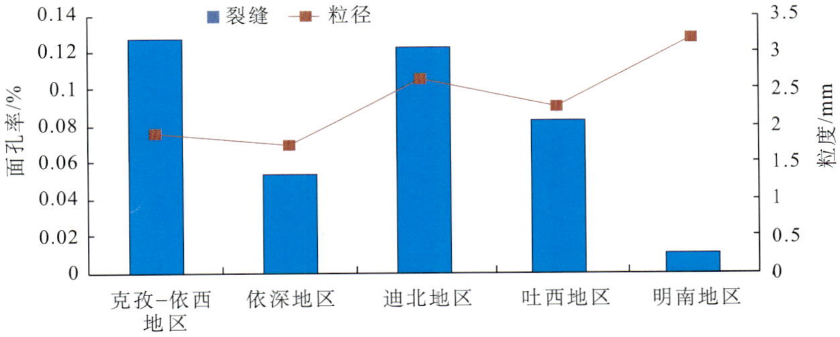

(c) 不同地区裂缝面孔率、粒度

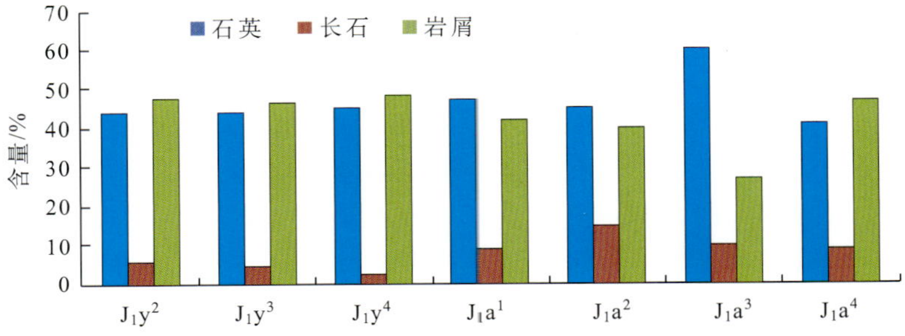

(d) 不同层位石英、长石、岩屑含量

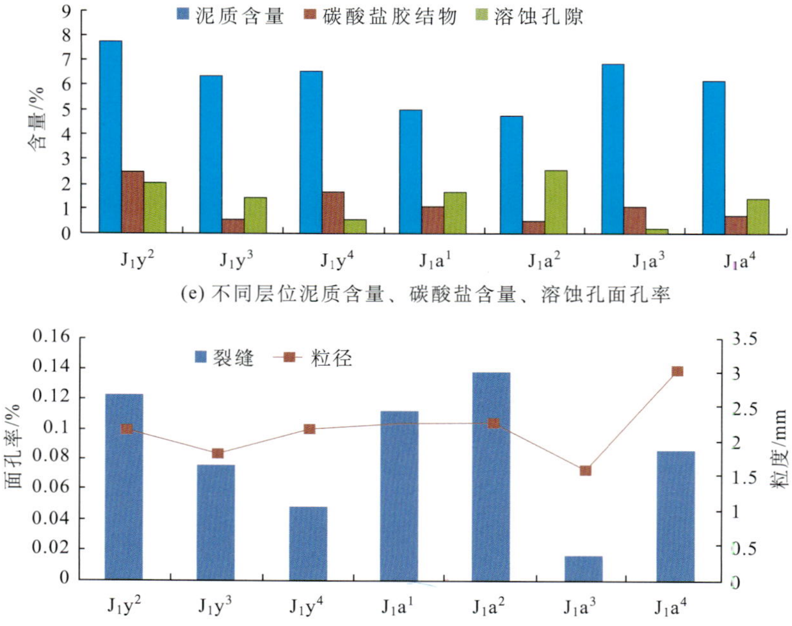

(e) 不同层位泥质含量、碳酸盐含量、溶蚀孔面孔率

(f) 不同层位裂缝面孔率、粒度

图 5-2 库车坳陷东部“甜点”与“非甜点”储层特征分布图

宏观上，库车坳陷东部地区和中部地区更易发育孔隙型“甜点”，西部局部地区则可能发育裂缝型“甜点”。其中，阿合组发育“甜点”的可能性高于阳霞组，并且在沉积微相的控制下，阳霞组的“甜点”可能呈现透镜状不连续存在，而阿合组“甜点”则是平面上叠加成层状分布。根据单井沉积微相、测井孔隙度和油气解释等研究了连井“甜点”分布情况。结果表明，研究区储层“甜点”主要发育在阳霞组第三段水下分流河道微相和阿合组第一、二、三段的辫状河道微相中的裂缝发育段。

第二节　库车坳陷富气“甜点”形成条件与预测方法

一、致密砂岩气藏天然气富集的主控因素

（一）相控油气作用

相即是在一定条件下形成的、能够反映特定的环境或过程的沉积物(岩)的物质表现。相是指储层的有利地带，常用孔隙度、渗透率来表示(庞雄奇等，2011)。

在应用到油气成藏中时，相的概念应该理解为油气运聚成藏的介质特征的表现。根据相所包含的内容和控制因素，从微观到宏观表征可划分为四个不同的研究层次，即岩石物理相、岩石相、沉积相和构造岩相。

构造岩相：在特征上具有相似的变形与变位特征的一组地层与构造的组合(许靖华，1994)。

沉积相：沉积物变化的总和。在一定条件下形成的、能够反映特定的环境或过程的沉积产物。

岩石相：一定沉积环境中形成的岩石或岩石组合。

岩石物理相：一定沉积环境中形成的岩石的渗流特征，主要指岩石的孔隙度和渗透率(熊琦华等，1994)。

储层岩石的粒度、分选、填集方式、粒间基质、胶结物含量及成岩作用等控制着储层的岩石物理相，而岩石的粒度、分选、胶结物含量等又受到当时的沉积环境和后期成岩作用的改造。在一定程度上，岩石沉积时的环境和后期成岩作用又受控于岩石所处的构造环境和构造位置。因此，自构造—沉积—成岩—储集是一个有先后顺序逐步进行的控制着油气富集的过程，自构造相—沉积相—岩石相—岩石物理相是一个宏观到微观分级表征控制油气富集的流程。

相是分层次的，在不同的构造单元中形成不同的沉积相带，而不同的沉积相带又控制了不同岩相及物理相的发育。储层相特征参数的不同使储层的含油性也存在相应的差异。构造相—沉积相—岩石相—岩石物理相是从宏观到微观控油气的过程，可以说构造相控制沉积相，沉积相控制岩石相，而岩石相又进而控制岩石物理相。在对储层定量评价的过程中，岩石物理相的参数是直接反应储层质量的评价标准。因此，在储层优相的定量表征中采用孔隙度、渗透率这两个最常月的参数来计算相对优相的定量值。由前文关于相控油气的地质特征分析可知，不同的油气藏类型，其孔隙度和渗透率值有所不同，但油藏的孔隙度和渗透率相对于同一埋深条件下的区域平均储层物性而言均比较高，油气藏具有相对高孔、高渗的特点，且储层岩性主要为粉砂岩、粉细砂岩、细砂岩等优质岩相。

根据油藏物性和岩性的分布关系，总结出优相控藏的基本模式(图 5-3)。该模式可分为 4 个区，A 区油藏岩石的颗粒较大、成分均匀、杂质少，因而其储层的孔隙度和渗透率均较高，有利于油气的聚集。B 区分布在 A 区的下端，表示岩石的颗粒虽然较大、

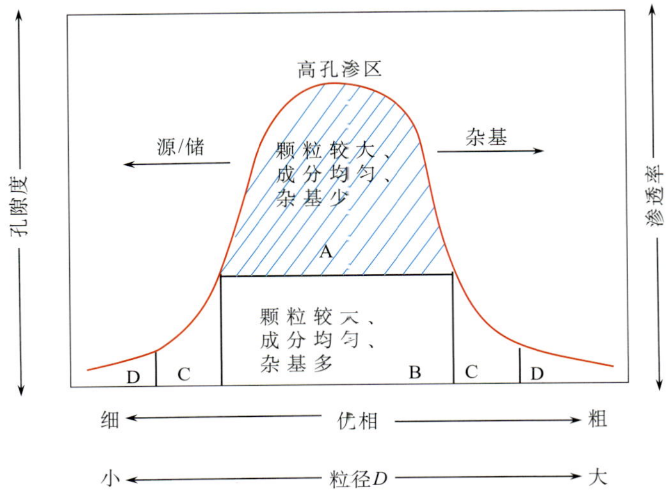

图 5-3 高孔渗优相控油气作用地质模式图(据庞雄奇等，2007)

成分和结构可能不均匀，岩石杂基的含量较A区高，因而其物性较差。C区位于A区和B区的两侧，左侧由于粒度变细，岩石的储集物性变差，右侧粒度虽然逐渐变粗，但由于颗粒中杂基含量高，岩石的物性也变差。在左侧，由C区向D区，岩石的颗粒进一步变细，逐渐成为泥岩和页岩，储集物性更差，适当地质条件下演变为盖层或源岩。在右侧，由C区向D区，岩石的颗粒进一步加粗，但储集物性却进一步变差，主要是因为其内部的杂基含量高，分选进一步变差而导致。

$$F_i = (\Phi_i + K_i)/2 \qquad (0,1) \tag{5-1}$$

式中，Φ_i 为相对孔隙度(无量纲)，$\Phi_i = \Phi/\Phi_{\max}$；$K_i$ 为相对渗透率(无量纲)，$K_i = \lg K/\lg K_{\max}$；F_i 为优相指数(无量纲)。

(二) 势控油气作用

油、气、水都是流体，其流动规律遵循流体力学机理。人们很早就把流体力学中的概念和机理引入油气运移的研究中。早在20世纪40～50年代Hubbert(1953)就用流体势的概念深入阐述了地下流体(油、气、水)的运动规律，他把单位质量流体所具有的机械能量定义为流体势。若流体势计算的基准面取在地下某一深度时，则流体势的表达式为

$$\Phi = gz + \int_0^P \frac{\mathrm{d}P}{\rho(P)} + \frac{q^2}{2} \tag{5-2}$$

式中：Φ 为流体势(J)；P 为地层流体压力(Pa)；q 为地层流体速度(m/s)；$\rho(P)$为流体密度随压力变化的函数(kg/m^3)；g 为重力加速度(m/s^2)；z 为研究点到基准面间距离(m)。

但利用式(5-2)在流体势计算中出现了问题：从水势概念引出的烃(油、气)势概念中，都把地层中普遍存在的毛细管压力忽略掉了。而England等(1987)在引用流体势概念时，考虑了毛细管力作用对油气运移的影响，并对流体势概念进行了重新描述，流体势被定义为：从基准点(面)传递单位体积流体到研究点所必须做的功，或者说，相对基准面单位体积流体所具有的总势能。

从上述定义出发，就可以推导出地下流体势的表达式，因为流体势是用单位体积的功或能来表示的。所以，首先分析一下作用在流体上的力。一般来说，作用在地下流体上的力主要有：重力、弹性力、表面张力、惯性力、黏滞力等。惯性力和黏滞力都与流体的运动速度有关，而地下流体自然流动过程是十分缓慢的，在这种特定地质条件下，影响地层孔隙流体总势能因素主要是重力、弹性力、表面张力三种作用力。如果取某一地质时期沉积表面为基准面，取标准压力为一个大气压，则地下孔隙流体势可以表达为

$$\Phi = (P - P_0)V - mg(z - z_0) + 2\sigma\left(\frac{\cos\theta}{r}\right)V \tag{5-3}$$

或

$$\Phi = -\rho gz + \int_1^P \frac{\mathrm{d}P}{\rho(P)} + \frac{2\sigma\cos\theta}{r} \tag{5-4}$$

式中，Φ 为流体势(J)；z 为地层埋藏深度(m)；$\rho(P)$为流体密度随地层压力变化的函数(kg/m³)；ρ 为流体在深度 z 处的密度(kg/m³)；g 为重力加速度(m/s²)；p 为深度 z 处流体的压力(Pa)；V 为流体体积(m³)；σ 为界面张力(N/m)；θ 为润湿角(°)；r 为深度 z 处岩石孔隙毛细管半径(μm)；z_0 为基准面的埋深(m)。

式(5-3)中第一项代表单位体积流体相对基准面($z=0$)具有的重力势能，因 z 在基准面之下，故取负值(此时埋藏深度 z 取正值)；第二项代表单位体积流体具有的弹性势能；第三项代表单位体积流体所具有的界面势能。

但实际应用中，应该考虑到这几种势能，包括重力势能(由于主要与流体所处的位置有关，所以简称位能)、界面势能(简称界面能)、弹性势能(在地质条件下主要与流体所受的压力有关，简称压能)和流体动能，并不能简单地用数学方法将这几种势能进行相加或相减。

因为地质条件下，这几种能的大小之间可能存在很大的差异，如在深洼带中发育的岩性油气藏，尽管流体的重力势能很高，压能可能也很高，但界面能可能很低，因此有油气聚集在岩性圈闭中成藏。而且不同的势能所表现出来对油气的控制作用也存在差异。所以，势能的公式应该写成

$$\Phi = f(-\rho g z) + f\left(\int_1^p \frac{\mathrm{d}P}{\rho(P)}\right) + f\left(\frac{2\sigma\cos\theta}{r}\right) + f\left(m\,\frac{q^2}{2}\right) \tag{5-5}$$

式中，Φ 为流体势(J)；z 为地层埋藏深度(m)；$\rho(P)$为流体密度随地层压力变化的函数(kg/m³)；ρ 为流体在深度 z 处的密度(kg/m³)；g 为重力加速度(m/s²)；P 为深度 z 处流体的压力(Pa)；σ 为界面张力(N/m)；θ 为润湿角(°)；r 为深度 z 处岩石孔隙毛细管半径(μm)；q 为地层流体速度(m/s)。

式(5-5)表示的势能包括了四种能量，即位能、压能、界面能和流体的动能，但每种能量在不同的地质条件下所起的作用存在差异，其势能是几种参数的复杂函数关系。

在求取势能的基础上，再对势指数进行计算，计算势指数的公式如下：

$$PI = (\Phi - \Phi_{\min})/(\Phi_{\max} - \Phi_{\min}) \tag{5-6}$$

浮力作用总是引起流体向构造高点处运移，按照重力势能计算的结果，其实就表现在流体所处的构造位置上，体现为位能的变化结果。位能的降低方向就是油气运移聚集的方向，低位能处就是构造高点所处的相对低势处，构造高点低势处是油气聚集的低位能处。因此，位能控油气作用的地质特征表现为：浮力作用控制下的低位能处(构造高点低势处)油气聚集成藏。

当生、储层间存在巨大的异常压力差和梯度时，压力则是油气运移的重要动力。一个异常高压封存体也可视为一个封闭的高势区，封隔体内部与外部有限连通，只有产生势平衡流而成混相涌出，才能进入开放的运载体空间。流体的排泄方向即是压力减小的方向，尤其是超压系统内的构造高点、压力囊的隆起点是超压流体的优势释放点。弹性能(压能)控油气作用的地质特征表现为：压力作用控制下的断裂等泄压处油气聚集成藏。

水动力是地层中流动的水产生的动力和压力。其中，最重要的组成之一是沉积水产生的压实驱动，是盆地中沉积物的压实排水产生的作用。不少学者用压实水头来刻画盆

地水动力的大小和方向。沉积水流的方向总是由盆地中心向其边缘呈离心流式流动。沉积水是油气运移的重要影响因素，油气在水动力的输导下，从生油层进入相邻的储集层，然后沿储集层由凹陷中心的沉积水最大排水区向边缘最小排水区运移（柳广第，2009）。

毛细管压力被认为是一种驱动液体通过孔隙喉道并驱替孔隙间流体的压力。对于地下岩石中的非混溶流体油气和水来说，两相流体的界面总是明显弯曲的，界面弯曲的程度取决于毛细管压力差，也就是界面势能差。随着孔喉的减少，毛细管压力增大。岩石内孔喉大小分布控制着毛细管压力的特征。反过来，毛细管压力影响着岩层中液体的流动。所以，毛细管压力、浮力和流体压力同时影响并控制着流体的运移和聚集。

油气的运聚成藏是在多动力联合控制下形成的，且具有低势区控藏作用的特点。在实际地质条件下，由于构造演化和沉积演化的差异性，油气藏的形成和分布十分复杂。不同的油气藏在盆地中发育的位置不同，同一构造带又有不同的油气藏类型组合。但是，无论怎么样，低势控藏的基本特征和模式还是影响着油气的形成和分布。在不同的地质情况下，可能以一种或两种控藏模式为主导。根据流体势能组成的四个重要方面及其控藏作用的特点，可以明显地看出，油气藏的形成是多动力作用下低势区控藏的过程。因此，势控油气成藏的基本模式由四个方面组成（图 5-4）。

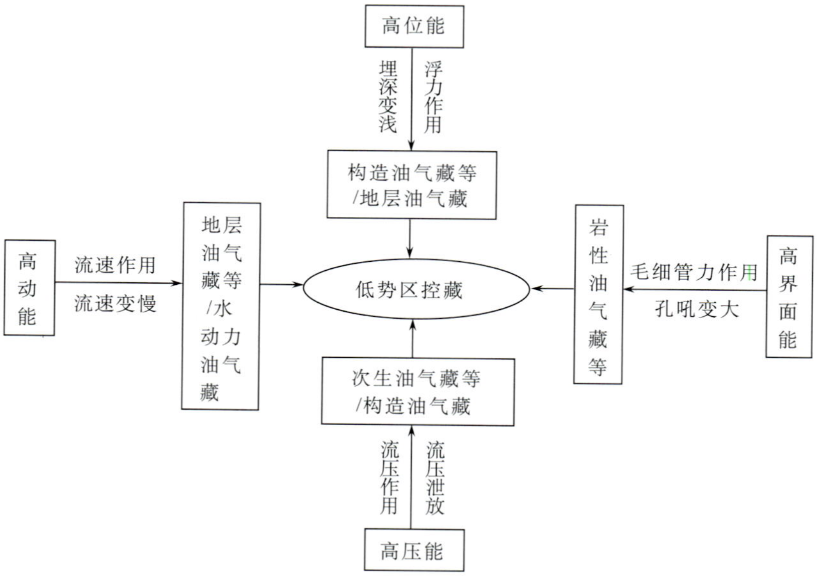

图 5-4 势控油气作用基本模式图（庞雄奇等，2007）

（1）在浮力作用下，由盆地深部向浅部，埋藏深度变浅，流体由高位能向低位能处运移，在构造高点处，相对低位能处聚集成藏，形成构造油气藏，特别是背斜油气藏。

（2）在毛细管压力的作用下，流体（油气）由具高界面能的泥岩中生成后，顺着孔喉半径增大的低界面能处运移，这些低界面能处一般为岩性砂岩体分布发育部位，在这些部位砂岩体物性好，毛细管压力差的作用促使油气向岩性圈闭中运聚，形成了岩性油气藏。

(3) 在流体压力作用下，流体(包括水和油气)顺着流体压力降低的方向运移，具有由高压能向低压能处运移的趋势，在输导体系(特别是断层)存在的部位，压力得以释放，断层成为泄压的通道，流体顺断层运移，并在适当的条件下在断层两侧形成断块油气藏，或者断层破坏原生油气藏，形成其他部位次生油气藏。

(4) 在水动力作用下，盆地内流体，首先是水沿着水流动速度(水动力)变慢的方向运移，由高动能处向低动能处运移，盆地内沉积压实水流一般为离心流，由盆地凹陷处向边缘，由深部向浅部，盆地水的流动速度逐渐降低，水流方向指向盆地边缘，在水流速度变缓慢或停滞的地方，形成了油气藏，而这种油气藏一般为地层油气藏。

(三) 源控油气作用

油气运移距离远近是一个争议很大的重点问题，既有认为原地成藏的，也有长距离运移的倡导者。尽管油气在运移距离上存在一定分歧，但是油气运移距离存在极限值是大家公认的观点。

庞雄奇等(2003b)通过对中国大中型油气田的统计对油气分布范围与烃源区的关系得出以下认识：

(1) 大中型油气田个数95%以上分布在离油源区中心100km的范围内，有随着距离增大数量减少的趋势。大中型油气田储量的95%以上分布在离油源区中心50km的范围内，有随着距离增大而减小的趋势。

(2) 大油田个数95%以上和大油田储量的95%以上均集中分布在离油源区中心不到50km的范围内，它们随着距离增大数量减小，反映出烃源岩对油气分布的控制作用。寻找优质有效的烃源岩是勘探大型油气日的前提。

(3) 大中型气田个数和储量随运移距离的分布与大油田有较大差异，主要表现在：大油田的数量和储量的绝大多数分布在离油源区中心不到40km的范围内，而大中型气田的绝大多数分布在离烃源岩中心20～90km处，反映出天然气较油更易运移的属性。

二、致密砂岩气藏天然气富集基本模式

实际地质条件下，陆相断陷盆地中的油气分布受源、相、势三种作用的联合控制。

庞雄奇等(2007)统计了济阳坳陷的546个油气藏和落空圈闭的相指数和势指数的分布关系，表明油气藏85%以上都位于FI>0.5、PI<0.5的范围内，大部分的油气藏均靠近离FI为1和PI为0的区间内，FI越大、PI越小的地区，分布的油气藏个数越多，成藏概率越大。落空圈闭分布在相指数小，势指数大的区带。并且，FI和PI具有消长关系，相指数低的部位，需要油气藏的势指数高，势指数高的部位，需要的相数低。因此，相-势耦合指数与相指数和势指数之间的关系较复杂，可将相-势耦合指数(FPI)可以定量表达为

$$FPI=\frac{1}{\sqrt{2}}\sqrt{FI^2+(1-PI)^2} \tag{5-7}$$

式中，FPI 为相-势耦合指数，0～1(无量纲)；FI 为优相指数，0～1(无量纲)；PI 为势指数，0～1(无量纲)；

“源-相-势”三者的关系不能简单的等同起来，因为相-势耦合结果控制了有利成藏区带的分布，油源限定了油气藏分布范围，相-势之间能够互补，不仅优相-低势可以成藏，而且优相-中势和中相-低势也可以成藏，当然优相-低势是最有利的成藏区。但油源条件和相-势耦合结果并不能互补，而是缺一不可的关系，一旦超出了油气分布门限，圈闭相-势耦合结果再好，成藏的可能性也还很小，反之，油源很充足的情况下，相-势耦合指数很低的地区也不易成藏。

基于以上认识，提出了源-相-势控藏模型如下：

$$FPSI=\sqrt{FPI\cdot Fe} \tag{5-8}$$

式中，FPSI 为“源-相-势”耦合指数(无量纲)；FPI 为相-势耦合指数(无量纲)；Fe 为油气成藏概率(无量纲)。

这种耦合模型既能体现成藏过程中油源条件和相-势耦合条件同等重要的地位，又能区别出油源与相-势耦合指数的关系不同于相-势之间的关系。

三、致密砂岩气藏天然气富集目标预测评价方法与工作流程

(一) 功能要素组合模式及有利勘探区带预测方法

前文研究表明，常规天然气藏和致密常规天然气藏的主控因素是烃源灶、古隆起、有利的沉积相带、有效的区域盖层，T-CDMS 预测模型可预测致密常规气藏与常规天然气有利勘探区带。致密深盆气藏的主控因素是烃源灶、有利的沉积相带、储层致密界限、构造稳定带，T-PLDS 预测模型可预测致密深盆气藏有利勘探区带。

应用功能要素组合成藏模式预测有利成藏领域的方法流程如图 5-5 所示。具体分为五个步骤：①开展含油气盆地分析，搞清油气藏形成的基本地质条件(C、D、M、S、P、L)及其发育史与展布特征，确定每一要素控制下的有利成藏范围；②通过油气地质条件分析和流体包裹体测温反演，确定含油气盆地在地史过程中的主要成藏期(T_1，T_2，…，T_n)；③通过对已发现的油气藏的分布特征研究和统计，建立六大要素控油气作用地质模式，计算各个地质要素控制下各目的层在各主要成藏期的控藏范围与控藏概率；④针对某一目的层开展不同成藏期的有利成藏领域预测，通过叠加和复合各成藏期同一目的层的有利成藏领域确定出最有利的成藏区带、有利成藏区带、较有利成藏区带和不利成藏区带；⑤针对某一盆地开展不同目的层的最有利勘探区带的预测，通过各目的层最有利成藏区带的叠加和复合最终确定出最有利的成藏构造单元。总的来看，多要素配备成藏模式应用的关键是恢复主要成藏期六大主控因素的平面分布特征和各自的控藏范围。

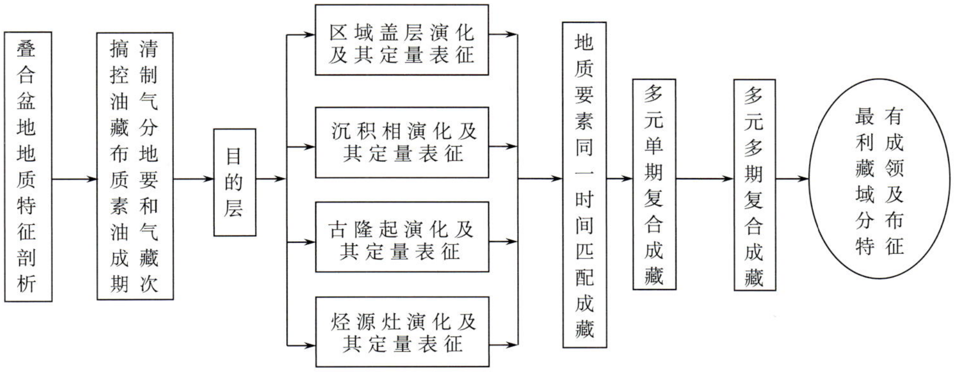

图 5-5 叠合盆地功能要素组合成藏模式预测有利成藏领域方法流程图

（二）过程叠加改造及有利勘探区带预测方法

我国含油气盆地大多经历了多期构造运动，从而使得早期形成的油气藏普遍经受了后期构造变动的调整、改造或破坏(庞雄奇等，2008)。构造变动对含油气盆地的影响往往是多方面的，一次区域构造运动不仅可以发生地层的抬升剥蚀作用、断裂活动和褶皱作用，而且对沉积条件、物化条件、岩浆活动甚至变质作用的发生等方面均有重大的影响。因此，大规模的区域性构造运动或构造事件对已经形成的油气藏的保存与破坏至关重要。多期构造变动是复杂叠合盆地最显著的地质特征，也是导致油气成藏后被调整、改造和破坏的根本原因。研究表明，构造变动从表现上讲主要使地层变形产生褶皱；或使地层隆升遭受剥蚀；或使地层连续性受到破坏产生断裂。从油气地质条件而言，它破坏了圈闭的完整性并改变了它的容积空间；改变了圈闭内外温压条件并打破了已有的平衡；改造了圈闭内外的水介质环境并为新平衡作用创造了条件。在这一系列变化下，已有的油气藏就会发生物理破坏作用和化学破坏作用，建立新的地质平衡(图 5-6)。

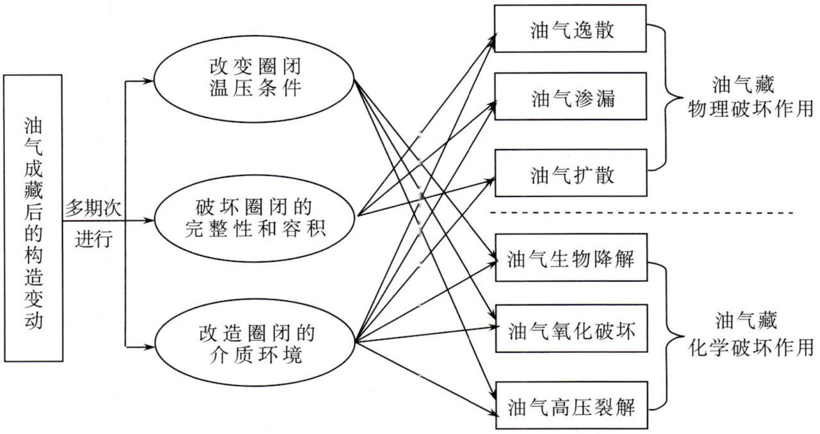

图 5-6 复杂叠合盆地的构造变动导致油气藏改造破坏模式图

油气成藏后的多期构造变动控制着它们最终的分布规律和剩余潜力。如果能够确定出每一次构造变动在平面区域内各点造成的强度(K_i)，基于这一成果可以研究确定出平面上任一点的油气破坏程度(k_i)。如果以 Q_0 为油气成藏后目的层的含油气性，则每一次构造变动后的剩余潜力(Q_i)可以表示为

第一次构造变动后的剩余潜力(Q_1)

$$Q_1 = Q_0(1-k_1)f_1(c) \tag{5-9}$$

第二次构造变动叠加后的剩余潜力(Q_2)：

$$Q_2 = Q_0(1-k_1)(1-k_2)f_2(c) \tag{5-10}$$

第 i 次构造变动叠加后的剩余潜力(Q_i)：

$$Q_i = Q_0 \cdot (1-k_1)(1-k_2)\cdots(1-k_i) \cdot f_i(c) \tag{5-11}$$

第 n 次构造变动叠加后的剩余潜力(Q_n)：

$$Q_n = Q_0 \cdot (1-k_1)(1-k_2)\cdots(1-k_i)\cdots(1-k_n) \cdot f_n(c) \tag{5-12}$$

式中，$f_i(c)$为第 i 次构造变动叠加时，原生油气藏上覆的区域性盖层(c)的封油气能力。对上列地质过程叠加后的控油气作用结果可作下列结论：

(1) 多期强烈的构造变动叠加将导致油气藏彻底破坏。每一次构造变动越强(K_i 越大)，表明它们破坏油气程度(k_i)越高，则 Q_i 越小。在 $k_i=1$，$i=1,2,\cdots,n$ 时，$Q_n=0$。这表明，原生油气藏被彻底破坏，研究区进一步勘探无意义。

(2) 多期弱小的构造变动叠加有利原生油气藏保存。每一次构造变动越弱，(K_i 越小)，表明它们被破坏油气程度 $k_i(i=1,2,\cdots,n)$越小，则 Q_i 越大。在 $k_i=0$，$i=1,2,\cdots,n$ 时，$Q_n=Q_0$。这表明，原生油气藏得到了完全的保存，研究区勘探潜力大。

(3) 破坏程度不同的构造变动叠加时，油气藏被破坏的程度取决于构造变动的次数(n)，原生油气藏上覆第一套区域性盖层的综合封油气能力 $f_n(c)$以及多期构造变动的综合强度(K_i，$i=1,2,\cdots,n$)。地质过程叠加控油气分布的概念模型如图 5-7 所示。研究表明每一次构造变动的强度 K_i 和破坏层段 k_i 一定时，构造变动次数(n)越多，对油气藏破坏的程度越高，油气藏被保存下来的概率越小。形成最晚的油气藏后期没有受到过大的构造变动的破坏，因而有利于今天的勘探；形成最早的油气藏受到了后期所有构造变动的破坏，因而不利于今天的勘探。在其他条件相同的情况下，$f_r(c)$越大，构造变动剩余资源潜力越大。$f_n(c)=0$，表明研究区无论成藏后的构造变动多大，次数多小，油气藏都将因盖层完全破坏而彻底被破坏。理论上，多期构造变动的综合强度 K 或破坏概率 $k(k=k_1+k_2+\cdots k_i+\cdots k_n)$一定时，强势和弱势构造变动发生的先后次序对油气藏的破坏程度没有影响。

（三）相-势-源复合控油气富集模式预测有利勘探目标

在构造过程叠合改造之后的有利勘探区带研究的基础上，利用相-势-源复合方法可以预测该有利勘探区带内的有利目标。相-势-源复合控油气富集模式阐明了圈闭聚油气机制与含油性变化规律。这里对相-势-源复合控油气富集模式进行了定量表征，并提出了近源-优相-低势复合控油气富集模式和定量表征方法(FPSI)，建立了相-势-源复合指

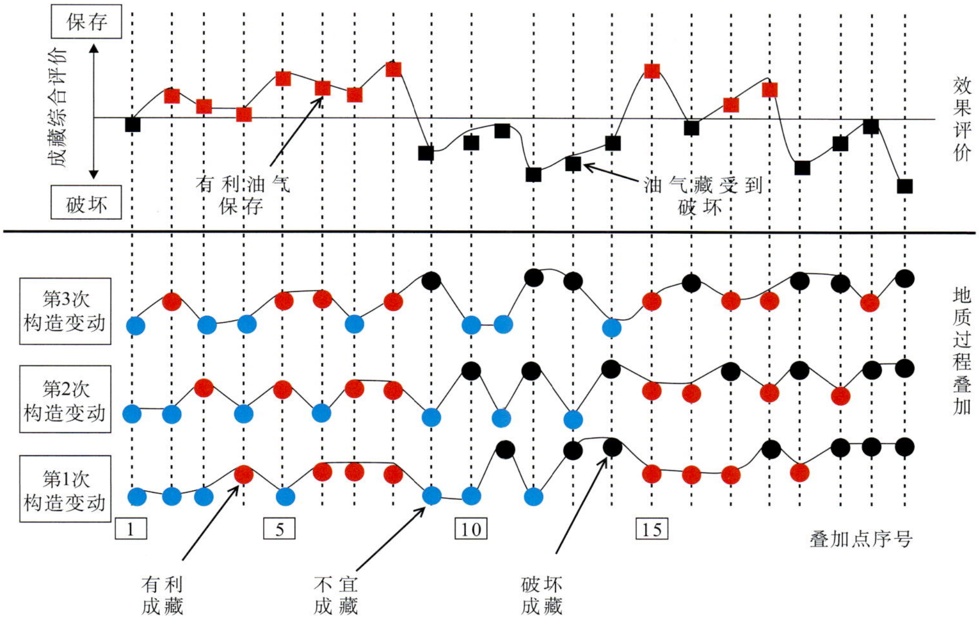

图 5-7　地质过程叠加控制油气藏的演化地质模型图

数(FPSI)与圈闭含油气性之间的定量关系模式及判别标准(庞雄奇等，2012)。其中，包括用 FI 定量表征相控油气的成藏概率，用 PI 定量表征势控油气的成藏概率，用 SI 定量表征源控油气的成藏概率。FI、PI 和 SI 的数值都为 0～1，它们的定量模式都是通过对已发现的油气藏的地质剖析和统计分析建立。

相-势-源复合控油气富集模式的建立为有利勘探目标的预测与评价奠定了新的理论和方法基础。依据这一新的理论模式预测最有利勘探目标的方法和技术流程如下：第一步，研究各目的层当前条件下的油气地质条件，定量表征相、势、源的控油气作用，做出相指数(PI)、势指数(PI)、源指数(SI)平面分布图；第二步，分析优相-低势耦合控油气富集作用或研究优相-低势-近源的复合控油气富集作用，综合评价各目的层有利勘探区带内每一个目的层的含油气性；第三步，是在上列工作的基础上，结合圈闭规模、埋深等其他方面的条件优选出最有利的钻探目标。

应用晚期相-势-源复合控油气富集定量模式的关键是要获得相指数(FI)、势指数(PI)和源指数(SI)。FI 指数是通过统计同一研究区不同类型地质相内已发现的油气藏个数和储量的相对分布频率而确定。在低勘探程度的阶段，可以利用不同构造相带和沉积相带内油气的分布特点和分布规律。随勘探程度的提高，可以利用不同岩石类型中已发现油气的分布特点。在高勘探程度阶段，直接利用岩石物理相或不同孔隙度和渗透率的储层内油气的分布特点。把油气分布概率不同的相分别赋予不同的优相指数值(FI)。FI 为 0～1，代表最不利至最有利相分布。低势指数(PI)的获得与优相指数(FI)类同。PI 为 0～1，值越小越有利于成藏。源指数(SI)是通过统计已发现的油气藏距源灶中心或油源断裂的距离及分布频率来获得，SI 也为 0～1，越大越有利于成藏。

第三节　库车坳陷东部致密砂岩气藏富气“甜点”分布预测

一、有利勘探目标含油气性钻前地质预测与定量评价

利用地震资料，采用先进的地震相控非线性随机反演技术，对库车坳陷东部地区下侏罗统储层进行预测。同时，利用流体检测技术，提取流体活动属性，对含气性进行预测。通过储层预测和含气性检测，并结合实际地质资料，可识别“甜点”(黄悍东等，2009a)。

以迪北地区为例，说明有利勘探目标含油气性钻前地质预测与定量评价。

迪北地区阳霞组储层厚度预测结果表明：阳霞组储层全区发育，具有北部储层厚、南部储层薄的特征；储层最大厚度为240m，发育在工区北部；薄储层主要在工区南部发育，总体趋势表现为北厚南薄的特点。迪北地区依南2井预测厚度为91m，实际厚度为93m；依南5井预测厚度为68m，实际厚度为71m；依南4井预测厚度为150m，实际厚度为133m；依深4井预测厚度为145m，实际厚度为185.5m；迪北1井预测厚度为51m，测井解释厚度为45.5m；迪北101井预测厚度为32m，实际厚度为22.5m，反演预测厚度和实际测井解释厚度较为吻合(图5-8)。

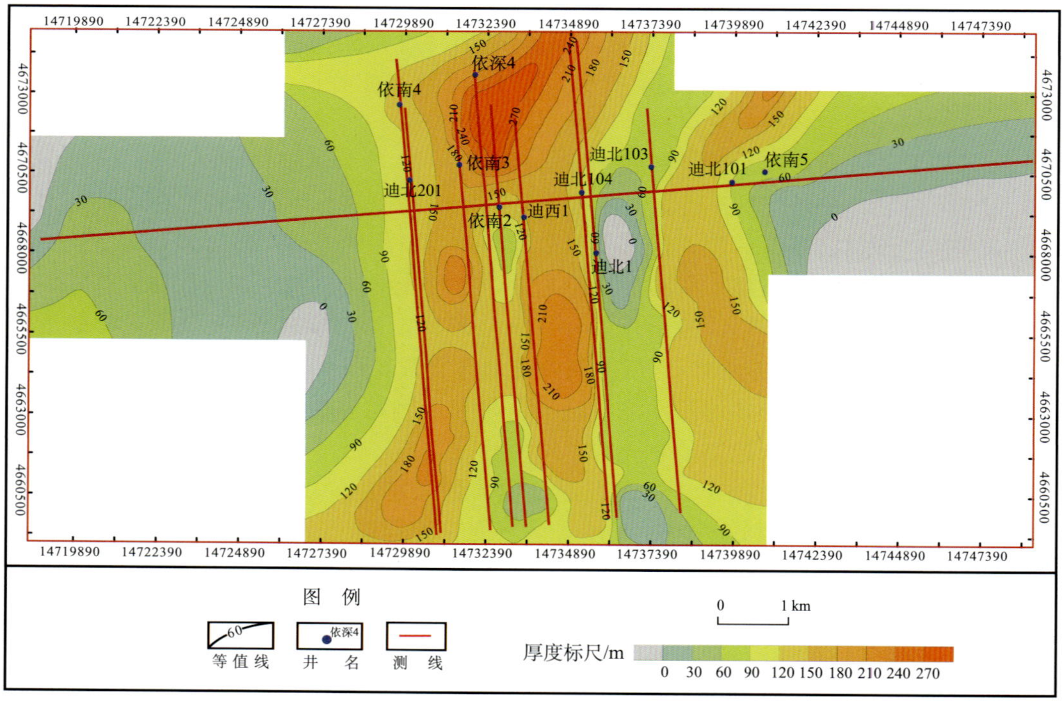

图5-8　库车坳陷迪北地区侏罗系阳霞组三维储层厚度预测图

迪北地区阳霞组含气层厚度预测结果表明：阳霞组含气层主要在迪北地区南部、北部以及西部局部地方发育，自南部、北部向工区中部气层厚度逐渐减薄，并伴随部分尖灭情况；迪北地区含气层最大厚度为50m，发育在迪北地区南部；迪北地区东部及中部局部地区含气层厚度较小。迪北地区依南2井预测厚度为32m，实际厚度为37.5m；依南5井预测厚度为0m，实际厚度为34m；依南4井预测厚度为10m，实际厚度为11.5m；依深4井预测厚度为23m，实际厚度为37m；迪北1井预测厚度为25m，测井解释厚度为29.5m；迪北101井预测厚度为0m，实际厚度为10.5m；迪西1井预测厚度0m，实际厚度为0m。除依南5井及迪北101井外，反演预测厚度和实际厚度吻合(图5-9)。

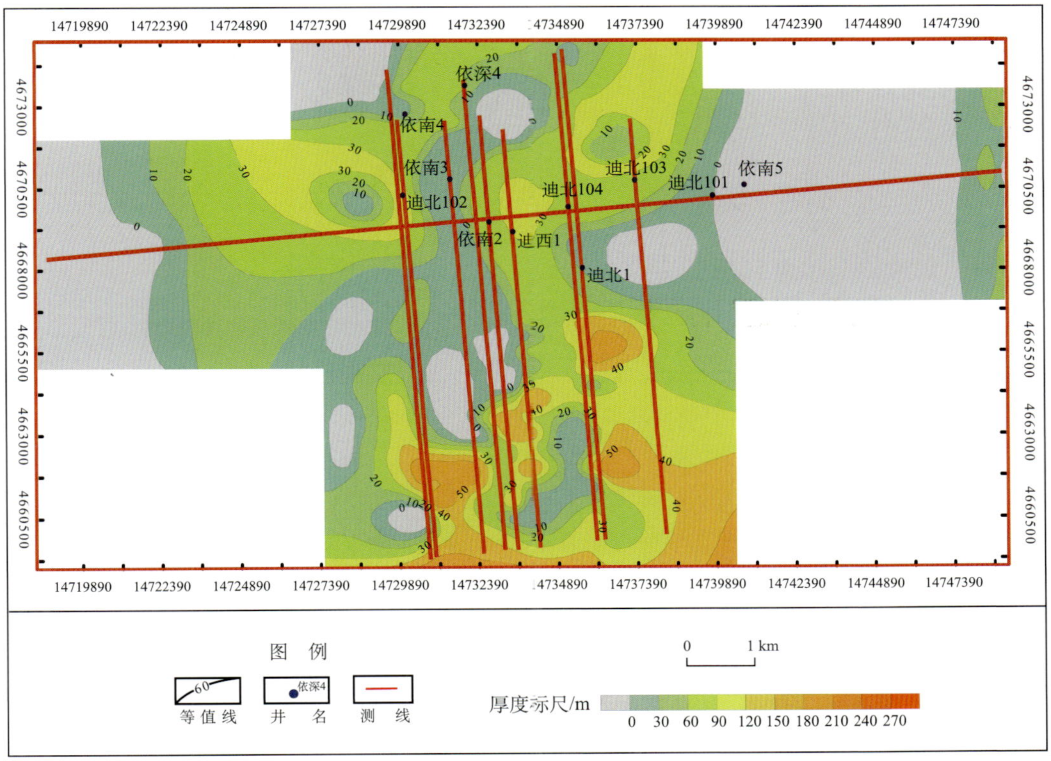

图5-9 库车拗陷迪北地区侏罗系阳霞组三维气层厚度预测图

迪北地区阿合组储层厚度预测结果表明：迪北地区阿合组储层全区发育，预测储层最大厚度为270m，主要在迪北地区发育；储层最薄处厚度为90m，主要在迪北地区南部；迪北地区储层厚度分布趋势总体上表现为北厚南薄的特点。迪北地区依南2井预测厚度为165m，实际厚度为163.5m；依南5井预测厚度为214m，实际厚度为212.5m；依南4井预测厚度为208m，实际厚度为247.5m；依深4井预测厚度为167m。实际厚度为199.5m；迪北102井预测厚度为160m，实际厚度为159.5m；迪西1井预测厚度为140m，实际厚度为128.5m。预测结果和实际厚度相当吻合(图5-10)。

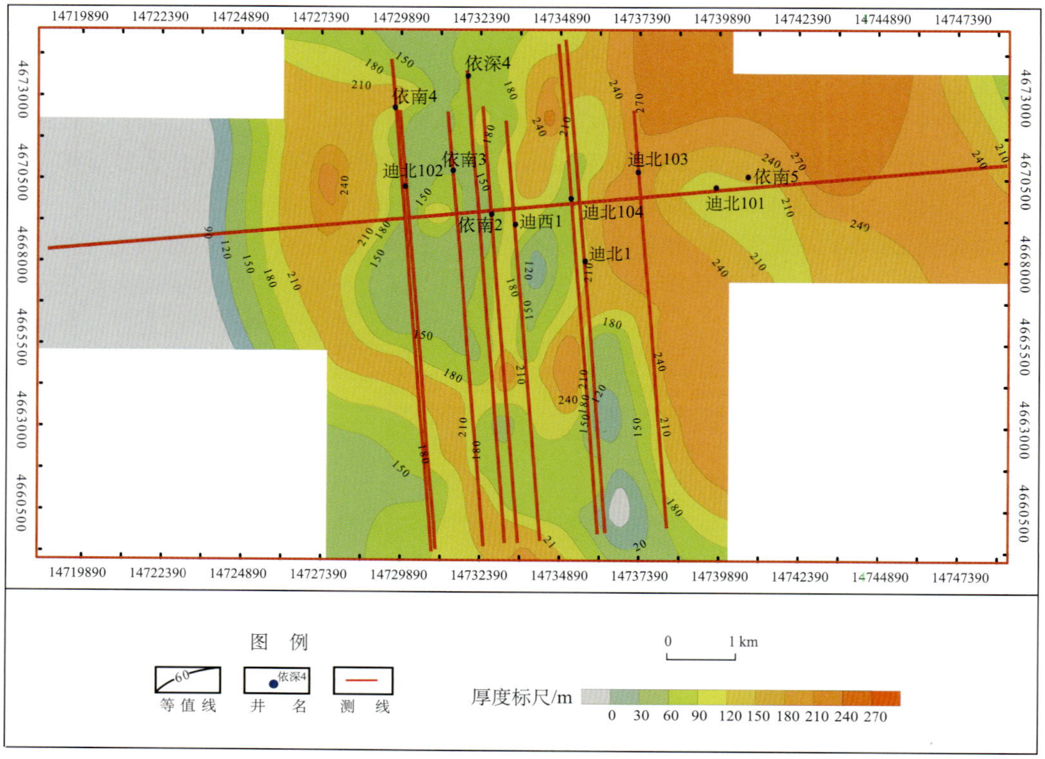

图 5-10 库车拗陷迪北地区侏罗系阿合组三维储层厚度预测图

迪北地区阿合组含气层厚度预测结果表明：阿合组含气层主要在迪北地区南部以及西部发育，向东、向北方向气层厚度逐渐减薄，并伴随部分尖灭情况；迪北地区含气层最大厚度为160m，发育在迪北地区南部；含气层最薄处厚度为0m，主要出现在迪北地区北部及东部。迪北地区内依南2井预测厚度为99m，实际厚度为117m；依南5井预测厚度为0m，实际厚度为0m；依南4井预测厚度为0m，实际厚度为130m；依深4井预测厚度为0m，实际厚度为135m；迪北102井预测厚度为113m，实际厚度为123m；迪西1井预测厚度为115m，实际厚度为113.5m，除依深4井及依南4井反演预测厚度和实际厚度差距较大外，其他井反演预测厚度与实际测井解释吻合。依深4井和依南4井所在区域由于气层发育导致气体乱串，影响了地震资料品质，从而给反演带来了巨大困难(图5-11)。

二、最有利勘探目标优选与勘探井部署

利用典型剖面反演剖面及含气层流体检测剖面得到的储层厚度预测图，以及含气层厚度预测图，并结合实际地质资料，可获得研究区最有利的油气显示区域，即"甜点"。

"甜点"具有以下4个方面特点：

(1) 埋藏深度相对较浅；

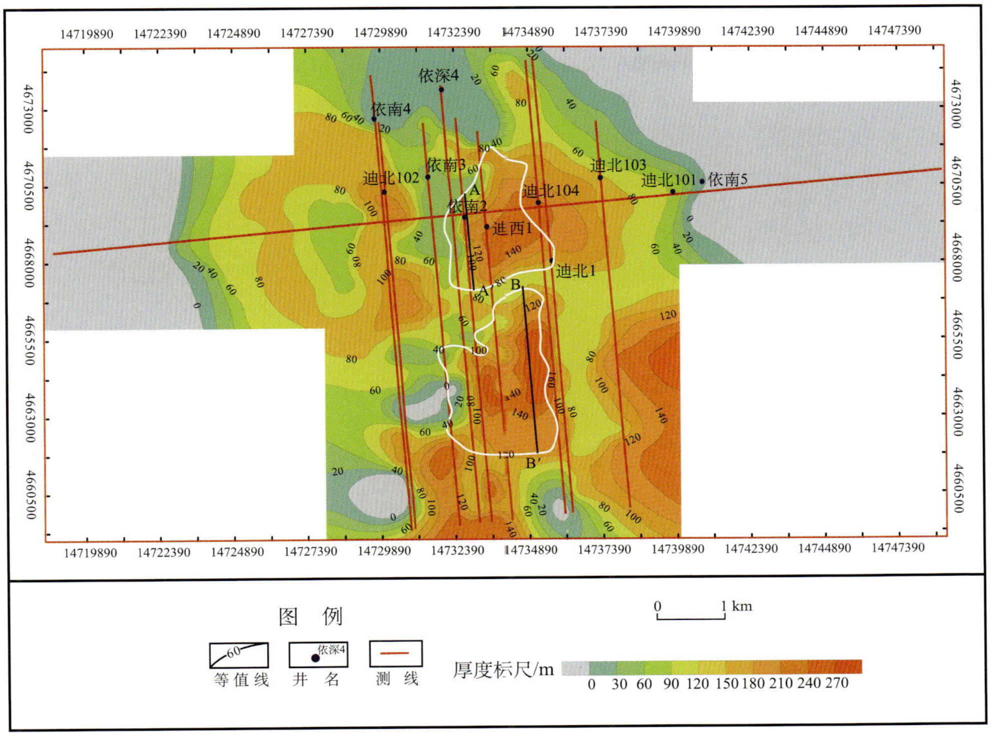

图 5-11 库车拗陷迪北地区侏罗系阿合组气层厚度预测图

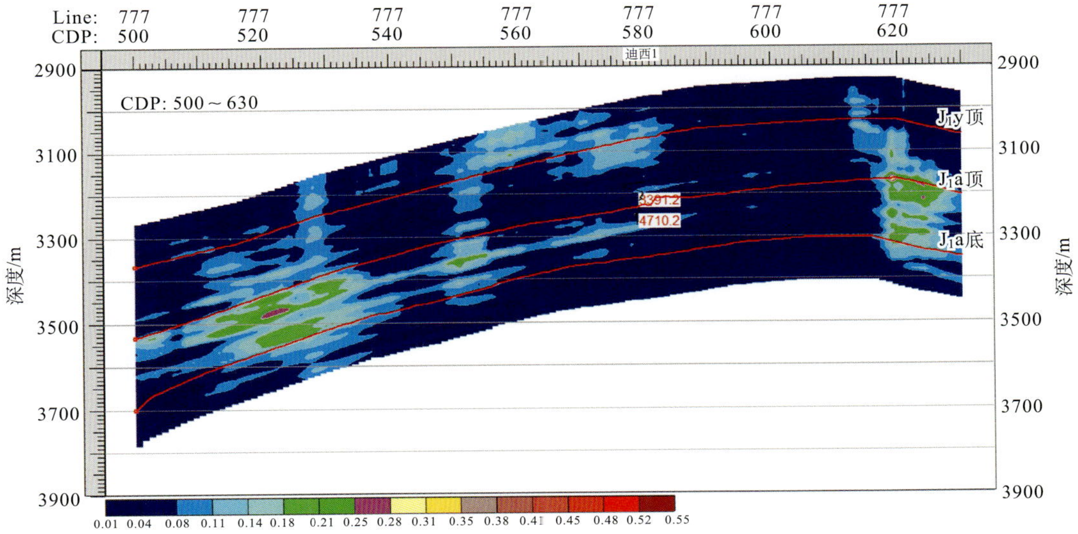

图 5-12 过迪西 1 井三维流体活动属性剖面示意图

（2）位于构造低、缓斜坡部位，有利于气藏形成；

（3）“甜点”区域预测储层厚度普遍较厚；

(4)“甜点”区域内含气层发育，含气层厚度相对较厚。

图 5-11 中白色圈闭区域代表“甜点”，“甜点”部分预测砂体储层厚，含气层厚度相对较厚。图 5-12 和图 5-13 分别为图 5-11 中的 AA′剖面(过迪西 1 井)和 BB′剖面(过 850 测线)的三维流体活动属性剖面，图中油气显示区域位于构造低、缓斜坡部位，相对埋深较浅，有利于致密深盆气的成藏，表明“甜点”是有利的油气聚集场所。

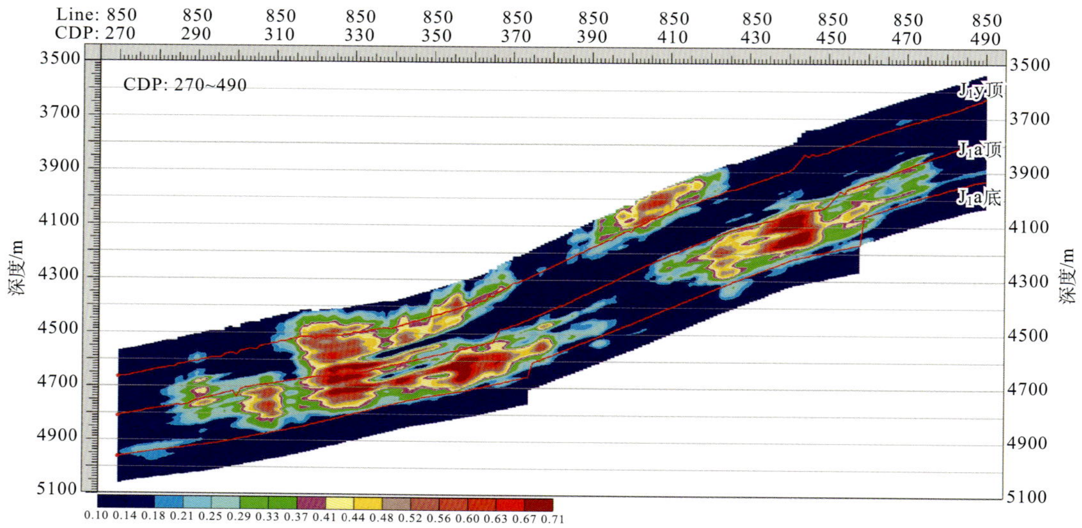

图 5-13　过 850 测线三维流体活动属性剖面示意图

第四节　库车拗陷东部致密砂岩气藏富气“甜点”钻探成效与评价

一、相关探井钻探结果介绍

库车拗陷东部致密砂岩气勘探主要以侏罗系为主要目的层，近年来在迪北地区取得了较大的勘探进展。目前，库车拗陷东部共完钻以侏罗系为目的层的探井 11 口，分别为依南 2 井(侧钻井依南 2C 井)、依南 3 井、依南 4 井、依深 4 井、依南 5 井、迪西 1 井、迪北 1 井、迪北 101 井、迪北 102 井、迪北 103 井和迪北 104 井，其中依南 2 井(依南 2C 井)、迪西 1 井、迪北 101 井、迪北 102 井、迪北 104 井均获得了工业油气流，依南 4 井、依深 4 井、依南 5 井、迪北 103 井获得了油气显示。

在断块控藏理论的指导下，依南 2 井在 1998 年获得成功，在阳霞组和阿合组 4578～4783m 井段中途测试，利用 4.76mm 油嘴求产，日产气 108612m^3。随后钻探依南 4 井和依南 5 井评价该气藏，并钻探依深 4 井预探断层上盘的背斜构造，但这几口井均仅获油气显示，勘探总体上停滞十余年。2012 年，在致密砂岩气藏成藏理论的指导下，迪西 1 井采用氮气钻井技术并获得成功，在侏罗系阿合组 4708～4811.38m 井段中途测试，利用 10mm 油嘴求产，日产油 69.6m^3，日产气 589861m^3，从而实现了塔里木盆地致密砂岩气勘探重大突破。随后钻探的迪北 101、迪北 102 井、迪北 104 井均获得了工业油气流，其中迪北 101 井在侏罗系阿合组 4782.5～4837.07m 井段中途测试，利用 8mm 油嘴求产，日产气 67320m^3；迪北 104 井在侏罗系阿合组 4768～4794.81m 井段中途测试，利用 10mm 油嘴求产，日产气 718876m^3，折日产油 47.6m^3。

二、发现储量预测与评价

库车拗陷东部迪北地区在 1998 年成功钻探依南 2 井，并上报天然气预测储量 1635.24×10^{8}m^3。在致密砂岩气藏成藏理论指导下，迪北地区自 2012 年以来成功钻探迪西 1 井、迪北 101 井、迪北 102 井、迪北 104 井，并上报天然气控制储量 564.2×10^{8}m^3、凝析油储量 258.43×10^{4}t。利用地质打分法、随机模拟计算法和特尔非综合法，计算表明库车拗陷东部侏罗系致密砂岩气的资源量分别为 1.5×10^{12}m^3、1.32×10^{12}m^{3}和 1.4×10^{12}m^3，表明其勘探潜力巨大。

三、致密砂岩气藏发现的重大意义

迪北地区侏罗系勘探取得的巨大突破进一步证实了致密砂岩气藏成因模式的科学性与实用性。致密砂岩气藏成因模式的建立合理解释了致密砂岩气藏的成因机制，以及之内“高点低点油气共存、高孔低孔含油气共存、高压低压含油气层共存、早成晚成油气藏共存”的地质现象，为复杂地质条件下非常规气藏预测和评价提供了新的思路。致密砂岩气藏内油气的富集程度取决于地质相、流体势、烃源岩三者的联合作用，近源-优相-低势复合的区带最有利于油气成藏与富集。因此，致密砂岩气藏地下储量规模巨大，具有很好的勘探前景，应当进一步加强致密砂岩气藏成藏机制和分布规律研究。

参考文献

陈刚. 1988. 沁水盆地向斜型水封气藏形成条件探讨. 石油与天然气地质，19(4)：302-306.

成先海. 2004. 开展盆地中心气研究开辟新的油气勘探领域. 资源环境与工程，18(3)：31-35.

戴金星. 1983. 向斜中的油、气藏. 石油学报，4(4)：27-30.

戴金星，张厚福. 1996. 中国大中型气田形成的主要控制因素. 中国科学：D 辑，26(6)：481-487.

杜金虎，王招明，胡素云，等. 2012. 库车前陆冲断带深层大气区形成条件与地质特征. 石油勘探与开发，39(4)：385-393.

付广，陈章明，姜振学. 1995. 盖层封堵能力评价方法及其应用. 石油勘探与开发，22(3)：46-50.

高岗，黄志龙，刚文哲. 2002. 塔里木盆地库车拗陷依南 2 气藏成藏期次研究. 古地理学报，4(2)：98-104.

关德师. 1995. 中国非常规油气地质. 北京：石油工业出版社：12-40.

郭睿. 2004. 储集层物性下限值确定方法及其补充. 石油勘探与开发，31(5)：140-144.

国家能源局. 2011. 致密砂岩气地质评价方法. 北京：地质出版社：1-7.

何登发，李德生. 1996. 塔里木盆地构造演化与油气聚集. 北京：地质出版社：1-171.

何登发，周新源，杨海军，等. 2009. 库车拗陷的地质结构及其对大油气田的控制作用. 大地构造与成矿学，33(1)：19-32.

胡朝元. 1982. 生油区控制油气田分布——中国东部陆相盆地进行区域勘探的有效理论. 石油学报，2(2)：9-13.

胡朝元. 2005. “源控论”适用范围量化分析. 天然气工业，25(10)：1-3.

黄捍东，张如伟，赵迪，等. 2009a. 地震反演与属性耦合检测薄层含气砂岩. 石油地球物理勘探，44(2)：185-189.

黄捍东，张如伟，赵迪，等. 2009b. 基于叠前振幅随角度变化反演的储层流体识别方法. 中国石油大学学报(自然科学版)，33(5)：41-45.

贾承造. 1997. 中国塔里木盆地构造特征与油气. 北京：石油工业出版社：1-419.

贾承造. 2001. 塔里木盆地库车拗陷大气田勘探. 北京：石油工业出版社：1-121.

贾承造，何登发，雷振宇，等. 2000. 前陆冲断带油气勘探. 北京：石油工业出版社：1-116.

姜福杰. 2008. 源控油气作用及其定量模式. 北京：中国石油大学(北京)博士学位论文：57.

姜福杰，庞雄奇，武丽. 2010a. 致密砂岩气藏成藏过程中的地质门限及其控气机理. 石油学报，31(1)：49-53.

姜福杰，庞雄奇，姜振学，等. 2010b. 渤海海域沙三段烃源岩评价及排烃特征. 石油学报，31(6)：906-912.

姜振学，庞雄奇，张金川，等. 2000. 深盆气研究现状综述. 地球科学进展，15(3)：289-292.

姜振学，林世国，庞雄奇，等. 2006a. 两种类型致密砂岩气藏对比. 石油实验地质，28(3)：210-214.

姜振学，林世国，庞雄奇. 2006b. 小草湖地区西三窑组致密砂岩气藏类型判识. 天然气工业，26(9)：4-7.

金之钧，张金川. 2002. 深盆气成藏机理. 地学前缘，9(3)：208.

金之钧，张金川，王志欣. 2003. 深盆气成藏关键地质问题. 地质论评，49(4)：401-407.

雷群，万玉金，李熙喆，等. 2010. 美国致密砂岩气藏开发与启示. 天然气工业，30(1)：45-48.

李峰，姜振学，李卓，等. 2014. 库车拗陷迪北气藏 2 期油气充注古流体证据. 天然气地球科学，25(7)：1033-1041.

李梅，包建平，汪海，等. 2004. 库车前陆盆地烃源岩和烃类成熟度及其地质意义. 天然气地球科学，15(4)：36-45.

李卓，姜振学，庞雄奇，等. 2013. 塔里木盆地库车拗陷致密砂岩气藏成因类型. 地球科学(中国地质大学学报)，38(1)：156-164

梁狄刚，张水昌，赵孟军，等. 2002. 库车拗陷的油气成藏期. 科学通报，47(增刊)：56-63.

梁狄刚，陈建平，张宝民，等. 2004. 塔里木盆地库车拗陷陆相油气的生成. 北京：石油工业出版社：1-256.

刘春，张惠良，韩波，等. 2009. 库车拗陷大北地区深部碎屑岩储层特征及控制因素. 天然气地球科学，20(4)：504-511.
刘国勇，金之钧，张刘平. 2006. 碎屑岩成岩压实作用模拟实验研究. 沉积学报，24(3)：407-413.
刘玉魁，邬光辉，胡剑风，等. 2004. 塔里木盆地库车拗陷依南2气藏特征解析. 天然气工业，24(7)：12-16.
柳广弟. 2009. 石油地质学. 北京：石油工业出版社：185-202.
马新华，王涛，庞雄奇，等. 2002. 深盆气藏的压力特征及成因机理. 石油学报，23(5)：24-27.
马玉杰，谢会文，蔡振忠，等. 2003. 库车拗陷迪那2气田地质特征. 天然气地球科学，14(5)：371-374.
马玉杰，邵国玺，张丽娟，等. 2004. 迪那2气田气藏类型研究. 天然气地球科学，15(1)：91-94.
马中振. 2008. 深部致密砂岩油气藏形成的动力学机制与发育模式. 北京：中国石油大学(北京)博士学位论文：1-40.
庞雄奇. 1995. 排烃门限控油气理论与应用. 北京：石油工业出版社：1-297.
庞雄奇，金之钧，姜振学，等. 2003a. 深盆气成藏门限及其物理模拟实验. 天然气地球科学，14(3)：207-214.
庞雄奇，金之钧，姜振学，等. 2003b. 油气成藏定量模式. 油气成藏机理研究系列丛书(卷八). 北京：石油工业出版社.
庞雄奇，李丕龙，张善文. 2007. 陆相断陷盆地相-势耦合控藏作用及其基本模式. 石油与天然气地质，28(5)：641-663.
庞雄奇，高剑波，吕修祥. 2008. 塔里木盆地"多元复合-过程叠加"成藏模式及其应用. 石油学报，29(2)：159-166.
庞雄奇，周新源，李卓，等. 2011a. 塔里木盆地塔中古隆起控油气模式与有利区预测. 石油学报，32(2)：189-198.
庞雄奇，李丕龙，陈冬霞，等. 2011b. 陆相断陷盆地相控油气特征及其基本模式. 古地理学报，13(1)：5 5-74.
庞雄奇，周新源，姜振学，等. 2012. 叠合盆地油气藏形成、演化与预测评价. 地质学报，86(1)：53-57.
庞雄奇，周新源，董月霞，等. 2013. 含油气盆地致密砂岩类油气藏成因机制与资源潜力. 中国石油大学学报(自然科学版)，37(5)：28-38.
庞雄奇，黄悍东，林畅松，等. 2014a. 哈萨克斯坦Marsel探区叠复连续气田形成、分布于预测及资源储量评价. 石油学报，35(6)：1012-1056.
庞雄奇，姜振学，黄捍东，等. 2014b. 叠复连续油气藏成因机制、发育模式及分布预测. 石油学报，35(5)：795-828.
裘怿楠，陈子琪. 1996. 油藏描述. 北京：石油工业出版社：1-344.
寿建峰，朱国华. 1998. 砂岩储层孔隙保存的定量预测研究. 地质科学，32(2)：244-249.
寿建峰，朱国华，张惠良. 2003. 构造侧向挤压与砂岩成岩压实作用——以塔里木盆地为例. 沉积学报，21(1)：90-95.
宋岩，姜林，马行陟. 2013. 非常规油气藏的形成及其分布特征. 古地理学报，15(5)：605-614.
孙冬胜，金之钧，吕修祥，等. 2004. 库车拗陷迪那2气田成藏机理及成藏年代. 石油与天然气地质，25(5)：559-591.
万玲，孙岩，魏国齐. 1999. 确定储集层物性参数下限的一种新方法及其应用——以鄂尔多斯盆地中部气田为例. 沉积学报，17(3)：454-457.
王波，张荣虎，任康绪，等. 2011. 库车拗陷大北-克拉苏，深层构造带有效储层埋深下限预测. 石油学报，32(2)：212-218.
王飞宇，杜治利，李谦，等. 2005. 塔里木盆地库车拗陷中生界油源岩有机成熟度和生烃历史. 地球化学，34(2)：136-146.
王鹏威，陈筱，庞雄奇，等. 2014. 构造裂缝对致密砂岩气成藏过程的控制作用. 天然气地球科学，25(2)：185-191.
王涛. 2002. 中国深盆气田. 北京：石油工业出版社：1-290.
王艳忠，操应长，宋国奇，等. 2009. 东营凹陷古近系深部碎屑岩有效储层物性下限的确定. 中国石油大学学报(自然科学版)，33(4)：1-7.
王允诚，孔金祥，李海平，等. 2004. 气藏地质. 北京：石油工业出版社：1-410.
王招明. 2014. 塔里木盆地库车拗陷克拉苏盐下深层大气田形成机制与富集规律. 天然气地球科学，25(2)：153-166.
魏国齐，贾承造. 1998. 塔里木盆地逆冲带构造特征与油气. 石油学报，19 (1)：11-17.
吴河勇，梁晓东，向才富，等. 2007. 松辽盆地向斜油藏特征及成藏机理探讨. 中国科学D辑：地球科学，37(2)：185-191.
肖芝华，钟宁宁，黄志龙，等. 2008. 从模拟实验看致密砂岩储层的石油成藏条件. 石油与天然气地质，29(6)：

721-725.
解国军，金之钧，杨丽娜. 2004. 致密深盆气藏数值模拟. 石油大学学报(自然科学版)，28(5)：13-18.
邢恩袁，庞雄奇，肖中尧，等. 2011. 塔里木盆地库车坳陷依南2气藏类型的判别. 中国石油大学学报(自然科学版)，35(6)：21-28.
熊琦华，彭仕宓，黄述旺. 1994. 岩石物理相研究方法初探——以辽河凹陷冷东—雷家地区为例. 石油学报，15(增刊)：68-76.
许靖华. 1994. 西太平洋板内造山作用模式中的大地构造相. 石油大学学报(自然科学版)，18(5)：1-7.
颜文豪，李建明，王冬梅，等. 2009. 库车坳陷迪那2气田地质特征与沉积储层研究. 天然气地球科学，20(1)：86-93.
杨帆，邸宏利，王少依，等. 2002. 塔里木盆地库车坳陷依奇克里克构造带侏罗系储层特征及成因. 古地理学报，14(12)：46-55.
杨海军，朱光有. 2013. 塔里木盆地凝析气田的地质特征及其形成机制. 岩石学报，29(9)：3233-3250.
杨克明，朱宏权. 2013. 川西叠复型致密砂岩气区地质特征. 石油实验地质，35(1)：1-8.
杨晓宁. 2005. 致密砂岩的形成机制及其地质意义——以塔里木盆地英南2井为例. 海相油气地质，10(1)：31-36.
杨晓萍，赵文智，邹才能，等. 2007. 低渗透储层成因机理及优质储层形成与分布. 石油学报，28(4)：57-61.
袁政文，许化政，王百顺，等. 1996. 阿尔伯达深盆气研究. 北京：石油工业出版社：1-320.
曾溅辉. 2000. 正韵律砂层中渗透率级差对石油运移和聚集影响的模拟试验研究. 石油勘探与开发，27(4)：102-105.
张宝民，赵孟军，肖中尧，等. 2000. 塔里木盆地优质气源岩特征. 新疆石油地质，21(2)：33-39.
张惠良，沈扬，张荣虎，等. 2009. 库车-塔北地区白垩系-古近系沉积储层深化研究. 塔里木油田公司项目(041008060020).
张金川. 2003. 深盆气(根缘气)的研究进展. 现代地质，17(2)：210.
张金川. 2006. 从“深盆气”到“根缘气”. 天然气工业，26(2)：46-48.
张金川，金之钧，庞雄奇. 2000. 深盆气成藏条件及其内部特征. 石油实验地质，22(3)：210-214.
张金亮，常象春. 1995. 深盆气地质理论及应用. 北京：地质出版社：1-209.
张凌云. 2008. 致密碎屑岩储层评价方法研究. 石油地球物理勘探，43(5)：595-599.
张荣虎，张惠良，马玉杰，等. 2008. 特低孔特低渗高产储层成因机制——以库车坳陷大北1气田巴什基奇克组储层为例. 天然气地球科学，19(1)：75-82.
张荣虎，姚根顺，寿建峰，等. 2011. 沉积、成岩、构造一体化孔隙度预测模型. 石油勘探与开发，38(2)：145-151.
赵孟军，卢双舫. 2003. 库车坳陷两期成藏及其对油气分布的影响. 石油学报，24(5)：16-20.
赵孟军，卢双舫，李剑. 2002. 库车油气系统天然气地球化学特征及气源探讨. 石油勘探与开发，48(6)：4-7.
赵文智，邹才能，汪泽成，等. 2004. 富油气凹陷“满凹含油”论——内涵与意义. 石油勘探与开发，31(2)：5-13.
周新源. 2002. 库车前陆盆地天然气分布规律. 北京：石油工业出版社：1-240.
朱光有，张水昌，陈玲，等. 2009. 天然气充注成藏与深部砂岩储集层的形成. 石油勘探与开发，36(3)：347-357.
朱光有，杨海军，张斌，等. 2012. 塔里木盆地迪那2大型凝析气田的地质特征及其成藏机制. 岩石学报，28(8)：2479-2492.
邹才能，陶士振，袁选俊，等. 2009a. “连续型”油气藏及其在全球的重要性：成藏、分布与评价. 石油勘探与开发，36(6)：669-682.
邹才能，陶士振，袁选俊，等. 2009b. 连续型油气藏形成条件与分布特征. 石油学报，30(3)：324-331.
邹才能，陶士振，侯连华，等. 2011. 非常规油气地质. 北京：地质出版社：1-310.
邹才能，朱如凯，吴松涛，等. 2012. 常规与非常规油气聚集类型、特征、机理及展望——以中国致密油和致密气为例. 石油学报，33(2)：174-185.
Brown C A，Crafton J W，Golson J G. 1982. The Niobrara gas play，exploration and development of a low pressure，low permeability gas reservoir. Journal of Petroleum Technology，34(12)：2863-2870.
Elkins L E. 1978. The technology and economics of gas recovery from tight sands. New Mexico：SPE Production Technology Symposium.
England W A，Mackenzie A S，Mann D M，et al，1987. The movement of entrapment of petroleum in the subsurface.

Journal of the Geological Society, 144: 327-347.

Federal Energy Regulatory Commission(FERC). 1978. Natural gas policy act of 1978. Washington: Federal Energy Regulatory Commission.

Gies R M. 1982. Basic physical principles of conventional and Deep Basin gas entrapment (abs.). AAPG Bulletin, 66: 572.

Gies R M. 1984. Gas history for a major Alberta Deep Basin gas trap, the Cadomin Formation//Masters J A. Case Study of a Deep Basin Gas Field. AAPG Memoir 38. Tulsa: AAPG: 115-140.

Holditch S A. 2006. Tight gas sands. Journal of Petroleum Technology, 58(6): 86-93.

Hubbert M K. 1953. Entrapment of petroleum under hydrodynamic condition. AAPG Bulletin, 37(8): 1954-2026.

IEA. 2009. World energy outlook 2009. Washington DC: IEA.

Law B E. 2002. Basin-centered gas system. AAPG Bulletin, 86(11): 1891-1919.

Law B E, Dickinson W W. 1985. Conceptual model for origin of abnormally pressured gas accumulations in low-permeability reservoirs. The American Association of Petroleum Geologies Bulletin, 69(8): 1295-1304.

Masters J A. 1979. Deep basin gas trap, western Canada. AAPG, 63 (2): 152-181.

Masters J A. 1984. Lower cretaceous oil and gas in Western Canada//Masters J A. Case Study of a Deep Basin Gas Field. AAPG Memoir 38: 1-34.

Pollastro R M, Hill R J, Jarvie D M, et al. 2003. Assessing undiscovered resources of the Barnett -Paleozoic total petroleum system, Bend Arch -Fort Worth Basin Province, Texas, online adaptation of presentation at AAPG southwest section meeting. Fort Worth, TX, March.

Rose P R, Everett J R, Merin I S. 1984. Possible basin centered gas accumulation, Roton Basin, Southern Clorado. Oil&Gas Journal, 82(40): 190-197.

Schmoker J W. 1995. National assessment report of USA oil and gas resources. Reston: USGS.

Schmoker J W. 2002. Resource-assessment perspectives for unconventional gas systems. AAPG Bulletin, 86(11): 1993.

Schmoker J W. 2005. US geological survey assessment concepts for continuous petroleum accumulations. US Geological Survey, 1: 1-9.

Silver C. 1950. The occurrence of gas in the Cretaceous rocks of the San Juan Basin, New Mexico and Colorado. New Mexio Geological Society 1st Annual Fall field Lonference Guidebook: 109-123.

Spencer C W. 1985. Geological aspects of tight reservoirs in the Rocky mountain region. Journal of Petroleum Technology, 37(8): 1308-1314.

Spencer C W. 1989. Review of characteristics of low-permeability gas reservoirs in western Unites States. AAPG Bulletin, 73(5): 613-629.

Surdam R C. 1997. A new paradigm for gas exploration in anomalously pressured "tight gas sands" in the Rocky Mountain Laramide Basins. AAPG Memoir 67: Seals, Traps, and the Petroleum System. Tulsa: AAPG.

Walls J D. 1982. Tight gas sands permeability, pore structure and clay. Journal of Petroleum Technology, 34: 2707-2714.

Wyman R E. 1985. Gas recovery from tight sands. SPE 13940.

索　　引

Z